高等学校民航特色专业教材

飞机性能工程

主　编　魏志强
副主编　任　强　庄南剑

北京航空航天大学出版社

内 容 简 介

本书较为详细地介绍了飞机性能的基本理论和计算方法,注重解决民航生产中的工程实践问题,并对飞机性能参数优化计算、电动垂直起降飞行器性能等内容也进行了阐述。

全书共9章,第1章为飞行力学基础;第2章为飞机使用限制;第3章为起飞性能;第4章为进近与着陆性能;第5章为爬升性能;第6章为下降性能;第7章为平飞性能;第8章为直升机飞行性能;第9章为高等飞行性能。

本书是为交通运输、交通管理、飞行技术等本科专业编写的教材,可作为飞机性能工程、飞行原理等课程的配套教材,也可作为民航业内飞机性能领域的培训参考书。

图书在版编目(CIP)数据

飞机性能工程 / 魏志强主编. -- 北京:北京航空航天大学出版社,2025.3. -- ISBN 978-7-5124-4610-6

Ⅰ. V21

中国国家版本馆 CIP 数据核字第 2025G86Q06 号

版权所有,侵权必究。

飞机性能工程

主　编　魏志强
副主编　任　强　庄南剑
策划编辑　周世婷　　责任编辑　周世婷

*

北京航空航天大学出版社出版发行

北京市海淀区学院路 37 号(邮编 100191)　　http://www.buaapress.com.cn
发行部电话:(010)82317024　传真:(010)82328026
读者信箱:goodtextbook@126.com　邮购电话:(010)82316936
大厂回族自治县彩虹印刷有限公司印装　各地书店经销

*

开本:787×1 092　1/16　印张:16.75　字数:418 千字
2025 年 3 月第 1 版　2025 年 3 月第 1 次印刷
ISBN 978-7-5124-4610-6　定价:59.00 元

若本书有倒页、脱页、缺页等印装质量问题,请与本社发行部联系调换。联系电话:(010)82317024

序

飞机性能是民航飞行运行的核心组成部分，在保障飞行安全，提高运行效益，促进航班正常运行中发挥着不可替代的作用。"飞机性能工程"课程于2020年被批准为首批国家级一流本科（线下）课程，是交通运输（国家一流本科专业）和交通管理专业的核心专业课程。该课程以学生为中心，注重丰富学生的机型知识和实践技能。同时，课程基于校内的多方反馈，建立了质量持续改进机制，为学生的毕业提供了高水平、高质量的支持。这门课程不仅是高校培养学生创新能力、逻辑分析能力和工程创新能力的关键课程，还为民航空管间隔调配指挥、航空公司签派运行等工作提供了必要的理论和技能支持。

飞机性能参数的优化计算是连接"设计"与"运行"的桥梁。传统的飞机性能相关教材通常以波音、空客飞机为案例，而本教材充分引入了国产民机 ARJ21、C919 等型号的性能数据，不仅展现了我国航空工业的最新成果，还通过生动的案例提升了读者的民族自豪感和自信心。中国民航大学的"飞机性能工程"课程团队长期致力于教学与科研工作的协同推进，实现了"一个团队不分家、两个目标共推进"的理念。他们持续推动在课程中融入思政元素与民航新技术，完成了教学资源信息化、立体化建设，实现了智慧课堂教学，形成了"科研—教学"良性互动机制。基于多年的科研工作积淀，该教材还介绍了基于环境影响的飞机性能参数优化、直升机与无人机性能、基本飞行性能模型（BADA）、电动垂直起降航空器性能等前沿热点内容，可使读者更好地学习和开展飞机性能研究工作。

该教材涵盖了飞行原理、飞行限制、飞行剖面性能分析等章节，从飞行动力学方程、飞机性能包线、起降机场性能分析、航路经济型分析等多个维度深入讨论了机场、空管和航司等航空运输保障环节的飞机性能问题。本书内容系统且丰富，提供了大量的例题、图表和数据，脉络清晰、题解详细，是一本立足高校、服务行业的优秀教材，不仅囊括了团队的最新研究成果和精彩解读，还丰富了飞机性能教学资源，是难得的专业参考书，它的出版将对交通运输、交通管理、飞行技术等民航专业的建设起到积极的推动作用。

该书面向交通运输、交通管理和飞行技术等民航特色专业，同时适合从事民航运输事业的飞行员、空管人员、飞行签派员和飞机性能工程师阅读，在适航审定、一发失效应急程序设计、高原机场运行分析、飞行程序设计、新机场论证和航行新技术应用等多个业务领域都能发挥重要作用。

面向未来的"智慧民航"建设任重道远。在此，衷心祝愿本书顺利出版，为持续推进民航强国建设锦上添花。

2025 年春　于北京

前言

我国民航运输正处于持续高速增长时期,以新一代信息技术融合应用为主要特征的"智慧民航"建设,正在全面重塑民航业的形态、模式和格局,引领民航业的未来发展方向。作为民航安全、高效、经济和绿色运行的重要保障,飞机性能的研究与教育工作显得尤为重要。中国民航大学的飞机性能教学与科研工作起步于20世纪70年代,经过几代人的不懈努力,"飞机性能工程"课程于2020年被批准为首批国家级一流本科(线下)课程。编著团队在近年来的教学和科研基础上,完成了本教材的编写,旨在更好地服务高校飞机性能相关课程的教学和社会培训工作。

飞机性能参数的优化计算是连接"设计"与"运行"的桥梁。本书内容突破了目前国内民航院校教材以波音、空客飞机为案例进行编制的传统,系统地引入了国产民机 ARJ21、C919 等型号的数据和案例,可使读者更好地了解和运营国产民机。同时,传统的飞机性能研究主要关注油耗与成本,然而,随着民航飞行活动对大气环境影响的增大,对污染物排放和尾迹云影响的关注日益提高,在飞机性能参数的优化中,不仅需要考虑时间、燃油、成本,还需要考虑 CO_2、NO_x、CO、HC、SO_2 等污染物排放,以及对尾迹云的影响。另外,随着航空制造业和民航运输业的持续发展,直升机、无人机等新型飞机的市场份额不断增大,因此,编者也在教材中增加了相关内容。最后,本教材还介绍了基本飞行性能模型(BADA),以满足国内外航空交通运输研究对飞机性能的需求。

本书是为交通运输、交通管理、飞行技术等本科专业编写的教材,可作为飞机性能工程、飞行原理等课程的教材,也可作为民航业内飞机性能领域的培训参考书。本书内容依托科研对于高等教育的良好助益,与民航运行实践紧密结合,符合国际民航组织与民航规章的规定,可在国内外航空公司广泛应用,且对从事民用飞机设计、研究和使用的企业具有重要参考价值。希望本书成为飞机性能领域的沟通桥梁,为推进民航飞机性能现代化事业做出一定的贡献。

全书共9章,第1章为飞行力学基础;第2章为飞机使用限制;第3章为起飞性能;第4章为进近与着陆性能;第5章为爬升性能;第6章为下降性能;第7章为平飞性能;第8章为直升机飞行性能;第9章为高等飞行性能。

本书具体编写分工如下:第1章由刘聪编写;第2章由魏志强、回忆编写;第3章由庄南剑编写;第4章由任强编写;第5、6章由褚双磊编写;第7章由温瑞英编写;第8章由庄南剑、刘聪共同编写;第9章由回忆、温瑞英、魏志强、庄南剑编写。

任强负责全书文字、公式和图表的编排,魏志强负责全书的统稿,谷润平教授审阅了全书,并提出很多宝贵意见。

本教材的编写得到了中国民用航空局飞行标准司以贾建卿先生为代表的领导们的关心和指导,在此深表谢意。同时,教材编写过程中,还得到了马新、刘龙、李娜、王可、孔成安、周勇等诸多校内外同行专家们的支持与帮助,在此一并致谢。

限于编者的学识水平,书中难免存在缺点和错误,敬请读者批评指正。

编 者
2024 年冬 于中国民航大学

物理量和缩略语

为了方便读者阅读和学习,对本书中可能用到的符号和缩略语进行说明。本书采用的符号是参照我国民用航空规章以及美国及欧盟相关手册确定的。由于目前国际民航组织、中国民航规章以及相关机型手册中部分使用到英制单位,故本书中多处保留了英制单位。

1. 英文字母物理量及其定义

物理量	定 义	物理量	定 义
a	声速	G_D	下降梯度
A	诱导因子	H	飞行高度
C	桨弦;桨叶宽度	Δh	高度间隔
C_L	升力系数	H_c	转换高度
C_D	阻力系数	H_p	气压高度
C_L^a	升力线斜率	H_g	几何高度
C_{D0}	零升阻力系数	J	前进比
C_h	燃油流量	k	桨叶数目
C_S	燃油消耗率	K	升阻比
C_R	叶素空气动力系数	K_{max}	最大升阻比
ΔC_{DYAW}	偏航阻力系数	K_1	螺旋桨的拉力系数
ΔC_{DWM}	风车阻力系数	K_2	螺旋桨的阻力矩系数
C_{total}	航班营运总成本	L	升力
C_f	单位燃油价格	Ma	马赫数
C_t	每小时的时间成本	Ma_A	设计机动马赫数
C_c	固定成本	Ma_C	设计巡航马赫数
CI	飞行成本指数	Ma_D	设计俯冲马赫数
D	阻力	Ma_{DF}	试飞验证飞行马赫数
D_0	零升阻力	Ma_{MO}	最大使用马赫数
D_i	诱导阻力	M_R	螺旋桨旋转阻力矩
E_B	刹车能量	M_T	发动机输入的旋转力矩
F	航程油量	n	过载系数;载荷因子;过载
F_N	可用推力,净推力	n_f	法向过载
F_S	单位推力	N_1	风扇转速,低压转子转速
F_{RE}	所需推力	N_A	可用功率
ΔF	剩余推力	N_R	所需功率
g	重力加速度	ΔN	剩余功率
G_c	爬升梯度	ΔN_{max}	最大剩余功率

续表

物理量	定 义	物理量	定 义
$N_{R,\min}$	最小所需功率	V_{LOF}	离地速度
P	大气压强	V_{LS}	最小可选速度
q	动压	V_{MBE}	刹车能量限制速度
Q	螺旋桨旋转阻力	V_{MCA}	空中最小操纵速度
r	螺旋桨剖面半径	V_{MCG}	地面最小操纵速度
$\bar{r}$	相对半径	V_{MCL}	全发进场最小操纵速度
R_c	爬升率	$V_{\mathrm{MCL-2}}$	一发停车进场最小操纵速度
r_D	下降率	V_{MD}	最小阻力速度/有利速度
R_S	燃油里程	V_{MO}	最大使用表速
R_{SG}	地面燃油里程	V_{MRC}	远航速度
Re	雷诺数	V_{MU}	最小离地速度
S_W	机翼参考面积	V_R	抬轮速度
T_{ref}	平台温度	V_{REF}	着陆参考速度
T_a	非标准大气温度	V_S	失速速度
T_s	标准大气温度	V_{S1}	收上襟翼的失速速度
V	飞机速度	V_{SR}	基准失速速度
V_1	V_1速度	V_{SR0}	着陆非全襟翼构型失速速度
V_2	起飞安全速度	V_{SR1}	着陆全襟翼构型失速速度
$V_{2,\min}$	最小起飞安全速度	V_{TIRE}	最大轮胎速度
V_{35}	全发起飞初始爬升速度	V_W	风速
V_A	设计机动速度	V_e	当量空速
V_C	设计巡航速度	V_E	有利速度
V_{CR}	巡航速度	$V_{S,\mathrm{FAR}}$	FAR 失速速度
V_D	设计俯冲速度	$V_{S,1g}$	$1g$ 失速速度
V_{DF}	试飞验证飞行速度	V_x	陡升速度
V_{EF}	假定发动机失效速度	V_y	快升速度
V_F	襟翼放下时的最大设计速度	V_I	表速
V_{FE}	襟翼展态速度	V_T	真空速
V_G	地速	W	飞机总重量(重力)
V_{LE}	起落架展态速度	W_F	燃油流量
V_{LO}	起落架收放限制速度	W_{BR}	起飞重量

2. 希腊字母物理量及其定义

物理量	定 义	物理量	定 义
α	迎角	θ	轨迹倾角;爬升角;温度比
α_0	零升迎角	μ	道面摩擦系数
α_{st}	失速迎角	μ_B	刹车摩擦系数
α_E	有利迎角	ρ	大气密度
β	坡度角	φ	桨叶角;转弯时坡度角;跑道坡度
γ	空气绝热指数	ψ	轨迹偏角;航迹方位角
δ	压强比	ω	角速度

3. 部分缩略语(按字母顺序)及其中英文名称

缩略语	中文名称	英文名称
AFM	飞机飞行手册	Aircraft Flight Manual
ALD	审定着陆距离	Actual Landing Distance
AMI	航司更改信息	Airline Modifiable Information
ASD	加速停止距离	Accelerate-Stop Distance
ASDA	可用加速停止距离	Accelerate-Stop Distance Available
A/I	防冰引气	Anti-Ice
A/C	空调引气	Air-Conditioner
BPS	波音飞机性能软件	Boeing Performance Software
CCO	连续爬升运行	Continuous Climb Operation
CDO	连续下降运行	Continuous Descent Operation
CI	飞行成本指数	Cost Index
CWY	净空道	Clearway
DOC	直接运营成本	Direct Operating Cost
EPR	发动机低压涡轮出口空气总压与低压压气机进口空气总压之比	Engine Pressure Ratio
EGT	发动机排气温度	Exhaust Gas Temperature
EOD	下降终点	End of Descent
EOSID	起飞一发失效应急程序	Engine-Out Standard Instrument Departure
ETA	预计到达时间	Estimated Time of Arrival
FMF	飞行管理功能	Flight Management Function
FMS	飞行管理系统	Flight Management System
FMC	飞行管理计算机	Flight Management Computer
HW	顶风	Headwind
ILS	仪表着陆系统	Instrument Landing System
IOC	间接运营成本	Indirect Operating Cost
ISA	国际标准大气	International Standard Atmosphere
IAS	指示空速	Indicated Air Speed
IDLE	慢车工作状态	Level Change
LDA	可用着陆距离	Landing Distance Available
LDW	着陆重量	Landing Weight
LVL CHG	高度层改变	Level Change
MTOW	最大起飞重量	Maximum Take off Weight
MLW	最大着陆重量	Maximum Landing Weight
MZFW	最大无燃油重量	Maximum Zero Fuel Weight
MTW	最大滑行重量	Maximum Taxi Weight

续 表

缩略语	中文名称	英文名称
MW	最小重量	Minimum Weight
MCDU	多功能控制与显示组件	Multipurpose Control and Display Units
MCT	最大连续推力状态	Maximum Continuous Thrust
MCL	最大爬升推力状态	Maximum Climb Thrust
MCR	最大巡航工作状态	Maximum Cruise Thrust
OAT	外界大气温度	Outside Air Temperature
OPT	机载性能工具	Onboard Performance Tool
PEP	性能工程师程序	Performance Engineer's Programs
PES	性能工程师软件	Performance Engineer Software
PET	性能工程师工具	Performance Engineers Tool
RLD	所需着陆距离	Required Landing Distance
RLD_{CON}	污染跑道所需着陆距离	Required Landing Distance on Contaminate Runway
RNP	所需导航性能	Required Navigation Performance
RTA	要求到达时间	Required Time of Arrival
RWY	跑道	Runway
SID	标准仪表离场程序	Standard Instrument Departure
SWY	停止道	Stopway
TOC	爬升顶点	Top of Climb
TOD	起飞距离	Take off Distance
TODA	可用起飞距离	Take off Distance Available
TOR	起飞滑跑距离	Take off Run
TORA	可用起飞滑跑距离	Take off Run Available
TOD	下降开始点	Top of Descent
TO/GA	起飞（复飞）状态	Take off/Go around
TSFC	燃油消耗率	Thrust Specific Fuel Consumption
TW	顺风	Tailwind
VNAV	垂直导航	Vertical Navigation
V/S	垂直速度	Vertical Speed

4. 英制单位换算关系

长度换算	速度换算	质量换算
1 ft＝12 in＝0.304 8 m		
1 n mile＝1 852 m	1 kt＝0.514 m/s＝1.852 km/h	1 lb＝0.454 kg
1 mile＝1 609.3 m		

目　　录

第1章　飞行力学基础 ………………………………………………… 1

1.1　升力特性 …………………………………………………………… 1
1.1.1　升力系数曲线 …………………………………………………… 1
1.1.2　过　载 …………………………………………………………… 2
1.1.3　失速速度 ………………………………………………………… 2
1.1.4　FAR失速速度和1g失速速度 …………………………………… 3

1.2　螺旋桨气动原理简介 ……………………………………………… 6
1.2.1　螺旋桨的结构 …………………………………………………… 7
1.2.2　螺旋桨的拉力与旋转阻力 ……………………………………… 8
1.2.3　定距螺旋桨和变距螺旋桨 ……………………………………… 11
1.2.4　负拉力的产生和风车状态 ……………………………………… 11

1.3　阻力特性 …………………………………………………………… 12
1.3.1　阻力的组成 ……………………………………………………… 12
1.3.2　阻力系数与极曲线 ……………………………………………… 13
1.3.3　阻力随飞行速度的变化规律 …………………………………… 14
1.3.4　阻力随飞机重量的变化规律 …………………………………… 15
1.3.5　阻力随飞行高度的变化规律 …………………………………… 15
1.3.6　阻力与重心的关系 ……………………………………………… 16
1.3.7　一发停车的附加阻力 …………………………………………… 17
1.3.8　其他阻力 ………………………………………………………… 18

1.4　发动机特性 ………………………………………………………… 19
1.4.1　工作原理概述 …………………………………………………… 19
1.4.2　基本工作状态 …………………………………………………… 20
1.4.3　发动机的推力与油耗特性表征参数 …………………………… 21
1.4.4　影响发动机推力的因素 ………………………………………… 22

1.5　飞行动力学方程 …………………………………………………… 23
1.5.1　受力分析 ………………………………………………………… 23
1.5.2　铅锤面运动基本方程 …………………………………………… 25
1.5.3　定常平飞所需推力 ……………………………………………… 25
1.5.4　直线爬升的运动方程 …………………………………………… 26
1.5.5　直线下降的运动方程 …………………………………………… 28
1.5.6　转弯特性分析 …………………………………………………… 29

第 2 章 飞机使用限制 ································ 31

2.1 飞机的气动限制 ································ 31
2.1.1 过载系数 ································ 31
2.1.2 抖振限制的可用最大升力 ················ 31
2.1.3 气动限制的速度范围 ···················· 33
2.1.4 气动性限制的最大高度 ·················· 35
2.1.5 气动限制的最大过载系数 ················ 36

2.2 飞机的推力限制 ································ 36
2.2.1 推力的影响因素分析 ···················· 36
2.2.2 推力限制的速度范围 ···················· 37
2.2.3 推力限制的最大高度 ···················· 38

2.3 飞机的结构限制 ································ 40
2.3.1 最大速度 ································ 40
2.3.2 最大高度 ································ 42
2.3.3 过载系数 ································ 43
2.3.4 飞机重量 ································ 44

2.4 运行限制 ···································· 44
2.4.1 飞机使用重心限制 ······················ 45
2.4.2 环境包线 ································ 46

2.5 小 结 ·· 47

第 3 章 起飞性能 ·································· 48

3.1 起 飞 ·· 49
3.1.1 起飞情况 ································ 50
3.1.2 起飞速度 ································ 50

3.2 场地长度限制起飞重量 ·························· 56
3.2.1 所需起飞距离 ···························· 57
3.2.2 起飞距离计算 ···························· 58
3.2.3 可用场地长度 ···························· 63
3.2.4 场长限重与 V_1 ························ 65
3.2.5 影响因素 ································ 69

3.3 起飞飞行轨迹 ·································· 70
3.3.1 一发失效起飞飞行轨迹 ·················· 71
3.3.2 全发起飞飞行轨迹 ······················ 72
3.3.3 收起落架和收襟翼的原则 ················ 73

3.4 爬升梯度限制起飞重量 ·························· 74
3.4.1 爬升梯度 ································ 74

3.4.2	爬升限重确定	75
3.4.3	影响因素	76
3.4.4	全发爬升梯度	77

3.5 障碍物限制起飞重量 ……………………………………………………………… 78
   3.5.1 超障要求 …………………………………………………………………… 78
   3.5.2 改平高选择 ………………………………………………………………… 80
   3.5.3 转弯离场 …………………………………………………………………… 81
   3.5.4 障碍物限重确定 …………………………………………………………… 82
   3.5.5 影响因素 …………………………………………………………………… 83

3.6 起飞性能优化 …………………………………………………………………… 84
   3.6.1 V_2 速度选择 …………………………………………………………… 84
   3.6.2 V_1 速度选择 …………………………………………………………… 86
   3.6.3 襟翼、空调引气 ………………………………………………………… 86
   3.6.4 最大起飞重量确定 ……………………………………………………… 87
   3.6.5 性能升级 ………………………………………………………………… 88

3.7 起飞性能数据输出 ……………………………………………………………… 88

3.8 湿和污染跑道起飞 ……………………………………………………………… 92
   3.8.1 湿和污染跑道定义 ……………………………………………………… 92
   3.8.2 对起飞性能的影响 ……………………………………………………… 93

3.9 减推力起飞 ……………………………………………………………………… 96
   3.9.1 灵活温度法 ……………………………………………………………… 96
   3.9.2 降低额定值法 …………………………………………………………… 99
   3.9.3 两种减推力方法的对比 ………………………………………………… 100

第4章 进近与着陆性能 …………………………………………………………… 102

4.1 进近与着陆 ……………………………………………………………………… 102
   4.1.1 进近过程 ………………………………………………………………… 102
   4.1.2 着陆过程 ………………………………………………………………… 102
   4.1.3 着陆速度 ………………………………………………………………… 103
   4.1.4 可用着陆距离 …………………………………………………………… 103

4.2 复飞梯度限制 …………………………………………………………………… 104
   4.2.1 进近复飞梯度限制 ……………………………………………………… 104
   4.2.2 着陆爬升 ………………………………………………………………… 105
   4.2.3 运行要求 ………………………………………………………………… 105

4.3 着陆场长限制 …………………………………………………………………… 106
   4.3.1 着陆距离计算原理 ……………………………………………………… 107
   4.3.2 审定着陆距离 …………………………………………………………… 110
   4.3.3 所需着陆距离 …………………………………………………………… 110

4.4 放行前的着陆性能分析 ··· 112
　4.4.1 结构限制 ··· 112
　4.4.2 爬升(复飞)梯度限制 ·· 113
　4.4.3 场长限制 ··· 114
　4.4.4 快速过站 ··· 115
4.5 飞行中的着陆距离评估 ·· 116
　4.5.1 评估方法 ··· 116
　4.5.2 飞行中着陆距离影响因素 ··· 120

第 5 章 爬升性能 ··· 123

5.1 爬升参数 ·· 123
　5.1.1 爬升特性参数 ··· 123
　5.1.2 爬升性能参数 ··· 126
5.2 常用爬升方式和爬升速度 ··· 128
　5.2.1 爬升剖面 ··· 128
　5.2.2 等表速/等马赫数爬升 ·· 128
　5.2.3 经济爬升 ··· 130
　5.2.4 其他爬升方式 ··· 134
5.3 爬升性能计算与应用 ·· 137
　5.3.1 爬升性能参数的软件计算 ··· 137
　5.3.2 FMC 爬升页面 ··· 138
　5.3.3 爬升性能参数的计算 ·· 138

第 6 章 下降性能 ··· 148

6.1 下降参数 ·· 148
6.2 常用下降方式和下降速度 ··· 153
6.3 下降性能计算与应用 ·· 156

第 7 章 平飞性能 ··· 162

7.1 巡航参数的计算 ··· 162
　7.1.1 燃油里程 ··· 162
　7.1.2 影响航程的运行因素分析 ··· 164
7.2 常见的巡航类型 ··· 166
　7.2.1 远程巡航(LRC) ·· 166
　7.2.2 固定马赫数巡航 ··· 169
　7.2.3 经济巡航 ··· 170
　7.2.4 等待飞行 ··· 173
7.3 巡航高度特性 ··· 174

		7.3.1	最佳巡航高度	174
		7.3.2	推力限制的高度	176
		7.3.3	机动能力限制的高度	177
		7.3.4	ATC限制的高度	179
		7.3.5	短程巡航限制的高度	180
		7.3.6	阶梯巡航	181
		7.3.7	风对最佳高度的影响	181
		7.3.8	巡航高度层的综合选择	183
	7.4	巡航性能图表		183
		7.4.1	巡航操纵表	183
		7.4.2	等待飞行性能数值表	187
		7.4.3	高度能力表和机动飞行能力表	190
	7.5	飘 降		193
		7.5.1	一发停车(故障)对性能的影响	193
		7.5.2	一发停车时的飘降性能	194
	7.6	座舱释压供氧分析		198
		7.6.1	飞机氧气系统简介	199
		7.6.2	不同高度下乘客所需氧气流量	201
		7.6.3	飞机紧急下降程序	203

第8章 直升机飞行性能 206

	8.1	旋翼动力学		206
	8.2	飞行包线		210
		8.2.1	平 飞	211
		8.2.2	特征速度	212
		8.2.3	高度-速度图	213
	8.3	性能分类		214
		8.3.1	审定性能	214
		8.3.2	运行性能	215
	8.4	起飞性能		216
		8.4.1	起飞剖面	216
		8.4.2	起飞性能分析	220
		8.4.3	特殊起飞	223
	8.5	着陆性能		224
	8.6	航路性能		225

第 9 章　高等飞行性能 ·· 228

9.1　基本飞行性能计算模型 ·· 228
9.1.1　全能量模型 ··· 228
9.1.2　气动特性模型 ··· 229
9.1.3　发动机模型 ··· 230
9.1.4　BADA 模型的基本应用 ··· 231

9.2　考虑飞机排放影响的性能参数优化 ·· 233
9.2.1　LTO 排放模型 ·· 233
9.2.2　污染物排放量的修正模型 ·· 234
9.2.3　考虑排放影响的飞行成本计算模型 ······································ 235
9.2.4　温室效应影响的定量表征模型 ·· 235
9.2.5　考虑排放影响的巡航性能优化分析 ······································ 237
9.2.6　考虑温室效应的巡航性能优化分析 ······································ 239

9.3　电动垂直起降飞行器性能 ·· 241
9.3.1　多旋翼飞行器基本飞行原理 ·· 243
9.3.2　多旋翼飞行器的飞行性能简介 ·· 245

参考文献 ··· 248

第1章 飞行力学基础

飞机与气流相对运动时,会产生作用于飞机的空气动力,通常用 R 表示。其中垂直于飞行速度(相对气流)的分力称为升力,一般用 L 表示;平行于飞行速度(相对气流)的分力称为阻力,一般用 D 表示。L 与 D 的常用表达式分别为

$$L = C_L \cdot q \cdot S \tag{1-1}$$
$$D = C_D \cdot q \cdot S \tag{1-2}$$

式中,C_L,C_D 分别为升力系数和阻力系数,为无量纲量,在机翼的翼型和平面形状一定的情况下,其值主要取决于迎角 α、飞行马赫数(Ma)、雷诺数(Re)、飞机构型和机体表面状况等;q 为动压;S 为机翼参考面积。

1.1 升力特性

1.1.1 升力系数曲线

飞机升力由机翼、机身、尾翼等部件产生,其中最主要的部件为机翼。

机翼的升力特性主要反映在升力系数上。对于给定机型,升力系数是迎角、雷诺数及马赫数的函数,其中最主要的因素是迎角。在给定马赫数、雷诺数和飞机构型的情况下,升力系数随迎角变化特性曲线,即升力系数曲线如图 1-1 所示。

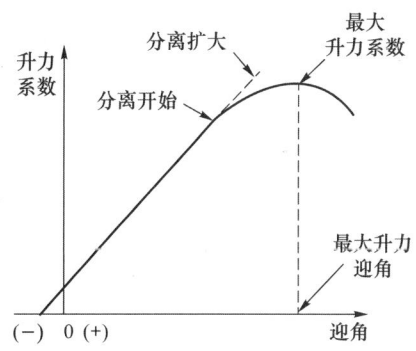

图 1-1 升力系数曲线

理论和实验表明,当 Ma 和 Re 一定时,在中小迎角范围内,升力系数随迎角呈线性变化,可以表示为

$$C_L = C_L^\alpha (\alpha - \alpha_0) \tag{1-3}$$

式中,α_0 为零升迎角,C_L^α 为升力线斜率。

随着迎角增大,机翼表面的局部区域开始出现气流分离,导致升力系数曲线开始弯曲,升力线斜率开始减小。随着迎角继续增大,气流分离加剧(见图 1-2),分离气流使升力线斜率

急剧减小,飞机产生抖动甚至失速。开始出现抖振的迎角称为抖振迎角,对应的升力系数为抖动升力系数。升力系数达到最大值时为最大升力系数 C_{Lmax},其对应的迎角叫作临界迎角,或失速迎角 α_{st}。之后再增大迎角,升力系数开始下降。

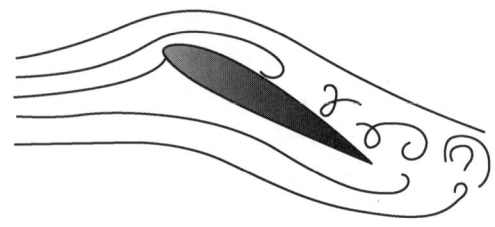

图 1-2 大迎角时气流分离现象

1.1.2 过载

把作用在飞机上除重力外的所有外力之和(包括空气动力、发动机推力)与飞机重力之比,称为飞机的过载系数(载荷因子),简称为过载。

设气动力和推力的合力为 N,则过载表示为

$$n = \frac{N}{W} \tag{1-4}$$

过载是一个矢量,其方向沿推力及气动力的合力方向,它的模代表合力与飞机重量之比,即飞机重量的倍数。在轨迹坐标系中,将过载投影到正交坐标系上分别为 n_x、n_y、n_z。n_x 为切向过载;n_y、n_z 都垂直于飞行速度矢量,其合过载记为

$$n_f = \sqrt{n_y^2 + n_z^2} \tag{1-5}$$

合过载 n_f 也称为法向过载。法向过载的大小对飞行轨迹的曲率影响很大,n_f 越大,曲率半径越小。在飞机性能研究领域,习惯上使用 n_y 表示法向过载,在一些参考资料里 n_y 和这里所讲的 n_f 的意义是等同的。

1.1.3 失速速度

最大升力系数 C_{Lmax} 决定了飞机在保持直线平飞时允许的最小飞行速度,该速度称为失速速度 V_S。通常以该速度作为起飞着陆性能计算中的基准速度,它直接关系到低速飞行(起飞着陆)的飞行安全性,是一个十分重要的参数。

飞机的失速速度通常通过试飞得到。按照 CCAR-25 部第 103 条规定,基准失速速度 V_{SR} 是申请人确定的校正空速,不得小于 $1g$ 失速速度。V_{SR} 可表述为

$$V_{SR} \geq \frac{V_{C_{Lmax}}}{\sqrt{n_{zw}}} \tag{1-6}$$

式中,$V_{C_{Lmax}}$ 为在要求机动过程(从稳定的配平状态开始,使用纵向操纵减速飞机,使速度降低不超过每秒 1 节)中当过载-修正升力系数 ($n_{zw}W/qS$) 第一次最大时获得的校正空速。其中 n_{zw} 为在 $V_{C_{Lmax}}$ 处垂直于飞行轨迹的过载,W 为飞机总重量;S 为机翼气动参考面积;q 为动压。

中国民用航空局颁布的规章 CCAR-25 第 25.103 条失速速度描述如下:

$V_{C_{L\max}}$ 由如下方法确定：

（1）发动机慢车，或者如果产生的推力导致失速速度明显下降，则在此失速速度时不超过零推力；

（2）螺旋桨桨距操纵装置（如适用）在起飞位置；

（3）该飞机在其他方面（例如襟翼、起落架和冰积聚等）处于使用 V_{SR} 的试验或性能标准所具有的状态；

（4）当以 V_{SR} 作为确定所需性能标准符合性因素时，使用此重量；

（5）导致基准失速速度值最大的重心位置；

（6）按照申请人选定的速度作直线飞行来配平飞机，此速度应不小于 $1.13V_{SR}$ 且不大于 $1.3V_{SR}$。

另外，根据规章 CCAR-25 部第 201 条，必须在规章规定状态的直线飞行和 30°坡度转弯中演示失速。当固有的飞行特性向驾驶员显示清晰可辨的飞机失速现象时，可认为该飞机已失速。可接受的失速现象如下：

（1）不能即刻阻止的机头下沉；

（2）抖振，其幅度和剧烈程度能强烈而有效地阻止进一步减速；

（3）俯仰操纵达到后止动点，并且在改出开始前操纵器件在该位置保持一短暂的时间后不能进一步增加俯仰姿态。

这些现象既可单独出现，也可以组合出现。

在直线和转弯飞行中，为防止襟翼和起落架在任一正常位置无意中失速，必须给驾驶员以有效的清晰可辨的具有足够余量的失速警告。警告可以通过飞机固有的气动力品质来实现，也可以借助在预期要发生失速的飞行状态下能做出清晰可辨的警告的装置（如振杆器）来实现。对于失速警告的具体描述可参考规章 CCAR-25 部第 207 条。

1.1.4 FAR 失速速度和 1g 失速速度

飞机的失速速度是通过飞行测试确定的。测试过程中，通过降低发动机推力，使飞机减速，同时试飞员须增大迎角以保持足够的升力。在某一速度下，飞机开始出现抖振；继续减速，此时试飞员认为飞机处于完全失速状态。之后，试飞员开始压低迎角、增大推力，从试飞状态中改出恢复到正常飞行状态。

此过程中速度和升力系数 C_L 随时间变化规律如图 1-3 所示。图中，C_L 值使用简单的升力公式 $C_L = \dfrac{W}{q \cdot S}$ 计算得到。随着速度的降低，C_L 值稳步增加以进行升力补偿。在失速点，速度达到失速机动过程中的最小值。然后，在失速恢复期间，速度将再次增加。所谓的"FAR 失速速度"即为图 1-3 所示失速试飞期间所记录的最小速度，对应的 C_L 值被称为"FAR 失速升力系数"。

上述确定失速速度的方法存在两个明显问题。一是失速速度的确定很大程度取决于试飞员的技术和判断，一个"激进"的试飞员可能会测试获得更小的失速速度。二是该方法假设在整个机动过程中升力均等于重力，而实际上，FAR 失速速度时的升力可能明显小于重力。

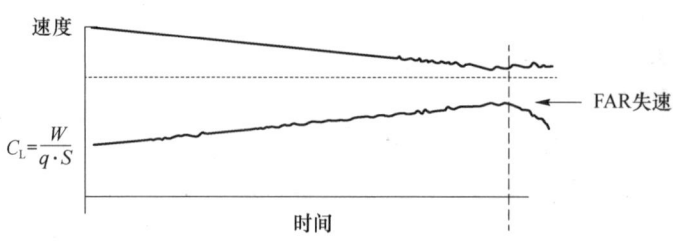

图 1-3 试飞过程速度与计算升力系数变化

从 20 世纪 80 年代中期 B767-300 机型的试飞认证开始,发展了一种新的更精确的定义失速速度的方法,即 1g 失速速度。新定义的失速速度可独立于飞行员的飞行技术与主观判断,且更能代表飞机机翼升力损失时的实际速度。

在使用新定义的失速速度试飞测试中,失速的出现和改出开始得更早,而不等飞机实际飞行速度减小至低于维持 1g 飞行的速度。在试飞测试中,通过垂直的加速度计来测量法向过载 n 并记录。此时,C_L 的计算使用更合理的升力公式:

$$C_L = \frac{n \cdot W}{q \cdot S} \tag{1-7}$$

计算 C_L 时,不再假设升力等于重力(即 $n=1.0$),而需要考虑实际的垂直加速度。图 1-4 为飞行测试过程中速度、过载和修正升力系数的变化。可以看出,当飞机接近失速时,机翼产生的升力不再足以支撑飞机的全部重量,升力不再等于重力。当过载突然开始下降时,升力系数也随之下降。在开始改出时,过载可能会低至 0.70~0.75。最大升力系数所对应的速度比 FAR 速度定义下的失速速度要大得多。因此,最大升力系数对应的速度被称为 1g 失速速度。1g 失速速度一般比 FAR 失速速度大 6%~8%。

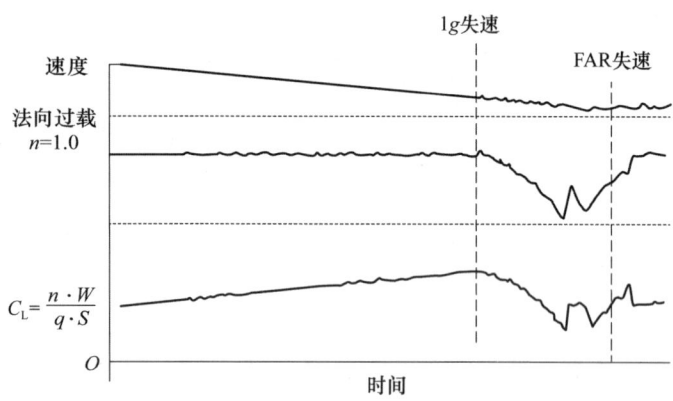

图 1-4 试飞过程速度、过载和修正升力系数的变化

使用 $V_{S,FAR}$ 失速速度的机型有:B707,B727,B737-100/200/Adv/300,B747-100/200/300,B757-200,B767-200 等;使用 $V_{S,1g}$ 失速速度的机型有:B737-400/…/900,B747-400,B757-300,B767-300/400,B777,B717 等。

失速速度不仅仅受重量的影响,重心、推力、高度、减速度(进入速度)、过载等都会影响试飞测试出的失速速度的大小。

(1) 重心影响

对于给定的飞机重量值,根据重心位置不同,所需的机翼升力大小也不同,如图1-5(a)所示。重心位置靠前时所需的机翼升力大于重心位置靠后时的机翼升力,速度相等时所对应的迎角也更大。飞机的抖振迎角和失速迎角都与重心位置无关,因此飞机前重心位置的失速速度高于后重心位置的失速速度,如图1-5(b)所示。

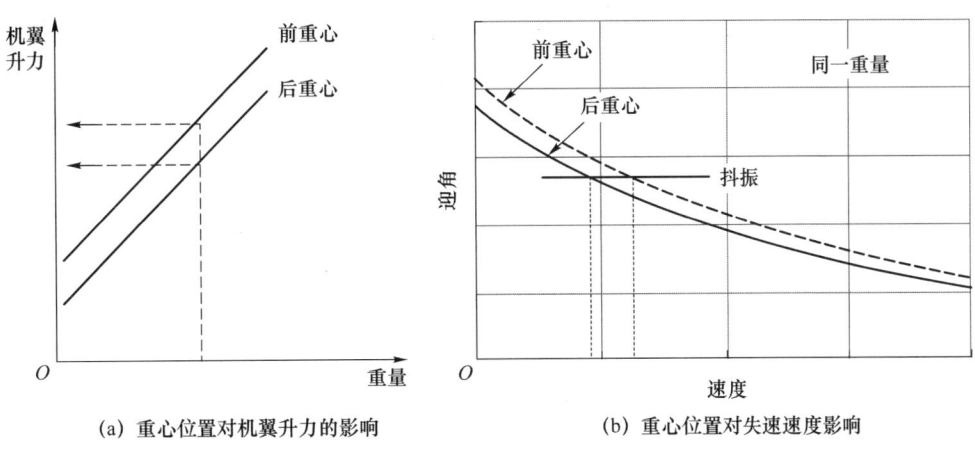

(a) 重心位置对机翼升力的影响　　(b) 重心位置对失速速度影响

图1-5　重心位置对失速速度的影响

(2) 推力影响

当飞机的迎角增大到接近失速迎角时,发动机的推力将会产生一个微小的竖直分量,可抵消一些重力从而减小机翼必须产生的升力。因此,考虑推力影响时,失速速度将减小。规章规定失速试验在慢车推力或最大不超过零推力下进行,失速试验获得的失速速度是保守的。

(3) 高度影响

在起飞和着陆认证的高度范围内,高度对失速升力系数的影响较小,但不容忽视。高度效应主要体现在高高度和低温度的大气条件下空气黏度降低。在B737-500和MD-11以后的波音飞机上,失速测试已开始在不同的高度上进行,并公布失速速度。10 000 ft[①]的失速速度与海平面的失速速度相比通常会有2~3 kt[②]的差异。

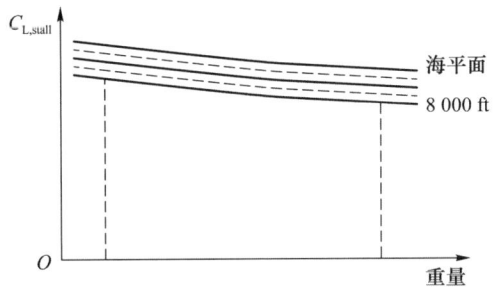

图1-6　高度对失速升力系数的影响

---

① 1 kt=1.852 km/h≈0.514 m/s。

② 1 ft=0.304 8 m。

(4) 重量影响

重量影响有时又被称为"气动弹性"效应。飞机较重时会比较轻时有更多的机翼弯曲,从而改变了机翼弯曲和扭转时沿机翼的升力分布,导致飞机在大重量时失速升力系数稍低,而较低的失速升力系数会导致重型飞机产生更大的失速速度。

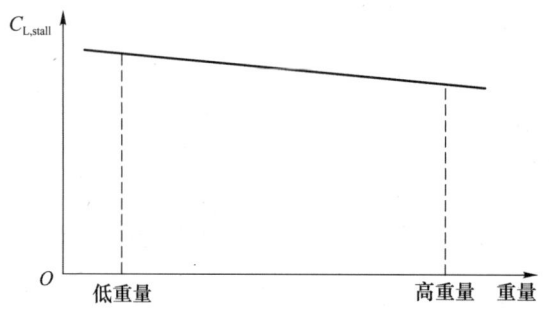

图 1-7 重量对失速升力系数的影响

(5) 减速度的影响

在飞行测试机动中,飞机逐渐减速到失速速度,减速率对 FAR 失速速度有影响,而对 $1g$ 失速速度没有影响,如图 1-8 所示。

认证飞行测试时,飞机被配平为 $1.20 V_{S,FAR}$ 或 $1.13 V_{S,1g}$,以不同的减速率进行失速试验,并获取不同减速率所相应的失速升力系数。规章规定减速率不超过 $1\ \text{kt/s}$,如图 1-8 所示,$1g$ 失速对应的失速升力系数受到减速率的影响可以忽略不计,这也说明使用 $1g$ 失速速度标准比 FAR 失速速度标准更客观。

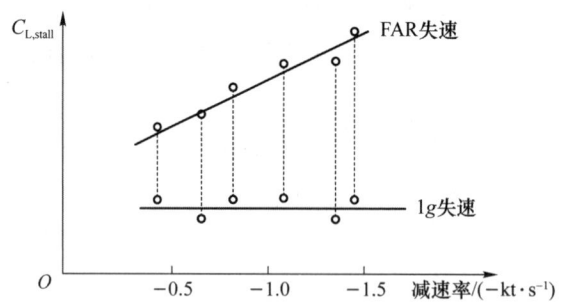

图 1-8 减速率对失速升力系数的影响

(6) 过　载

飞机在机动飞行,或遭遇不稳定气流影响时,升力可能大于其重力(法向过载大于 1.0),导致此时失速速度会大于法向过载等于 1.0 时的失速速度。

1.2　螺旋桨气动原理简介

活塞式发动机和燃气涡轮螺旋桨发动机的拉力通过螺旋桨桨叶的旋转而产生,是飞机前进的动力。同时,对于直升机、四旋翼无人机、电动垂直起降飞机(eVTOL)等新型航空器,螺旋桨桨叶的旋转也是其产生升力或前进动力的主要来源。

1.2.1 螺旋桨的结构

现代的螺旋桨主要由桨叶、桨毂和桨叶变距机构等组成,如图1-9所示。桨叶的平面形状很多,现代使用较多的有椭圆形、矩形和马刀形等。螺旋桨旋转时,桨尖所画圆的直径称为螺旋桨的直径(D),该圆的半径称为螺旋桨的半径(R);螺旋桨旋转轴线至某一剖面的距离称为该剖面的半径(r),比值 r/R 称为相对半径($\bar{r}$)。桨叶旋转时桨尖所划过的平面叫作旋转面,它与桨轴垂直,如图1-10所示。

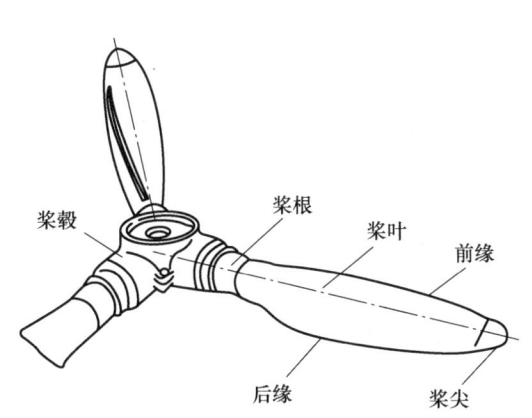

图1-9 螺旋桨的各组成部分

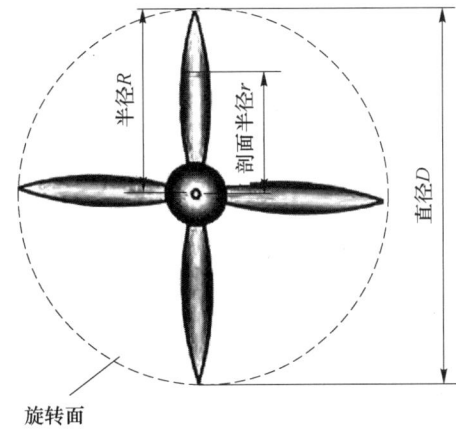

图1-10 螺旋桨的直径、半径与相对半径

与机翼类似,桨叶的截面称为桨叶剖面,相当于机翼的翼型;前、后桨面分别相当于机翼的上、下表面,如图1-11所示。桨叶剖面前缘与后缘的连线称为桨弦(C)或桨叶宽度。桨弦与旋转面之间的夹角称为桨叶角(φ)。桨叶角不能改变的螺旋桨称为定距螺旋桨,桨叶角能够改变的螺旋桨称为变距螺旋桨。桨叶角增大,称为变大距或变高距;桨叶角减小,称为变小距或变低距。现代飞机通常使用自动变距螺旋桨。

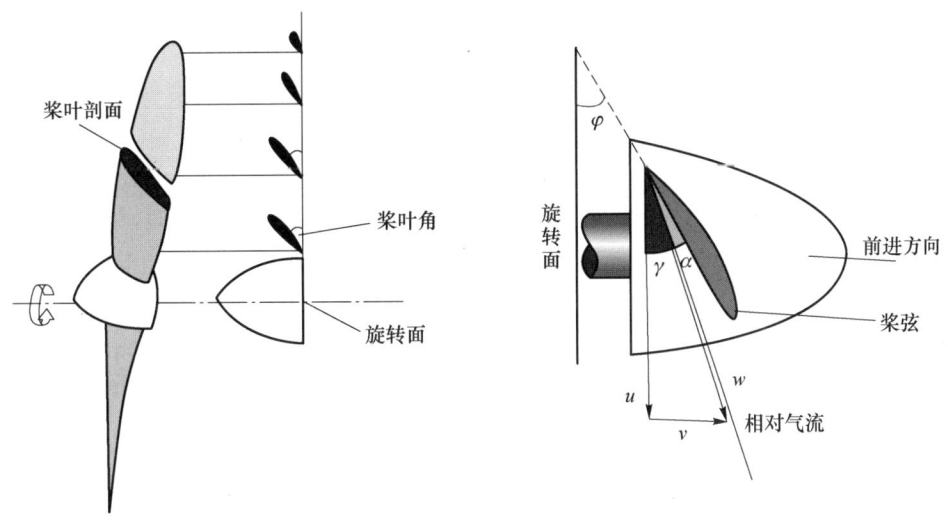

图1-11 螺旋桨的桨叶剖面和桨叶角

1.2.2 螺旋桨的拉力与旋转阻力

对于图 1-12 所示的二叶螺旋桨,在桨叶半径 r 处取一宽度为 $\mathrm{d}r$ 的微元桨叶,该微元桨叶称为叶素,弦长为 c,微元段面积为 $c\mathrm{d}r$。

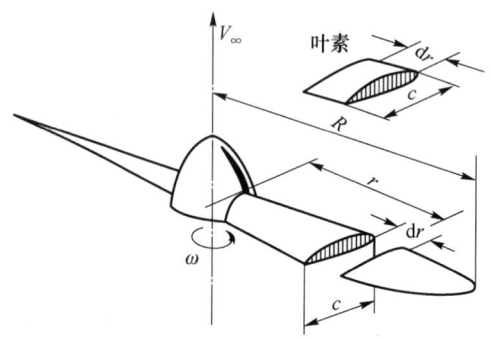

图 1-12 二叶螺旋桨与叶素示意图

首先分析叶素的运动情况。叶素具有两种速度:一是前进速度(v),即飞行速度;二是因旋转而产生的圆周速度,或称作切向速度(u),其大小取决于螺旋桨的转速 n 和各剖面的半径 r,即 $u=2\pi rn$。切向速度与前进速度的合速度称为桨叶剖面的合速度(w),其大小为 $\boldsymbol{w}=\boldsymbol{u}+\boldsymbol{v}$。

合速度与旋转面之间的夹角称为入流角,用 γ 表示:

$$\gamma=\arctan\left(\frac{v}{u}\right)=\arctan\left(\frac{v}{2\pi rn}\right)=\arctan\left(\frac{D}{2\pi r}\frac{v}{nD}\right)=\arctan\left(\frac{J}{\pi \bar{r}}\right) \tag{1-8}$$

$$J=\frac{v}{nD} \tag{1-9}$$

式中,J 为飞行速度同螺旋桨的转速与直径乘积之比,称为螺旋桨的前进比。由式(1-8)可知,前进比 J 越大,γ 也越大,说明合速度的方向偏离旋转面越多;反之,前进比 J 越小,说明合速度的方向越接近旋转面。

桨叶剖面相对气流方向与桨弦之间的夹角,称为桨叶迎角(α),如图 1-11 所示。桨叶迎角是决定剖面上空气动力(包括螺旋桨拉力)大小的关键因素之一,可表示为

$$\alpha=\varphi-\gamma=\varphi-\arctan\left(\frac{J}{\pi \bar{r}}\right) \tag{1-10}$$

桨叶迎角随桨叶角和前进比的改变而变化。当飞行速度和转速一定时,桨叶迎角随桨叶角的增大而增大,随桨叶角的减小而减小。为了使桨叶各剖面的迎角基本相等,常把桨叶设计成负扭转,即从桨根到桨尖,桨叶角是逐渐减小的,以保持各剖面的桨叶迎角基本相等。

对于几何扭转的桨叶,通常用桨叶剖面 75%r 处的桨叶角代表整个桨叶的桨叶角。

下面分析叶素的受力情况。与翼型产生空气动力的原理相同,如图 1-13 所示,在叶素上产生空气动力 $\mathrm{d}R$,其大小为

$$\mathrm{d}R=C_\mathrm{R}\cdot\frac{1}{2}\rho V^2\cdot\mathrm{d}s \tag{1-11}$$

式中,C_R 为叶素的空气动力系数;$\mathrm{d}s$ 为叶素面积,$\mathrm{d}s=c\cdot\mathrm{d}r$。

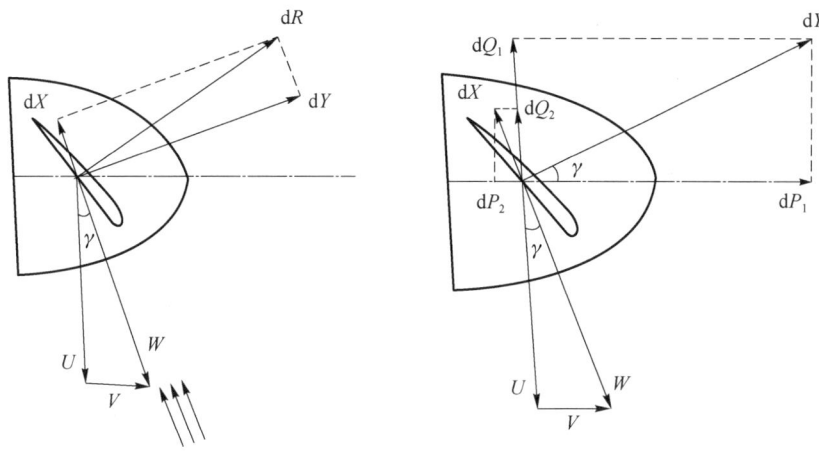

图 1-13 桨叶的空气动力

将叶素的空气动力 dR 按两种坐标系进行分解。

如图 1-13 所示,空气动力 dR 分解为垂直于合速度方向和平行于合速度方向的两个分力 dY 和 dX,其大小按下式计算:

$$dY = C_Y \cdot \frac{1}{2}\rho w^2 \cdot c dr \tag{1-12}$$

$$dX = C_X \cdot \frac{1}{2}\rho w^2 \cdot c dr \tag{1-13}$$

式中,C_Y 为垂直于桨叶合速度方向的空气动力系数;C_X 为平行于桨叶合速度方向的空气动力系数,其大小也由试验确定。

如图 1-14 所示,根据 dR 对桨叶运动所起的作用,可把叶素的空气动力分解为两个分力:一个是与桨轴平行,拉螺旋桨前进的拉力 dP;另一个是与桨轴垂直,阻碍螺旋桨旋转运动的旋转阻力 dQ。

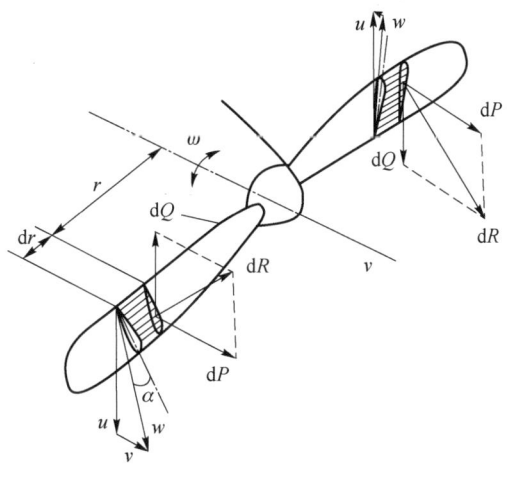

图 1-14 螺旋桨的空气动力

根据几何关系，可得该叶素所产生的拉力为

$$dP = dP_1 - dP_2 = dY \cdot \cos \gamma - dX \cdot \sin \gamma$$
$$= (C_Y \cdot \cos \gamma - C_X \cdot \sin \gamma) \cdot \frac{1}{2}\rho w^2 \cdot c dr \quad (1-14)$$

同理，该叶素所产生的旋转阻力为

$$dQ = dQ_1 + dQ_2 = dY \cdot \sin \gamma + dX \cdot \cos \gamma$$
$$= (C_Y \cdot \sin \gamma + C_X \cdot \cos \gamma) \cdot \frac{1}{2}\rho w^2 \cdot c dr \quad (1-15)$$

各叶素拉力的总和形成螺旋桨的总拉力，可写为

$$P = k \int_{r_0}^{R} dP \quad (1-16)$$

式中，k 为桨叶数目；r_0 为桨毂的半径。

桨叶剖面的合速度 w 可表示为

$$w = \sqrt{u^2 + v^2} = u/\cos \gamma = 2\pi r n/\cos \gamma \quad (1-17)$$

将式(1-17)代入式(1-14)，简化后代入式(1-16)进行积分，得到整个螺旋桨的拉力：

$$P = \frac{k}{4}\pi^2 \rho n^2 D^4 \int_{\bar{r}_0}^{1} \frac{C_Y \cos \gamma - C_X \sin \gamma}{\cos^2 \gamma} \bar{b} \bar{r}^2 d\bar{r} \quad (1-18)$$

式中，$\bar{b} = c/D$，称为相对宽度。令

$$K_1 = \frac{k}{4}\pi^2 \int_{\bar{r}_0}^{1} \frac{C_Y \cos \gamma - C_X \sin \gamma}{\cos^2 \gamma} \bar{b} \bar{r}^2 d\bar{r} \quad (1-19)$$

于是，拉力公式可写为

$$P = K_1 \rho n^2 D^4 \quad (1-20)$$

式中，K_1 为螺旋桨的拉力系数。拉力系数的大小取决于前进比、桨叶迎角、桨叶形状、马赫数以及雷诺数等。

螺旋桨各桨叶的旋转阻力，其合力虽然为零，但因离桨轴都有一段距离，其方向都与桨叶的旋转方向相反，故会形成阻碍螺旋桨旋转的力矩，该力矩称为旋转阻力矩(M_R)。这个力矩通常由发动机曲轴产生的旋转力矩(M_T)来平衡。当 $M_T < M_R$ 时，螺旋桨转速有降低趋势；当 $M_T > M_R$ 时，螺旋桨转速有增加趋势；当 $M_T = M_R$ 时，螺旋桨保持转速不变。

叶素的旋转阻力 dQ 对桨轴形成的旋转阻力矩 $dM_R = r \cdot dQ$。各叶素上旋转阻力矩的总和就形成了螺旋桨的旋转阻力矩 M_R。

$$M_R = k \int_{r_0}^{R} r dQ \quad (1-21)$$

参照公式(1-18)的推导过程，可得

$$M_R = \frac{k}{8}\pi^2 \rho n^2 D^5 \int_{\bar{r}_0}^{1} \frac{C_Y \sin \gamma + C_X \cos \gamma}{\cos^2 \gamma} \bar{b} \bar{r}^3 d\bar{r} \quad (1-22)$$

同理，令

$$K_2 = \frac{k}{8}\pi^2 \int_{\bar{r}_0}^{1} \frac{C_Y \sin \gamma + C_X \cos \gamma}{\cos^2 \gamma} \bar{b} \bar{r}^3 d\bar{r} \quad (1-23)$$

式中，K_2 为螺旋桨的阻力矩系数。于是，旋转阻力矩公式可写为

$$M_R = K_2 \rho n^2 D^5 \tag{1-24}$$

1.2.3 定距螺旋桨和变距螺旋桨

定距螺旋桨和变距螺旋桨的区别在于其桨叶角是否可变。桨叶角不能改变的螺旋桨称为定距螺旋桨，能够改变的称为变距螺旋桨。

1. 定距螺旋桨

定距螺旋桨的桨叶角是制造厂商选定的，在整个飞行过程中不能改变。对于定距螺旋桨只有在一定的飞行速度和转速下才能获得最佳效率。这就意味着飞机在起飞和巡航等阶段不能同时获得最佳效率。

2. 变距螺旋桨

现代飞机大都采用变距螺旋桨，在飞行中随着飞行条件的变化而改变桨叶角，以期获得任何飞行状态下的最佳效率。变距方式可以是人工变距，也可以是自动变距。人工变距通过变距杆实现，其主要作用是改变转速；自动变距通过调速器实现，其主要作用是维持转速不变，因此，装有调速器的螺旋桨飞机也叫作恒速螺旋桨飞机。

功率小的活塞式轻型飞机，一般没有专门的变距机构，主要靠桨叶的空气动力和配重的惯性离心力来改变桨叶角。功率较大的活塞式发动机飞机，设有专门的变距机构——调速器，它靠液压电动力来改变桨叶角。这种飞机的操纵台上除油门杆外还有变距杆，既可人工变距，也可自动变距，以保持或改变螺旋桨转速。前推变距杆时，桨叶角、桨叶迎角和旋转阻力减小，转速增高；后拉变距杆，桨叶角、桨叶迎角和旋转阻力增大，转速降低。如果不动变距杆，在油门位置不变、飞行速度或飞行高度变化时，调速器能自动调整桨叶角的大小，保持设定的工作转速。

1.2.4 负拉力的产生和风车状态

一般情况下，螺旋桨是在正拉力状态下工作，即产生使飞机向前运动的拉力。但在某些特殊情况下，螺旋桨会产生负拉力，阻碍飞机前进。特别是涡轮螺旋桨发动机，产生的负拉力往往很大，这给飞机操纵带来很大的困难，甚至影响飞行安全。因此，正常飞行时，应极力避免负拉力的产生。当飞行速度过大而油门比较小，或飞行速度不太大而油门过小时，都有可能产生负拉力。另外，飞机发动机空中停车时也可能有负拉力产生。

无论是活塞式飞机还是涡轮螺旋桨式飞机，发动机在空中停车后，螺旋桨就会像风车一样继续沿原来的方向旋转，这种现象称为螺旋桨的自转。此时螺旋桨的工作状态称为自转状态或风车工作状态。

如图 1-15 所示，发动机一旦空中停车，功率很快消失，螺旋桨转速减小，为保持转速不变，调速器会促使螺旋桨变低距，桨叶角和桨叶迎角迅速减小，形成较大的负迎角。桨叶总空气动力 R 指向旋转面后下方，其中一个分力 Q 与螺旋桨的旋转方向相同，不再是阻碍螺旋桨转动的阻力，而变为推动螺旋桨转动的动力，带动螺旋桨和发动机按原方向转动；另一个分力 P 与拉力方向相反，即为负拉力。由上可知，发动机停车螺旋桨自转不是由发动机带动旋转的，而是在相对气流的推动下旋转。因此，螺旋桨不仅不产生拉力，反而增加了飞机的阻力，同时加剧了发动机的磨损。

为了避免发动机停车后的自转状态,现代活塞式螺旋桨飞机和涡轮螺旋桨飞机的发动机上一般装有顺桨机构。发动机一旦空中停车,可自动或人工顺桨。所谓顺桨就是把桨叶变到90°左右,如图1-16所示。此时,桨叶几乎与飞行方向平行,顺着气流方向,这样螺旋桨不会再旋转,避免了发动机的磨损,并且消除了负拉力,这时螺旋桨只受很小的阻力。

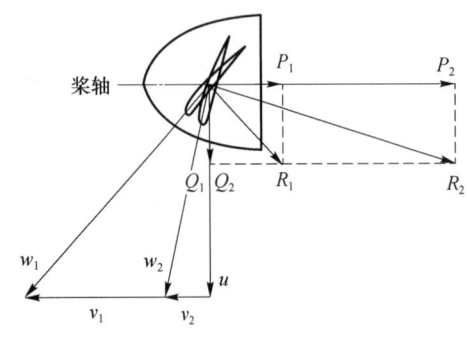

图1-15　负拉力随速度的变化

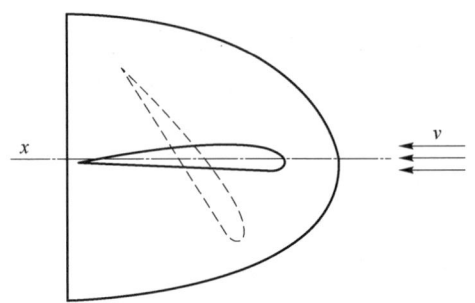

图1-16　螺旋桨的顺桨

1.3　阻力特性

1.3.1　阻力的组成

根据阻力的形成原因,可将阻力分为废阻力和诱导阻力,其中废阻力(近似于零升阻力)与黏性有关,包括摩擦阻力、压差阻力、干扰阻力和激波阻力。

1. 废阻力

① 摩擦阻力:由于空气具有黏性,紧贴飞机表面的气流受到阻碍作用而流速降低到零。根据作用力与反作用力定理可知,飞机必然受到空气的反作用力。这个反作用力与飞机飞行方向相反,称为摩擦阻力。飞机的表面积越大,表面越粗糙,翼型厚度越大,迎角越大,摩擦阻力就越大。

② 压差阻力:气流流过机翼后,在机翼的后缘部分附面层分离形成低压涡流区;而在机翼前缘部分,气流受阻压强增大,机翼前后缘就产生了压力差,即前缘的高压与后缘的低压产生从前缘到后缘的压力差,与运动方向相反,称为压差阻力。机翼产生的压差阻力大小与迎风面积、形状和迎角有关。

③ 干扰阻力:飞机不同部位,机翼、机身及尾翼都有其自身的阻力,当将不同部位安装在一起时,将产生额外的阻力。也就是说,整体飞机的阻力将大于单结构产生的阻力之和。这种由于各部位气流之间的相互干扰而产生的额外阻力,称为干扰阻力。通过改进飞机的气动布局可以有效减小干扰阻力。

④ 激波阻力:当飞行马赫数大于临界马赫数时,流场中出现激波之后才出现的阻力。机翼后部局部超声速区内压强减小、负压增大,从而产生波阻。波阻的产生与黏性无关,即使理

想无黏流体,只要有超声速区就会产生波阻,只不过有黏性时,激波与附面层相互作用造成附面层分离,使波阻更大。

2. 诱导阻力

诱导阻力与升力有关,又称为升致阻力。诱导阻力的产生与翼尖涡有关,是三维机翼在产生升力时伴随产生的一种阻力。无论有无黏性,只要产生升力,就会产生诱导阻力,这种阻力是产生升力必须付出的代价。飞机设计时,通过增加翼尖小翼、翼尖涡流发生器等装置,可以减小诱导阻力。

1.3.2 阻力系数与极曲线

阻力系数随迎角变化特性曲线如图 1-17 所示。在中小迎角范围中,迎角增大,阻力系数增加缓慢,此时飞机的阻力主要为摩擦阻力,迎角对其影响较小;在迎角较大范围内时,随迎角增大,阻力系数增加较快;接近或超过临界迎角时,阻力系数急剧增加。这是由于在较大迎角时,飞机的阻力主要为压差阻力和诱导阻力,在接近或超过临界迎角时,由于涡流区的急剧扩大,压差阻力急剧增大,从而使阻力系数急剧增加。零升阻力系数指升力系数为 0 时的阻力系数(C_{D0}),与飞机的最小阻力系数非常接近。C_D 近似为迎角 α 的二次方关系。

把升力系数和阻力系数随迎角的变化关系,综合地用一条曲线画出来,该曲线称为极曲线,横坐标为阻力系数(C_D),纵坐标为升力系数(C_L),曲线上的每一点对应一个迎角,如图 1-18 所示。

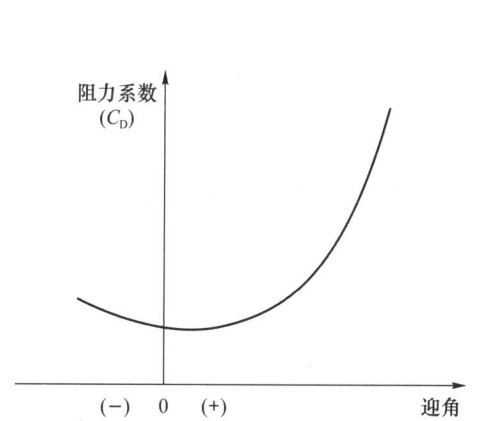

图 1-17 阻力系数随迎角的变化

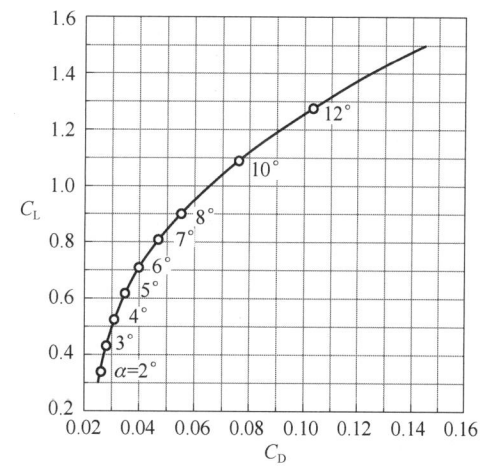

图 1-18 极曲线

极曲线通常以低速极曲线和高速极曲线两种形式给出(见图 1-19 和图 1-20)。高速极曲线随马赫数变化,襟翼和起落架都在收上位置;低速极曲线则随襟翼偏度和起落架的收、放状态而变。在极曲线上,曲线与横轴的交点对应零升迎角(α_0)和零升阻力系数(C_{D0})。

极曲线可近似看作抛物线,表示为

$$C_D = C_{D0} + AC_L^2 \tag{1-25}$$

式中,C_{D0} 为零升阻力系数;C_L 为升力系数;A 为常数。

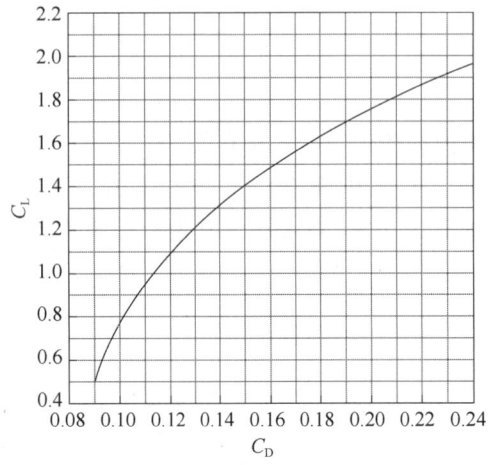
图 1-19 低速极曲线

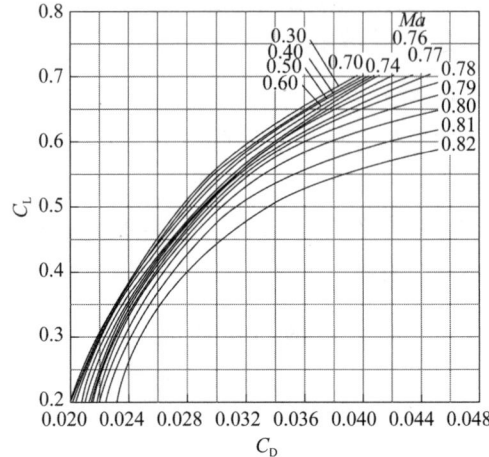
图 1-20 高速极曲线

升阻比是在同一迎角下，升力系数与阻力系数之比，用 K 表示。由于升力系数和阻力系数的大小主要与迎角相关，因此升阻比也主要随迎角变化。升阻比越大，说明在同一升力的情况下，阻力越小。此时飞机的空气动力性能越好，对飞行越有利。

升阻比是衡量气动效率的重要指标。从原点作极曲线的切线，这些切线与横轴的夹角的正切即代表该马赫数时的最大升阻比，此时对应的迎角称为最小阻力迎角（亦称有利迎角）。从高速极曲线上看，当马赫数增大时，极曲线向右下方移动。在同样的升力系数下，阻力系数增大，升阻比下降。显然，最大升阻比也随着马赫数的增大而减小。最大升阻比的状态是喷气飞机取得最大爬升角或爬升梯度、航行时间最长、无动力下滑距离最远、平飞需用推力（阻力）最小的飞行状态。

1.3.3 阻力随飞行速度的变化规律

将式(1-25)代入式(1-2)，阻力可写为

$$D = C_{D0} \cdot \frac{1}{2}\rho V^2 \cdot S + AC_L^2 \cdot \frac{1}{2}\rho V^2 \cdot S \quad (1-26)$$

研究表明，在亚声速飞行范围内，零升阻力系数 C_{D0} 及系数 A 基本上不随飞行马赫数 (Ma) 变化。将 $C_L = \frac{2W}{\rho V^2 S}$ 代入式(1-26)，得

$$D = \frac{1}{2}C_{D0}\rho S V^2 + \frac{2AW^2}{\rho S} \cdot \frac{1}{V^2} \quad (1-27)$$

式(1-27)等号右边第一项为零升阻力 D_0，与 V^2 成正比；第二项为诱导阻力 D_i，与 V^2 成反比。在某特定的速度时，阻力最小，此时飞机的升阻比最大，即 $K=K_{\max}$。阻力最小（升阻比最大）的飞行状态称为有利状态，所对应的飞行速度和迎角分别称为有利速度和有利迎角，记为 V_E 或 M_E 和 α_E，如图 1-21。对于空客飞机而言，有利速度也叫绿点速度（Green dot）。

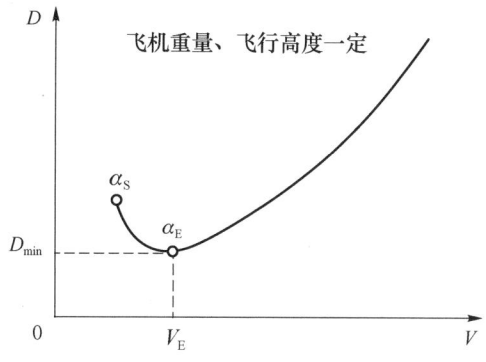

图 1-21 阻力随速度变化关系

当 $V<V_E$ 时，平飞升力系数较大，飞机阻力的主要成分是诱导阻力。随着飞行速度的增加，C_L 逐渐减小，诱导阻力 D_i 也逐渐减小，且其减小量大于零升阻力的增加量，致使飞机的总阻力减小。因此，在小于有利速度的飞行范围内，阻力随飞行速度的增大而减小；当飞行速度大于有利速度时，随着飞行速度的增加，虽然诱导阻力继续减小，但零升阻力增大得更多，结果使飞机的总阻力增大。因此，在大于有利速度的飞行范围内，阻力随飞行速度的增大而增大。

1.3.4 阻力随飞机重量的变化规律

当飞机的构形和迎角保持不变时，升阻比也保持不变。飞机重量不同时，阻力将随重量的增加而增大。同时，由于平飞时 $L=W$，此时所需速度为

$$V=\sqrt{\frac{2W}{\rho S C_L}} \tag{1-28}$$

可见，迎角不变（C_L 不变）时，平飞所需速度随重量的增加而增大。因此，平飞最小阻力不但要随重量增加而增大，而且有利速度也随重量增加而增大。图 1-22 为阻力随重量变化的曲线。

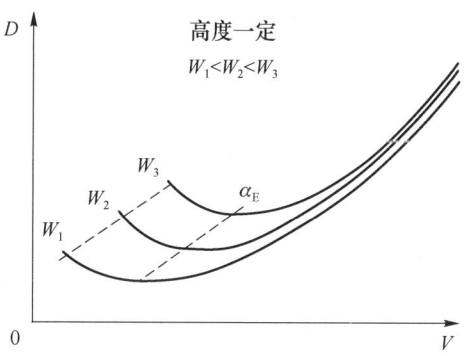

图 1-22 不同重量下的阻力变化

1.3.5 阻力随飞行高度的变化规律

当飞机的重量不变时，飞行的高度增加后，若不考虑空气压缩性的影响，保持同样的当量

空速 V_e（或动压），迎角不变时，飞机的阻力也不会变化。因而不同高度上的 $D\text{-}V_e$ 曲线都是同一条，见图 1-23(a) 中的实线。但实际上空气压缩性是客观存在的，由于压缩性的影响，高度增加后，相同动压的真空速增大；同时气温降低，声速减小，因此马赫数会增大，空气压缩性会使阻力系数增大，阻力也增大，见图 1-23(a) 中的虚线。而且高度越高，阻力开始急剧增大时对应的当量空速越小。

但如果把不同高度的所需推力绘成随真空速 V_T 变化的曲线，动压保持不变，真空速随高度升高而增大，因此阻力曲线向右移。同样，在大速度时，因受空气压缩性的影响，阻力也要增大，如图 1-23(b) 所示。图中，实线和虚线分别代表不考虑空气压缩性和考虑空气压缩性两种情况。

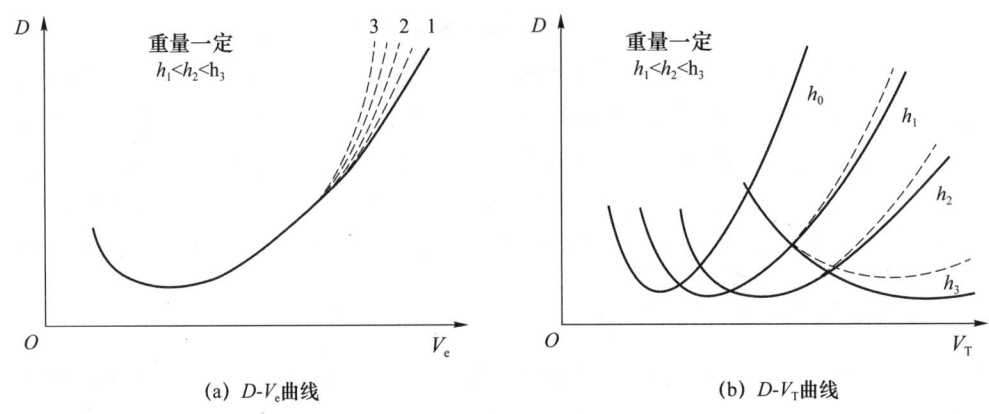

图 1-23 阻力随高度的变化

1.3.6 阻力与重心的关系

为了保证飞机的纵向稳定性，飞机的重心安排在焦点之前，正常情况下飞机的平尾产生负升力。处于定常平飞状态下的重心和机翼、尾翼的升力作用点及大小如图 1-24 所示。可见，如果飞机重量不变且重心前移，则总升力不变，为保证飞机纵向平衡，机翼和尾翼的升力均要增大，同时阻力增大。从图 1-25 所示的极曲线上也可以看出，当升力系数一定时，重心越靠前，阻力系数越大。

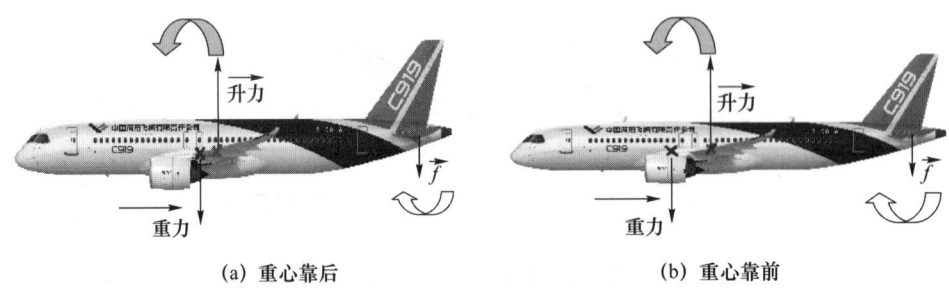

图 1-24 重心对阻力的影响

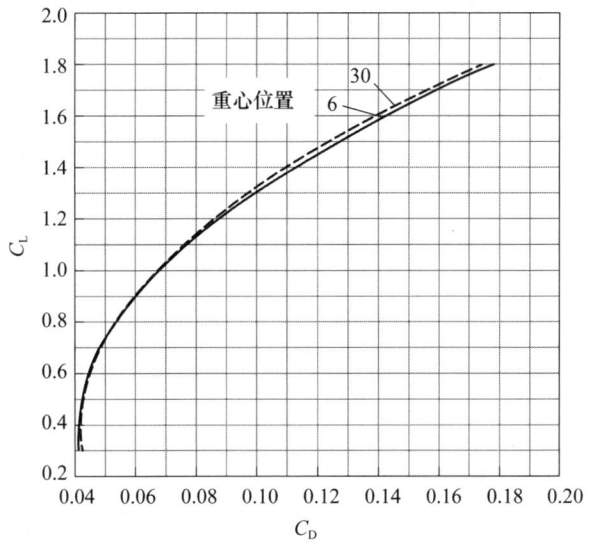

图 1-25 重心对极曲线的影响

1.3.7 一发停车的附加阻力

多发动机飞机一发停车时,引起的附加阻力由两部分组成:发动机风车阻力和偏航阻力。风车阻力系数表示为 $\Delta C_{D_{WM}}$,偏航阻力系数表示为 $\Delta C_{D_{YAW}}$。一发停车的附加阻力系数可表示为

$$\Delta C_D = \Delta C_{D_{WM}} + \Delta C_{D_{YAW}} \qquad (1-29)$$

发动机风车阻力的产生如图 1-26 所示。发动机正常工作时,飞机的飞行速度与发动机的转动速度矢量合成了发动机叶片的相对气流速度,这个相对速度使得发动机的叶片产生类似机翼产生升力的力,即图 1-26(a) 所示的推力;而当发动机停车后,其叶片的旋转速度减小,使得该转动速度与飞行速度的速度和矢量方向发生了变化,即相对于叶片弦线的夹角也就是叶片和相对气流速度的夹角(即迎角)变成了负值,从而发动机叶片产生的推力的方向也发生了变化,推力在前进速度反方向的分量即风车阻力。从图 1-26(b) 中也可看出,飞机的飞行速度越大或一发停车后发动机叶片转的速度越慢,则产生的风车阻力越大。

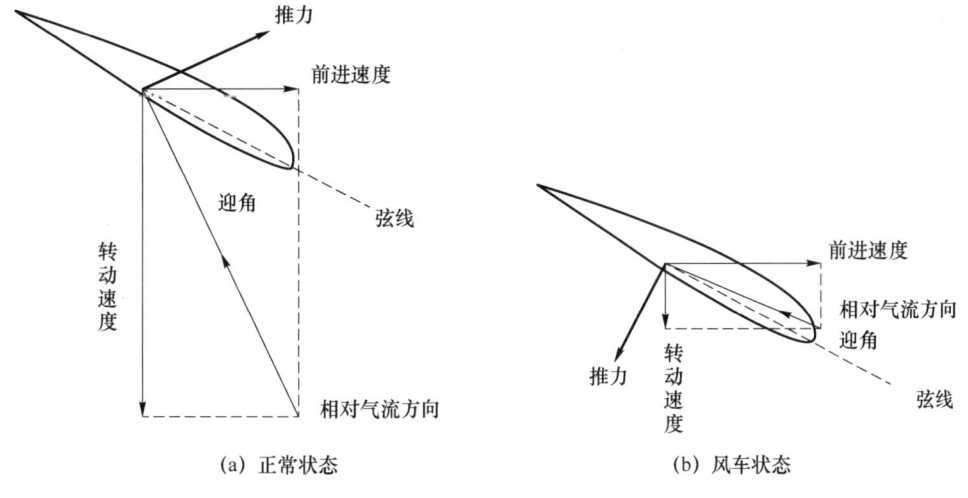

图 1-26 风车阻力原理示意图

一发停车产生的不对称力矩使飞机偏航和滚转。为了阻止偏航和滚转,偏转副翼和方向舵增加阻力,该阻力称为偏航阻力。如图1-27所示,飞机一发停车时,由于机身两侧所受的气动力不平衡引起不平衡力矩,此不平衡力矩应由垂直尾翼和方向舵上所受的气动力形成的力矩来平衡。偏航阻力系数是发动机推力、发动机风车阻力、发动机在飞机上安装位置及停车发动机的位置、飞机垂尾和方向舵参数、飞行马赫数和气压高度的函数。风车阻力系数随马赫数的变化关系如图1-28(a)所示,偏航阻力系数随偏航力矩系数的变化关系如图1-28(b)所示。

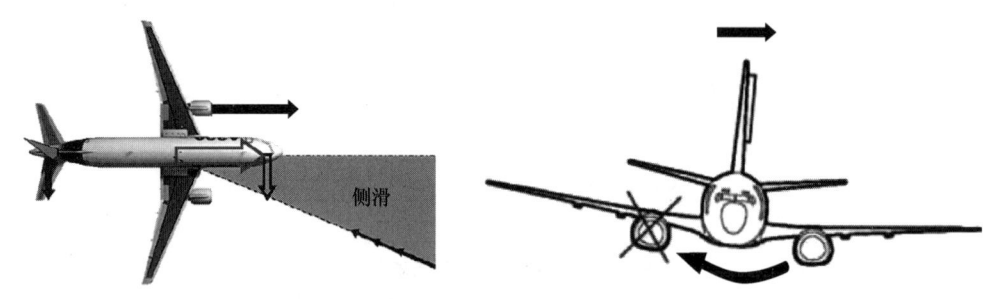

图1-27 偏航阻力原理示意图

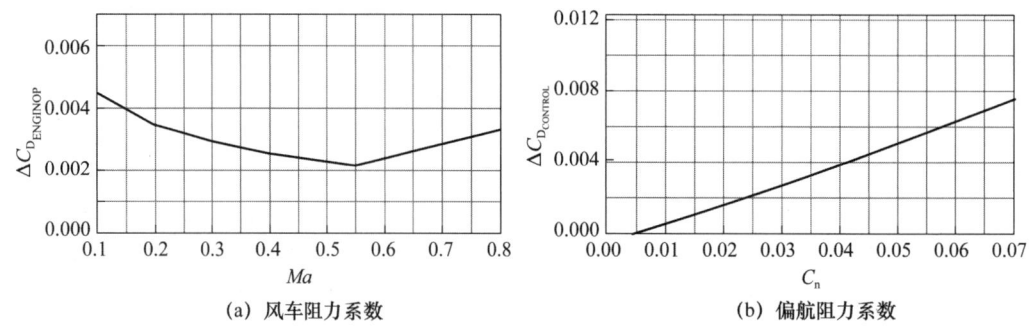

(a) 风车阻力系数   (b) 偏航阻力系数

图1-28 附加阻力系数

1.3.8 其他阻力

其他阻力是指在飞行过程中,由于起落架放下、减速板打开以及滑跑刹车产生的阻力。应急下降时,打开减速板会使阻力增加,如图1-29所示;起飞着陆时放下起落架也会增大阻力,如图1-30所示;在跑道上减速滑跑时使用刹车会产生刹车阻力。这些阻力在性能计算中都是必须考虑的。这些附加的阻力很难靠理论计算得到,通常经过试飞得到,并在各机型的性能工程师手册中给出。

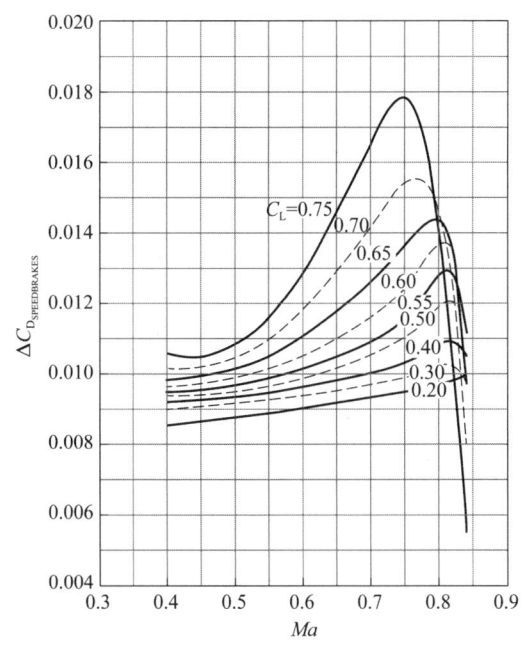

图 1-29 使用减速板时阻力系数变化

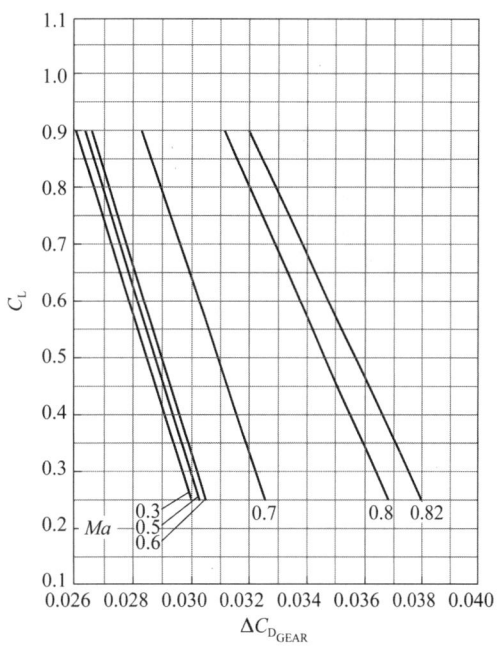

图 1-30 起落架放下时阻力系数变化

1.4 发动机特性

1.4.1 工作原理概述

航空发动机为航空器飞行提供所需的动力,主要包括活塞式航空发动机、燃气涡轮发动机和冲压发动机三种类型。其中,活塞发动机是早期在飞机或直升机上应用的航空发动机,现在小功率的活塞式航空发动机还广泛地应用于轻型飞机、直升机以及超轻型飞机。冲压发动机构造简单,推力大,特别适用于高速高空飞行。燃气涡轮发动机是现代飞机和直升机应用最广的发动机,其包括涡轮喷气发动机、涡轮风扇发动机、涡轮螺旋桨发动机和涡轮轴发动机。

燃气涡轮发动机主要由进气道、压气机、燃烧室、燃气涡轮和尾喷管组成。其中,压气机、燃烧室和驱动压气机的燃气涡轮为组成发动机的核心机。空气在压气机中被压缩后,在燃烧室中与喷入的燃油混合燃烧,生成高温高压燃气驱动燃气涡轮高速旋转,将燃气的部分能量转变为涡轮机械能。涡轮带动压气机不断吸进空气并进行压缩,使核心机连续工作。从燃气涡轮排出的燃气仍具有很大的压力和很高的温度,经膨胀后释放出能量用于推进。

图 1-31 和图 1-32 分别为涡轮喷气发动机和涡轮风扇发动机的示意图。涡轮喷气发动机是靠喷管高速喷出的燃气产生反作用推力的燃气涡轮发动机。当飞行速度在亚声速和低超声速范围内时,发动机的推进效率比较低。涡轮风扇发动机由喷管排出燃气和风扇排出空气共同产生反作用推力。此种发动机的气流通过两个通道流过发动机,其核心机组成的是内涵道,围绕核心机的是外涵道,所以又称为内外涵道发动机或双涵道发动机。

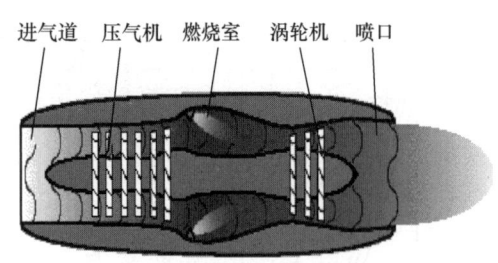
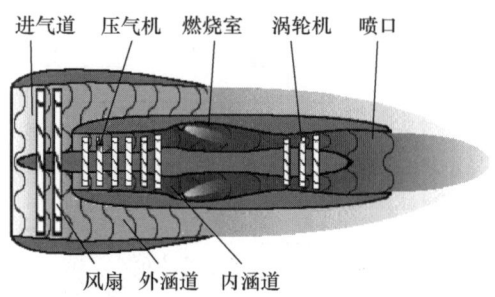

图1-31 涡轮喷气发动机　　　　　图1-32 涡轮风扇发动机

涡轮螺旋桨发动机是由螺旋桨提供拉力和喷气反作用提供推力的燃气涡轮发动机,由压气机、燃烧室、燃气涡轮、喷管、减速器和螺旋桨等组成。燃气涡轮由驱动压气机的涡轮和驱动螺旋桨的动力涡轮组成。这种发动机靠动力涡轮把核心机出口燃气大部分可用能量转变为轴功率用以驱动空气螺旋桨,燃气中其余的少部分可用能量(约10%)则在喷管中转化为气流动能,直接产生反作用推力。

通过动力涡轮输出轴功率的燃气涡轮发动机称为涡轮轴发动机,是直升机的主要动力装置。它的工作原理和结构与涡轮螺旋桨发动机基本相同,只是核心机出口燃气所含的可用能量几乎全部供给动力涡轮。

1.4.2 基本工作状态

不同的飞行阶段对发动机的推力有不同的要求,通常根据发动机的推力或转速大小,规定几种常用的工作状态。发动机从最大推力状态到最小允许的连续工作状态的转速之间,广泛采用的工作状态有以下几种。

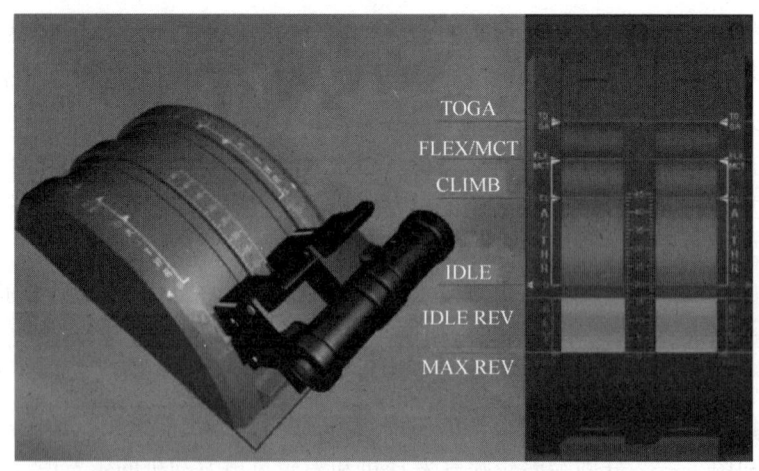

图1-33 推力手柄和卡槽

① 起飞(复飞)状态(TO/GA)——最大推力状态,是工作条件最恶劣的状态,发动机的转速和涡轮前的燃气温度都达到最大值。由于发动机各部件承受最大的机械负荷和热负荷,其连续工作时间受到严格限制,一般只允许工作5 min,有的允许10 min。该工作状态用于飞机

的起飞和复飞阶段。

② 最大连续推力状态（MCT）——为最大起飞推力的 85%～90%，发动机转速为最大转速的 90%，这是发动机可以连续工作的最大推力状态。由于涡轮前温度比最大推力状态时低 100 ℃左右，因此该状态可以连续使用，不受时间限制。正常情况下不用这个工作状态，一发故障时才使用。当一发故障后继续起飞时，工作发动机首先使用起飞推力状态达到规定的构型或时间限制后改用此状态；当航路中出现一发故障时，飘降也是用此推力状态。

③ 最大爬升推力状态（MCL）——一般小于最大连续推力（有的发动机上与最大连续推力相同），为最大起飞推力的 75%～85%。用于起飞完成后、全发正常工作时的航路爬升阶段。

④ 最大巡航推力状态（MCR）——小于最大爬升推力，为最大起飞推力的 65%～75%。巡航时可以使用的最大推力，此时发动机转速为最大转速的 85%左右。

⑤ 慢车推力工作状态（IDLE）——发动机能够保持稳定连续工作的最小转速的工作状态，通常其推力是最大推力的 3%～5%，转速为最大转速的 20%～35%。慢车工作状态用于飞机下降、进近着陆、地面滑行和发动机冷、暖机等阶段，使用时间不受限制。慢车工作状态可分为地面最小慢车、空中最小慢车和进近慢车。地面最小慢车用于地面滑行操纵。大部分其他情况时选择空中最小慢车，如襟翼在着陆形态或发动机防冰接通。在同一空速和高度上，进近慢车的 N_1 和 N_2 转速值比空中最小慢车高，其目的是确保发动机能在规定的加速时间内（如 8 s）从此状态增大到复飞所需推力。

1.4.3 发动机的推力与油耗特性表征参数

发动机推力是涡喷发动机或涡扇发动机的主要性能参数。当飞机的空气动力特性相同时，发动机推力越大，飞机可飞得更快更高，机动性也越好。同时，发动机的耗油率是决定飞机的航程和续航时间的重要参数，是评定发动机经济性的重要指标。

根据牛顿第三定律，经过发动机的流量为 $\dot{m}_{air}$ 的空气被加速并通过喷管排出，会产生大小相等方向相反的作用力，即推力。净推力 F_N 是发动机在飞行中实际能够提供用以推动飞机前进的推力，也称为发动机的可用推力。根据动量定理（牛顿第二定律），排气发动机可用推力表达式为

$$F_N = (\dot{m}_{core,air} + \dot{m}_{fuel}) \times V_{core,exhaust} + \dot{m}_{fan,air} \times V_{fan,exhaust} - \dot{m}_{air} \times V_{airplane} \quad (1-30)$$

式中，$\dot{m}_{air} \times V_{airplane}$ 为单位时间进入发动机的动量；$(\dot{m}_{core,air} + \dot{m}_{fuel}) \times V_{core,exhaust}$ 为单位时间从内涵道离开发动机的动量；$\dot{m}_{fan,air} \times V_{fan,exhaust}$ 为单位时间从外涵道离开的动量。发动机产生的推力是这三项的代数和，也就是气体通过发动机时动量的变化率。

仅用发动机推力的大小，不足以评定发动机循环性能的优劣，对于循环性能相同的同类发动机，推力的增大可以是加大发动机尺寸、增大空气质量流量的结果。因此，使用单位推力评定发动机循环性能的优劣。发动机推力与进入发动机的空气质量流量之比，称为发动机的单位推力，用 F_S 表示，单位为 N·s/kg，即

$$F_S = F_N / \dot{m}_{air} \quad (1-31)$$

通常使用发动机压力比 EPR 或者 N_1 转速表示和设定发动机的推力。EPR（Engine Pressure Ratio）是指发动机低压涡轮出口空气总压与低压压气机进口空气总压之比；N_1 表示

风扇转速,也称低压转子转速。(EPR 是普惠公司和罗罗公司发动机的主要推力设定参数;N_1 是 GE 公司和 CFMI 公司发动机的主要推力设定参数)

表征燃油消耗特性的主要参数有燃油流量 C_h,单位为千克燃油/(台·小时),表示每台发动机单位时间消耗的燃油量,对于一定的燃油量,它可以确定飞机的续航时间;燃油里程 R_S,表示消耗单位燃油量所能飞行的距离,对于一定的燃油量,它可以确定飞机的航程;燃油消耗率 C_S,单位为千克燃油/(推力·小时),表示单位时间产生单位推力所消耗的燃油量。三者关系可表示为

$$C_h = C_S \cdot F_N \qquad (1-32)$$

$$R_S = \frac{V}{C_h} = \frac{V}{C_S \cdot F_N} \qquad (1-33)$$

1.4.4 影响发动机推力的因素

涡轮喷气发动机的推力,一般与发动机转速 N、飞行速度 V 和飞行高度 H 相关。通常进行飞行性能计算时,发动机推力一般以曲线形式给出。这类曲线包括转速特性、速度特性和高度特性曲线。

飞行速度对发动机净推力的影响体现在两个方面:一方面,随着飞机速度的增加,发动机进口的空气被压缩,从而提升了空气的密度和流量,这种效果称为冲压效应,该效应增加了进入发动机的空气的质量流量,从而增加了推力;另一方面,随着飞机速度的增加,进口空气的动量(其质量乘以其速度)增加,而发动机的出口动量却没有相应增大,发动机推力取决于排出动量和进口动量之差,因此,进口的动量增大会减小净推力(此现象又称为进口动量阻力)。

综合两方面因素,随着飞行速度的增大,发动机的推力起初略微下降,随后迅速增大。由于进口速度增大所引起的推力损失与冲压效应所带来的推力增加大致相当,因此可认为净推力受飞行速度影响不大。涡扇发动机的速度特性如图 1-34 所示。

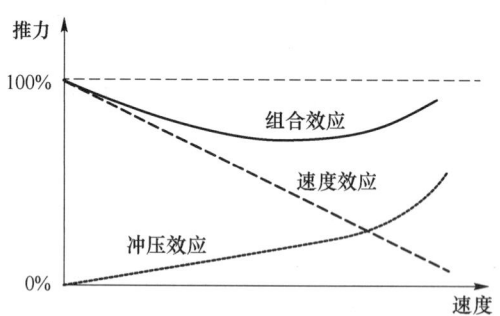

图 1-34 涡扇发动机的速度特性

当发动机转速(油门位置)不变时,推力随飞行高度的变化关系称为涡轮喷气发动机的高度特性。随飞行高度的增加,空气密度减小,当发动机转速一定时,进入发动机的空气质量流量减小,燃油控制系统自动调节供油量与空气质量流量减小相匹配,以保持发动机转速,这导致了发动机产生的推力减小,燃油流量减小。由于发动机推力和燃油流量都减小,耗油率随飞行高度的增加而略有降低,近似分析时可认为其大小基本不变。图 1-35 是飞行高度对涡扇发动机推力和耗油率的影响示意图。

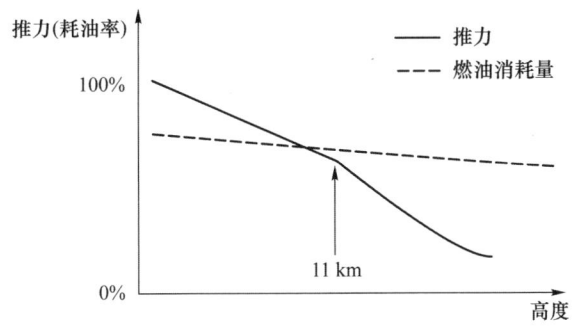

图 1-35 涡扇发动机的高度特性

发动机最大推力同时受到结构强度和涡轮进口温度限制。由发动机推力曲线(见图 1-36)可以看出,当环境温度低于某个值(T_{ref})时,推力基本不随温度变化;超过某个值(T_{ref})后,推力随着温度的升高而迅速下降。该温度称为平台温度。

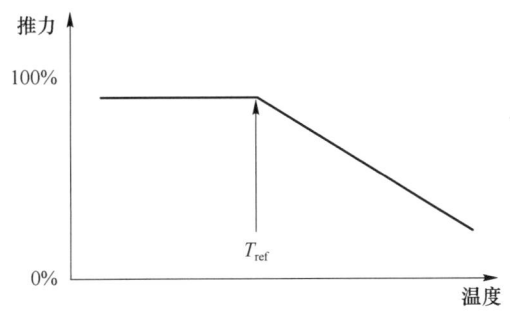

图 1-36 涡扇发动机可用推力随外界温度变化

当温度较低时,EPR 值较高,发动机增压比较大,受发动机机匣内外有一定压力差的限制,为防止发动机结构损坏,需要控制发动机的 EPR 值不随温度变化。因此,对于给定的气压高度,低于平台温度时,无论温度如何变化,在压力限制条件下的 EPR 和推力都是相同的。

在高温情况下,发动机首先达到涡轮进口温度限制或 EGT 限制。当环境温度超过平台温度后,受涡轮进口温度限制或 EGT 限制,EPR 值随温度增高而迅速下降,可用推力下降。反之,如果外界气温降低,当达到轮燃气温度限制时,EPR 值更高,发动机可用推力会增加。

1.5 飞行动力学方程

研究飞机性能和轨迹特性时,常把飞机质心的运动分解为铅锤平面内的二维运动和水平平面内的二维运动两部分。一般在轨迹坐标轴系中建立飞机的质心运动方程。

1.5.1 受力分析

首先对坐标系和各个角度进行说明。如图 1-37 所示,轨迹坐标系原点 O 位于飞机的质心,纵轴 OX_k 与轨迹方向即飞行速度方向一致;立轴 OZ_k 位于含速度矢量的铅锤面内,垂直于 OX_k,指向下;横轴 OY_k 通过质心垂直 OX_k、OZ_k 所在平面指向右,符合右手系建立规定。这是飞机性能计算常采用的坐标系。另外,图中坐标系 $OX_gY_gZ_g$ 为飞机牵连铅垂地面固定坐标系,OX_gY_g 平面为水平面,OZ_g 轴为铅垂线。因此,ψ 为轨迹偏角(轨迹方位角),为飞机速度矢量在水平面的投影与 OX_g 轴的夹角;θ 为轨迹倾角(爬升角),为飞机速度矢量与水平面的夹角。飞机无侧滑时的受力分析如图1-38所示。

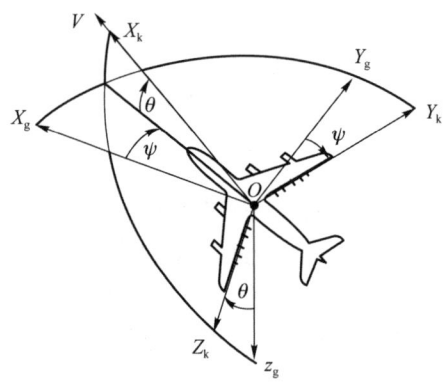

图1-37 轨迹坐标系与牵连坐标系

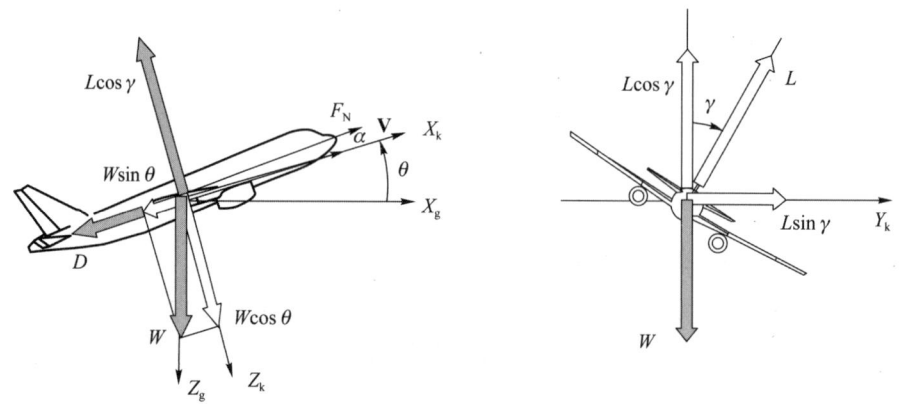

图1-38 飞机无侧滑时受力分析

根据动力学基本定理,飞机无侧滑时的质心动力学方程为

$$\begin{aligned}\frac{W}{g}\frac{\mathrm{d}V}{\mathrm{d}t}&=F_N\cos\alpha-D-W\sin\theta\\ \frac{W}{g}V\frac{\mathrm{d}\theta}{\mathrm{d}t}&=L\cos\gamma+F_N\sin\alpha-W\cos\theta\\ \frac{W}{g}V\cos\theta\frac{\mathrm{d}\psi}{\mathrm{d}t}&=L\sin\gamma\end{aligned} \quad (1-34)$$

式中,L、D、F_N、W 分别为作用在飞机上的气动升力、阻力、发动机推力和重力;α 为飞行速度与飞机纵轴之间的夹角,即迎角;对于常规布局的飞机,通常发动机安装角不大,此时,推力 F_N 作用线与飞机纵轴线近似重合;γ 为滚转角(坡度角)。式(1-34)中第一个式子表示飞机速度大小变化,第二个、第三个式子分别表示飞行在垂直和水平平面内的速度方向变化。

1.5.2 铅锤面运动基本方程

飞机在铅锤平面内的运动是指飞机轨迹始终位于与其纵向对称面重合的垂直(铅锤)平面内,这时飞机不倾斜,无侧滑,这种飞行状态也称为飞机的纵向运动。

考虑到本书所研究的飞行性能多数情况均可认为飞机在铅锤平面内运动,此时飞机对称面与质心运动轨迹所在的铅锤平面重合,飞机速度矢量和作用于飞机的外力均在飞机对称面内,即 $\cos\gamma=0, \sin\gamma=1$;对于常规布局的飞机,忽略发动机安装角,当飞机飞行时的迎角 α 不大时,可近似认为 $\cos\alpha=1, \sin\alpha=0$。因此式(1-34)可简化为

$$\frac{W}{g}\frac{\mathrm{d}V}{\mathrm{d}t}=F_\mathrm{N}-D-W\sin\theta$$
$$\frac{W}{g}V\frac{\mathrm{d}\theta}{\mathrm{d}t}=L-W\cos\theta$$
(1-35)

1.5.3 定常平飞所需推力

定常运动是指飞机运动参数不随时间变化的运动。实际上,飞机飞行中不存在严格意义上的定常运动,因为即使飞行速度保持不变,但随着燃油的消耗,飞机的重量将不断减小,从而飞机的迎角也会随之变化。如果飞机运动参数变化十分缓慢,则在一段时间间隔内可近似认为运动参数不变,这种运动状态虽不是严格意义上的定常运动,但与定常运动差别较小,一般把这种运动称为"准定常"运动。飞机基本飞行性能计算主要研究飞机定常和准定常运动时的运动特性。

飞机的定常等速直线水平飞行是飞机整个飞行过程中最简单,也是最常见的运动形式,运动参数不随时间变化,称为定常平飞运动,是飞机的一种主要飞行状态。定常平飞时,$\frac{\mathrm{d}V}{\mathrm{d}t}=0$,$\frac{\mathrm{d}\theta}{\mathrm{d}t}=0, \theta=0$,动力学方程(1-35)可简化为

$$F_\mathrm{N}-D=0$$
$$L-W=0$$
(1-36)

即飞机定常平飞时,处于四力平衡状态。

定常平飞时需要维持速度不变,应使发动机的推力等于飞机阻力。因此,飞机的阻力就是平飞时所需推力,用 F_{RE} 来表示,则式(1-36)可写为

$$F_{\mathrm{RE}}=D=C_\mathrm{D}\cdot\frac{1}{2}\rho V^2\cdot S$$
$$W=L=C_\mathrm{L}\cdot\frac{1}{2}\rho V^2\cdot S$$
(1-37)

将式(1-37)中的两式相除,可得平飞所需推力为

$$F_{\mathrm{RE}}=\frac{W}{K}$$
(1-38)

式中,$K=C_\mathrm{L}/C_\mathrm{D}$,为升阻比。

在给定高度和重量的条件下,用不同的速度可以计算出平飞的升力系数。然后通过飞机的极曲线,查出阻力系数,就能计算出升阻比和所需推力。在所需推力曲线图中,同时绘制飞

机发动机的可用推力曲线,即可得到飞机的推力曲线图,如图 1-39 所示。应用推力曲线可以方便地确定飞机的定常飞行性能,包括平飞速度范围的确定、飞机的定常爬升和定常下降性能的确定等。

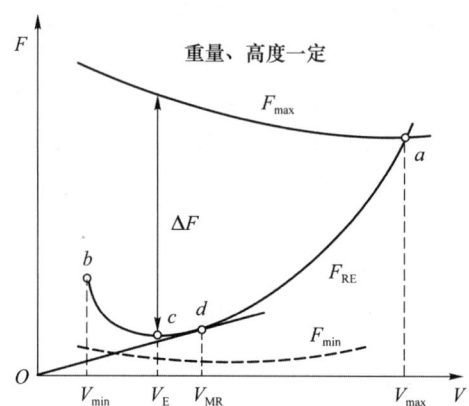

图 1-39 飞机的推力曲线图

通过对飞机推力曲线图的分析,来讨论飞机推力曲线上的一些特征速度:

① 推力限制的最大速度:指飞机在特定的高度上飞行时,受推力限制的最大速度(图 1-39 中 a 点)。此时,发动机处于最大推力状态,即 $F_A = F_{max}$,飞机所需推力等于其最大可用推力。

② 失速速度:飞机理论上所能平飞的最小速度。飞机在飞行过程中,为保持平飞,其升力必须等于重力,飞行速度越小,要求的升力系数越大。从理论上讲,临界迎角对应的升力系数最大,则平飞的速度最小,见图 1-39 中 b 点。

③ 有利速度:推力曲线上最小所需推力 $F_{RE,min}$ 所对应的速度,记为 V_E,见图 1-39 中 c 点。此时迎角为有利迎角,飞机的升阻比最大,所需推力最小。

根据喷气式发动机燃油流量 C_h 与发动机燃油消耗率 C_S 及推力 F_N 之间的关系,即 $C_h = C_S \cdot F_N$,如果发动机燃油消耗率 C_S 为常数,则飞机以有利速度平飞时,发动机燃油流量最小。因此,对于燃油量一定的情况,飞机可以平飞的航时最长。

④ MRC 速度:作一条过坐标原点的所需推力曲线的切线,切点所对应的速度即最大航程速度,记为 V_{MRC},见图 1-39 中 d 点。

由于飞机的燃油里程 $R_S = V/(C_S \cdot F_N)$,当燃油消耗率 C_S 不变时,$(V/F_N)_{max}$ 就对应 $R_{S,max}$。图 1-39 中的 d 点符合此条件。因此,以该点的速度平飞,燃油里程最大。对于燃油量一定的情况,飞机可以平飞的航程最大,所以这个速度称为最大航程速度。

1.5.4 直线爬升的运动方程

轨迹倾角 θ 是爬升或下降轨迹与水平面之间的夹角,又称为爬升角或下降角。民航客机在航路爬升时,爬升角及其变化率相对较小。同样,正常下降时,下降角及其变化率也较小。因此,爬升和下降的轨迹近似为直线,故 $\cos\theta \approx 1$,且 $d\theta/dt \approx 0$。

以直线爬升为例,动力学方程可简化为

$$\frac{W}{g}\frac{\mathrm{d}V}{\mathrm{d}t}=F_{\mathrm{N}}-D-W\sin\theta \tag{1-39}$$
$$L=W$$

爬升梯度 G_c 指飞机飞过单位水平距离上升的高度。爬升梯度越大，说明飞机的越障能力越强。由式(1-39)可得

$$G_c \approx \sin\theta = \frac{1}{W}\left[F_{\mathrm{N}}-D-\frac{W}{g}\frac{\mathrm{d}V}{\mathrm{d}t}\right] \tag{1-40}$$

爬升率 r_c 指飞机单位时间内上升的高度，是飞行速度在铅垂方向的分量。爬升率越大，说明飞机爬升的越快。爬升率公式为

$$r_c = V\sin\theta = \frac{\mathrm{d}h}{\mathrm{d}t} = \frac{(F_{\mathrm{N}}-D)\cdot V}{W} - \frac{V}{g}\frac{\mathrm{d}V}{\mathrm{d}t} \tag{1-41}$$

将 $\dfrac{\mathrm{d}V}{\mathrm{d}t}=\dfrac{\mathrm{d}V}{\mathrm{d}h}\dfrac{\mathrm{d}h}{\mathrm{d}t}$ 代入其中并整理，得

$$r_c = \frac{(F_{\mathrm{N}}-D)\cdot V}{W\left(1+\dfrac{V}{g}\dfrac{\mathrm{d}V}{\mathrm{d}h}\right)} \tag{1-42}$$

由于 $r_c = V\sin\theta = VG_c$，则爬升梯度可进一步写为

$$G_c = \frac{F_{\mathrm{N}}-D}{W\left(1+\dfrac{V}{g}\cdot\dfrac{\mathrm{d}V}{\mathrm{d}h}\right)} = \frac{\dfrac{F_{\mathrm{N}}}{W}-\dfrac{C_{\mathrm{D}}}{C_{\mathrm{L}}}}{1+\dfrac{V}{g}\cdot\dfrac{\mathrm{d}V}{\mathrm{d}h}} \tag{1-43}$$

式中，$\dfrac{V}{g}\cdot\dfrac{\mathrm{d}V}{\mathrm{d}h}$ 为加速因子。

加速爬升时，加速因子为正；减速爬升时，加速因子为负；等速爬升时，加速因子为零。民用飞机在起飞后的爬升过程，通常保持一定的表速爬升到转换高度 h_c，再以一定的马赫数继续爬升；同样，下降时飞机在高空用不变的马赫数下降，在低空用不变的指示空速下降。因此，在对流层内飞机爬升或下降过程中真空速将随高度而变化，即加速因子并不为零。

加速因子 $\dfrac{V}{g}\cdot\dfrac{\mathrm{d}V}{\mathrm{d}h}=0$ 时，飞机做定常爬升，此时爬升梯度和爬升率公式可简化为

$$G_c = \sin\theta = \frac{F_{\mathrm{N}}-D}{W} \tag{1-44}$$

$$r_c = \frac{(F_{\mathrm{N}}-D)\cdot V}{W} \tag{1-45}$$

需要注意的是，推力曲线虽然是按照平飞的条件绘制的，但对于民用飞机而言，在爬升和下降时轨迹角较小，在定常情况下，其所需推力(阻力)和平飞情况相比相差很小。因此，平飞推力曲线也可用于确定定常爬升和定常下降的飞行状态。

可用推力与所需推力的差值叫作剩余推力，记为 ΔF，即

$$\Delta F = F_{\mathrm{A}} - F_{\mathrm{RE}} = F_{\mathrm{N}} - D \tag{1-46}$$

则式(1-44)和式(1-45)可写为

$$G_C = \frac{F_{\mathrm{N}}-D}{W} = \frac{\Delta F}{W} \tag{1-47}$$

$$r_c = \frac{\Delta F \cdot V}{W} = \frac{\Delta N}{W} \tag{1-48}$$

爬升梯度是飞机爬升性能的一个重要特性参数,对于起飞越过障碍物至关重要,因而如何获得飞机爬升梯度最大的爬升状态就是需要关心的一个问题。由式(1-47)可知,爬升梯度的大小,取决于剩余推力与飞机重量的比值。重量一定时,剩余推力越大,爬升梯度也越大。当飞机以有利速度爬升时,其剩余推力接近最大,因而爬升梯度也接近最大。通常把爬升梯度最大的速度叫作陡升速度,它和有利速度非常接近,所以一般情况下,就把有利速度当作陡升速度。当飞机一发失效起飞时,起飞飞行轨迹第四段应尽可能采用该速度爬升。

爬升率的大小是衡量飞机爬升能力的另一个重要指标。飞机爬升率的大小,取决于其剩余功率和重量的大小。当重量一定时,剩余功率越大,则爬升率也越大。爬升率最大的爬升状态也叫飞机的快升状态,所对应的速度称为快升速度。飞机的快升速度大于陡升速度。

由爬升梯度计算式(1-42)分析可得出,影响爬升梯度大小的因素有推重比(推力和重量)、升阻比、加速因子等,具体表现为:

① 爬升梯度与剩余推力成正比,与推力、阻力有关(受温度、高度、速度等影响)。

当外界温度小于平台温度时,发动机推力基本不变,因此爬升梯度基本不变。当外界温度大于平台温度时,爬升梯度减小。

外界温度越大,气压高度越高,推力降低,爬升梯度减小。

外界温度越小,气压高度越低,推力增加,爬升梯度增大。

飞机爬升时使用防冰(A/I)和空调(A/C)引气时,可用推力降低,爬升梯度也会减小。

② 爬升梯度与飞机重量成反比。

飞机重量越大,爬升梯度越小;飞机重量越小,爬升梯度越大。

③ 爬升梯度还与加速因子有关。

加速爬升,加速因子>0,爬升梯度减小;减速爬升,加速因子<0,爬升梯度增大。

④ 爬升梯度与升阻比有关。

襟翼角度小,升阻比 K 大,爬升梯度大;襟翼角度大,升阻比 K 小,爬升梯度小。

1.5.5 直线下降的运动方程

直线下降时,下降率 r_D 和下降梯度 G_D 的表示式为

$$r_D = -\frac{dh}{dt} = \frac{(D - F_N) \cdot V}{W\left(1 + \frac{V}{g} \cdot \frac{dV}{dh}\right)} \tag{1-49}$$

$$G_D = \frac{r_D}{V} = \frac{D - F_N}{W\left(1 + \frac{V}{g} \cdot \frac{dV}{dh}\right)} \tag{1-50}$$

加速因子 $\frac{V}{g} \cdot \frac{dV}{dh} = 0$ 时,飞机做定常下降。

在定常下降过程中,发动机推力一般为慢车推力,推力值较小。如果忽略推力且不考虑加速因子的影响,即飞机处于无动力定常下滑状态,下降率和下降梯度公式可简化为

$$r_D = \frac{D \cdot V}{W} \qquad (1-51)$$

$$G_D = \frac{D}{W} = \frac{1}{K} \qquad (1-52)$$

可见，D/W 越小（升阻比 K 越大），下滑角也越小，且最小下滑角对应的速度为最小阻力速度。由下降梯度计算公式(1-50)分析可得出，影响下降梯度大小的因素有阻力、重量、升阻比、加速因子等，具体表现为：

① 下降梯度与阻力成正比，与阻力的影响因素（高度、重量）有关。

外界温度越大，气压高度越高，密度减小，阻力减小，下降梯度减小；

外界温度越小，气压高度越低，密度增大，阻力增大，下降梯度增大。

② 下降梯度与飞机重量成反比。

飞机重量越大，下降梯度越小；飞机重量越小，下降梯度越大。

③ 下降梯度还与加速因子有关。

加速下降，加速因子>0，下降梯度减少；减速下降，加速因子<0，下降梯度增大。

④ 下降梯度与升阻比有关。

襟翼角度小，升阻比 K 大，下降梯度小；襟翼角度大，升阻比 K 小，下降梯度大。

1.5.6 转弯特性分析

飞机在水平平面内的机动飞行性能着重衡量飞机改变速度方向的能力，即方向机动性。最常见的水平平面内的机动飞行包括转弯和盘旋。转弯是高度不变、飞行方向变化的机动飞行。转弯时，方向改变角度小于 360°。盘旋是指飞机连续转弯不小于 360°的机动飞行。盘旋是比较典型的水平平面内的机动飞行动作。

在盘旋过程中，如果飞机的飞行速度、迎角、倾斜角、侧滑角均保持不变，则这种盘旋称为定常盘旋，否则，称为非定常盘旋。不带侧滑的定常盘旋，称为正常盘旋。

转弯时，为了获得飞机盘旋的向心力，飞机必须带滚转角（坡度）。通过飞机转弯时的受力分析，容易推导出正常转弯时的飞机动力学方程：

$$\begin{aligned} F_N &= D \\ L\cos\gamma &= W \\ L\sin\gamma &= \frac{W}{g} \cdot \frac{V^2}{R} \end{aligned} \qquad (1-53)$$

式中，γ 为飞机的坡度角（滚转角）；R 为转弯半径；V 为转弯速度。由式(1-53)可见，飞机正常转弯时，推力和阻力平衡，升力的一个分量 $L\cos\gamma$ 用来平衡重力，另一个分量 $L\sin\gamma$ 则用来产生向心加速度。

转弯时，要保持高度不变，转弯坡度越大，所需升力越大，因此大坡度转弯需要较大的速度或迎角；要保持速度不变，推力与阻力要平衡。推力由油门位置决定，阻力由速度、迎角决定；要保持转弯半径不变，须保持升力的水平分量不变。因此正常转弯时，要求飞机的姿态、速度和油门相互配合协调。

容易得到正常转弯时的过载分量 $n_x=0, n_y=1, n_z=\tan\gamma$，进而可得飞机的法向过载：

$$n_f = \frac{1}{\cos\gamma} \tag{1-54}$$

由此可见，飞机正常转弯时，$n_f>1$，也就是说飞机的正常转弯是法向过载大于1的正过载飞行，并且飞机的坡度越大，法向过载也越大。襟翼放下时，结构强度允许的最大过载为2.5，根据飞机转弯时坡度与过载的关系 $\cos\gamma=1/n_f$，可以确定襟翼放下时最大允许转弯坡度为 $\gamma=\arccos(1/2.5)=66.4°$。同理，襟翼收上时结构强度限制的最大坡度为60°。但考虑到实际飞行中乘客的舒适度，民用飞机实际飞行时的坡度在15°～30°。

另外，根据式(1-53)可推导出飞机正常转弯时的转弯半径 R：

$$R = \frac{W}{g} \cdot \frac{V^2}{L\sin\gamma} = \frac{1}{g} \cdot \frac{V^2}{\tan\gamma} = \frac{1}{g} \cdot \frac{V^2}{\sqrt{n_f^2-1}} \tag{1-55}$$

正常盘旋一周所需的时间 T 为

$$T = \frac{2\pi R}{V} = \frac{2\pi V}{g\sqrt{n_f^2-1}} = \frac{2\pi V}{g\cdot\tan\gamma} \tag{1-56}$$

飞机在转弯时，由于法向过载大于1，导致所需升力和诱导阻力增加，因此与直线爬升相比，转弯爬升梯度会有所减小。在一些特殊机场，飞机在离场过程中，由于受到地形条件的限制，飞机只能以某一特定半径转弯爬升，此时必须考虑转弯所引起的飞机爬升梯度的损失问题。图1-40所示为某型飞机在襟翼位置1、起落架收上情况下的转弯梯度损失曲线，当此飞机以15°的坡度，V_2 速度转弯爬升时，与正常爬升相比，飞机的爬升梯度将减小0.6%。

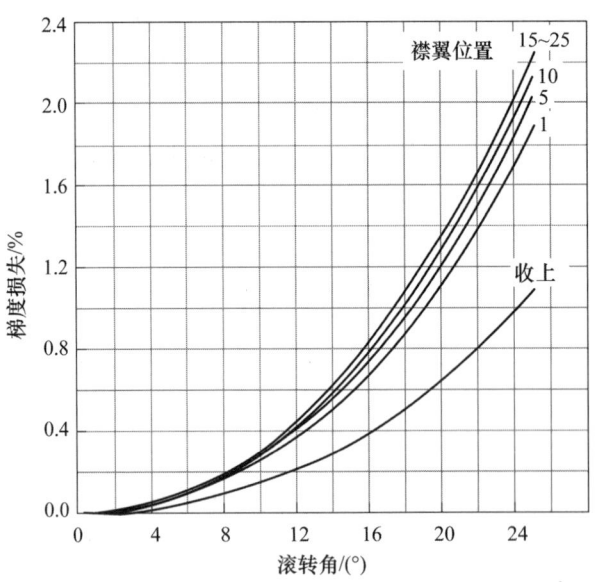

图1-40 转弯爬升时的梯度损失

第 2 章 飞机使用限制

为确保飞机飞行安全,避免发生失速、结构受损、空中解体等影响飞行安全的事故或事故征候,需要对飞机的飞行速度、高度范围、过载以及运行环境等进行限制。这些限制从形成原因上可以分为气动限制、发动机推力限制、结构限制、运行限制等;从被限制参数上又可以分为速度范围限制、高度限制、过载系数(坡度角)限制、重量限制、运行条件限制等。

2.1 飞机的气动限制

2.1.1 过载系数

过载系数是指飞机所受到的外力(不包含重力)与重力之比,包括三个方向,即

$$n_x = \frac{F_N - D}{mg}$$
$$n_y = \frac{L}{mg} \qquad (2-1)$$
$$n_z = \frac{Z}{mg}$$

对于民航飞机而言,在速度方向的过载系数(n_x)和在侧向的过载系数(n_z)都比较小,一般可以忽略。因此,近似地有

$$n \approx n_y = \frac{L}{mg} \qquad (2-2)$$

不特别说明,一般用法向过载系数来代表过载系数(n)。

飞机转弯飞行时,需要通过压坡度来产生所需的法向力(俗称向心力)。此时飞机升力与重力不再保持在一条直线上,即

$$n = \frac{L}{mg} = \frac{L}{L\cos\beta} = \frac{1}{\cos\beta} \qquad (2-3)$$

式中,β 为坡度角。

2.1.2 抖振限制的可用最大升力

迎角是升力系数的重要影响因素。在中小迎角范围内,升力系数随迎角基本呈线性变化;随着迎角的增加,上翼面中后段的附面层开始出现气流分离,使升力系数增速放缓;随着迎角的进一步增加,气流分离加剧,飞机会产生强烈的气动抖动甚至会进入失速状态;同时当飞机进入跨声速阶段并在机翼上产生激波时,会使气流流过激波后的压强突跃上升。而在超声速区的附面层中,局部激波不能直达翼面,导致靠近翼面处的流速仍是亚声速的,波后的高压会通过波底的亚声速层传到波前,使波前的附面层中压强增大、气流减速、流线向上弯曲(附面层

加厚),形成激波分离。在运行上通常以抖振升力系数为可用的最大升力系数,并以此来对飞机的飞行速度、高度、过载等进行限制。飞机的抖振升力系数随飞行马赫数增加先缓慢减小而后在进入跨声速阶段后快速减小。图 2-1 为某型飞机在光洁构形下的抖振升力系数与马赫数的关系图。

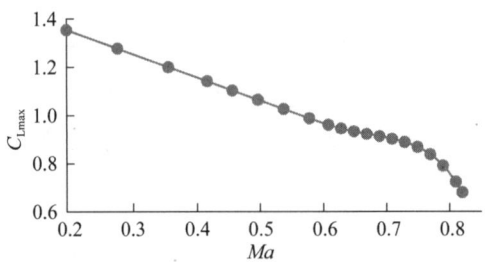

图 2-1 典型飞机的抖振升力系数

依据升力计算公式,可以推导出飞机在抖振升力系数时的可用最大升力,即气动性限制的最大升力:

$$L_{max} = \frac{\rho v^2 S_W C_{Lmax}}{2} = \frac{\gamma S_W}{2} P \cdot C_{Lmax} Ma^2 \qquad (2-4)$$

式中,γ 为空气绝热指数,取 1.4;S_W 为机翼参考面积;P 为大气压强;Ma 为马赫数;C_{Lmax} 为最大可用升力系数,即抖振升力系数。

从式(2-4)可以看出,对于给定机型,最大升力与气压高度(压强)、马赫数和抖振升力系数有关。依据图 2-1 和式(2-4),可以得到某型飞机的可用最大升力(纵坐标,单位为 kN)与马赫数(横坐标)、气压高度(不同曲线,单位为 m)的关系,如图 2-2 所示。

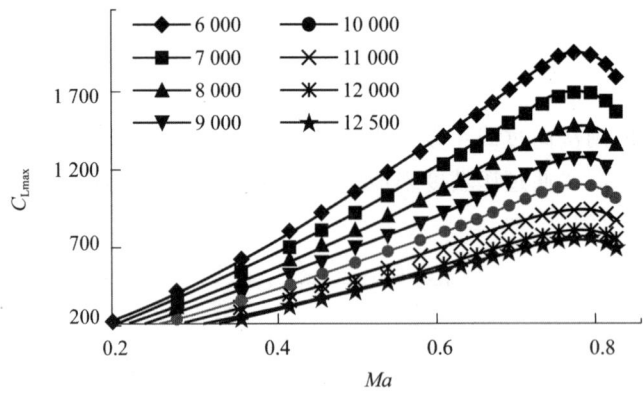

图 2-2 可用最大升力与马赫数和高度的关系

从图 2-2 可以看出,在给定高度上,随着飞行马赫数的增加,飞机的可用最大升力先增加后减小。随着气压高度的升高,飞机的可用最大升力逐步减小。

在飞行中,飞机的实际升力(即所需升力)不能超过可用最大升力。飞机的所需升力与重量和过载系数有关,过载系数、重量、气压高度(大气压强)和飞行马赫数这四个参数之间的限制关系为

$$L_{\text{required}} = nW \leqslant \frac{\gamma S_W}{2} P \cdot C_{\text{Lmax}} Ma^2 \tag{2-5}$$

如果式(2-5)中的不等式关系不满足,即所需升力如果超过可用最大升力,飞机就会进入抖振甚至失速状态,如图 2-3 所示。因此,过载系数、重量、气压高度(大气压强)和飞行马赫数这四个参数之间是相互制约、相互限制的。

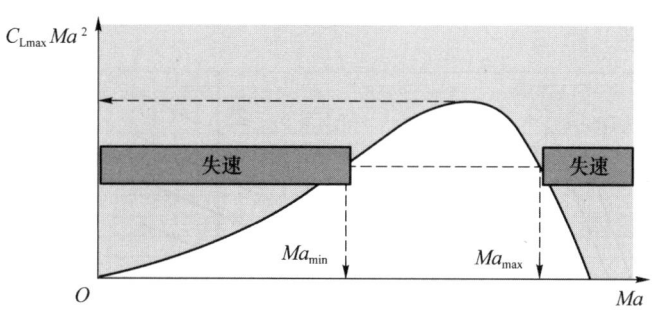

图 2-3 飞机的气动限制

2.1.3 气动限制的速度范围

在给定飞机重量、气压高度的条件下,飞机气动性会限制出一个可用的速度范围。在图 2-3 上,飞机在保持直线平飞时给定重量就相当于给定了纵坐标取值;给定高度相当于给定了一条曲线。从纵坐标取值处画一条平行于横轴的横线,与曲线有左右两个交点,这两个交点的横坐标数值即最小飞行马赫数和最大飞行马赫数。飞机的最大飞行速度还会受到结构和其他因素限制,因此右边交点在有些情况下不可见,如图 2-4 所示。

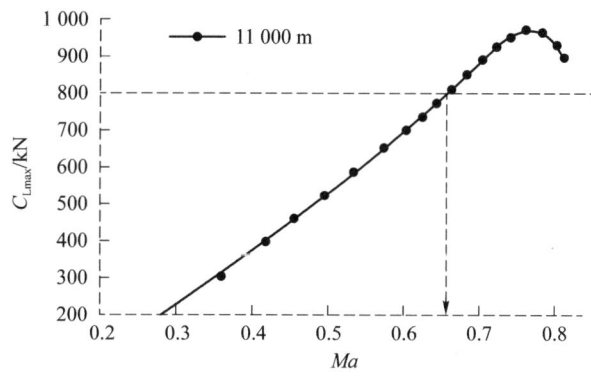

图 2-4 气动限制的速度范围

气动性限制的速度范围与飞行高度、飞机重量、过载系数等因素有关。气压高度越高,最小速度就越大、最大速度就越小、可用的速度范围就越小。飞机重量越大,所需升力就越大,因此最小速度就越大、最大速度就越小、可用的速度范围就越小。类似的转弯飞行时,飞机的过载系数需要超过 1.0。此时,过载系数(转弯坡度角)越大,所需升力就越大,导致最小速度越大、最大速度越小、可用速度范围越小。也就是说,在其他条件一定时,转弯飞行与直线飞行相比的可用速度范围要更小一些。飞机厂家通常会在机型手册(如飞行机组操作手册)中提供如图 2-5 所示的抖振曲线①,用于确定抖振限制的速度范围。

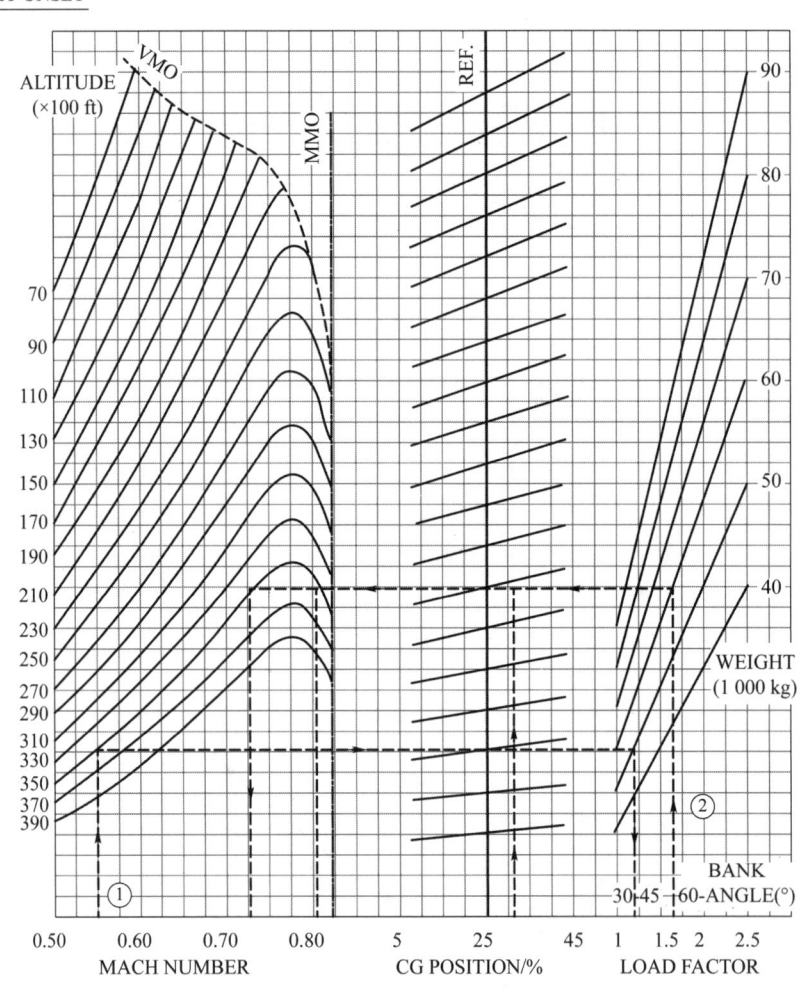

图 2-5 典型机型的抖振限制曲线图

【例题 1】 已知 A319 飞机所需转弯坡度角为 30°,飞机重量为 70 t,重心为 25%MAC,飞行高度 FL330,求气动限制的最小速度和最大速度。

解 查图 2-5,从右往左开始查图,可得在 30°坡度角、飞机重量 70 t、重心 25%MAC、飞行高度 FL330 时的最小飞行马赫数为 0.617,最大飞行马赫数为 0.820(不受限),具体查图过程略。

---

① 本图引自空客的机型手册,故保持原貌,未翻译图上的名词术语。

> **拓展知识**
>
> 在实际飞行中,飞行员通常会选择比气动抖振限制最小速度更大的速度来飞行。对于典型的空客飞机,一般而言,在飞行阶段飞行员不应该选择一个低于V_{LS}(最小可选速度)的速度飞行。
>
> $$V_{LS}=1.23V_{SR} \tag{2-6}$$
>
> 在着陆阶段,飞行员需要确保飞机处于稳定进近状态。在过跑道入口之前的速度不能低于V_{LS}。若在空中发生故障、应急或非正常形态,将按照飞机襟翼、缝翼等最大放出的状态来计算V_{LS},并将其作为基准速度(着陆参考速度),即
>
> $$V_{REF}=V_{LS}(\text{In CONFULL}) \tag{2-7}$$

2.1.4 气动性限制的最大高度

依据图2-5,可以计算出给定飞行马赫数、飞机重量、过载系数条件下最大允许高度,即抖振限制升限,也叫机动能力限制高度。

在给定飞行马赫数的条件下,抖振限制升限随重量增加而减小,随过载系数(坡度角)增大而减小;在给定重量、过载系数的条件下,抖振限制升限随飞行马赫数的增加会先增大后减小。为便于使用,飞机厂家通常会按照常用的巡航马赫数来提供抖振限制数据(使用厂家提供的飞行性能计算软件也可计算出类似的数据),如图2-6所示。

WEIGHT 1000 KG	PRESSURE ALTITUDE FT MANEUVER CAPABILITY 'G' (BANK ANGLE)						
	1.00 G	1.10 G	1.20 G	1.30 G	1.40 G	1.50 G	1.60 G
70	39000	39000	39000	37611	36069	34624	33255
68	39000	39000	39000	38214	36672	35233	33872
66	39000	39000	39000	38835	37293	35858	34504
64	39000	39000	39000	39000	37934	36498	35151
62	39000	39000	39000	39000	38594	37159	35816
60	39000	39000	39000	39000	39000	37841	36498
58	39000	39000	39000	39000	39000	38546	37203
56	39000	39000	39000	39000	39000	39000	37934
54	39000	39000	39000	39000	39000	39000	38690
52	39000	39000	39000	39000	39000	39000	39000
50	39000	39000	39000	39000	39000	39000	39000

图2-6 机动能力限制高度数据

【例题2】 如图2-6所示,已知飞机重量为66 t,所需过载为1.3 g,(1)求气动限制的最大高度;(2)如果飞机重量为71.5 t,所需过载为1.2 g,求气动限制的最大高度。

解 (1) 查图2-6可得,气动限制的最大高度为38 835 ft[①];

(2) 由于图2-6中没有71.5 t重量、1.2 g过载,可以通过线性插值来计算(方法略)。同时,经过观察后可以发现:$Wn=71.5×1.2=66.0×1.3$,即第(2)问与第(1)问的条件本质是一样的,因此气动限制的最大高度仍为38 835 ft。

气动限制的理论升限是指当过载系数刚好达到1.0时所对应的最大高度,该高度通常会超过飞机的结构限制升限。为了保留一定的安全余量,在实际运行上通常按照过载系数为

---

① 1 ft≈0.304 8 m。

1.2~1.3计算气动限制升限。比如对于国内某航空公司的B787飞机,在飞行管理系统(Flight Management System,FMS)的航司更改信息(Airline Modifiable Information,AMI)页面中,如果飞行规则为FAA时,机动能力可以设置为1.2~1.3,如果飞行规则为CAA/JAR,机动能力为固定的1.3。

2.1.5 气动限制的最大过载系数

对于给定机型,飞机抖振限制的可用最大升力只与飞行马赫数、飞行高度有关(见图2-2)。因此,在飞行马赫数、飞行高度一定的情况下,飞机抖振限制的可用最大升力也就确定了。此时,依据公式(2-5),可以得到最大允许的重量或最大过载系数。当其他条件一定时,气动限制的最大过载随重量增加而减小、随高度增加而减小、随速度增加会先增大后减小。

【例题3】 已知A319飞机的重量为65 t,重心为25%MAC,飞行高度为FL370,飞行马赫数为0.72,求气动限制的最大过载系数和坡度角?

解 查图2-5可以得到,气动限制的最大过载系数为1.35,坡度角为42.2°(查图过程略)。

2.2 飞机的推力限制

2.2.1 推力的影响因素分析

飞机在保持匀速直线平飞时的所需推力(气动阻力)与飞机速度、重量、高度等因素有关,如图2-7所示。图2-7的横坐标为巡航速度,纵坐标为所需推力大小,图2-7(a)中的不同曲线代表着不同的飞机重量(单位为t),图2-7(b)中的不同曲线代表着不同的气压高度(单位为m)。

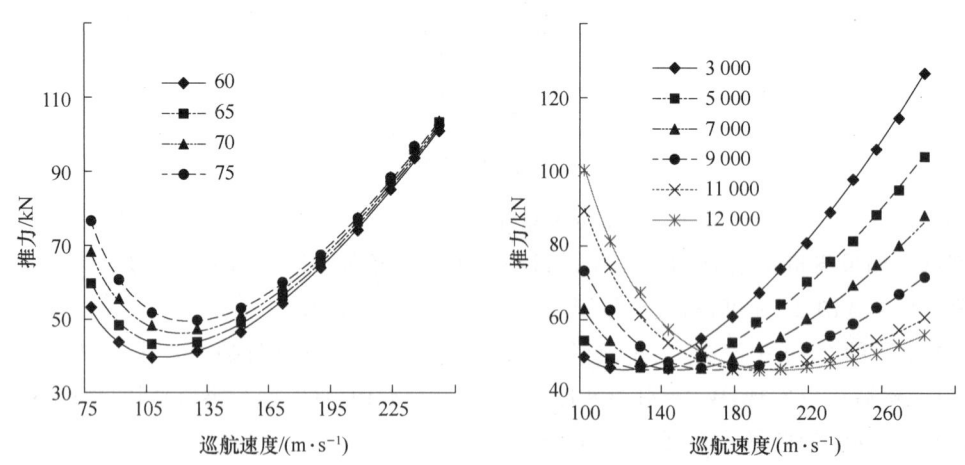

图2-7 所需推力与速度、重量和高度的关系曲线

从图中可以看出,所需推力随速度增加会先减小后增加;重量越大,所需推力也越大。在低速范围内(反常速度区),所需推力随高度升高而增大;而在高速范围内(正常速度区),所需

推力随高度升高而减小。由于民航机的巡航飞行通常处于正常速度区,因此高度越高,所需推力就越小。

在平飞巡航阶段,发动机的可用推力与飞行速度、飞行高度、大气温度等因素有关。可用推力随飞行速度增加会先减小、后增大,但变化不明显,可以忽略;随着气压高度增加,由于大气密度的降低,导致发动机可用推力减小;在温度超过平台参考温度后,发动机可用推力随温度升高而降低。可用推力和所需推力的影响因素见表2-1。

表2-1 可用推力和所需推力的影响因素

影响因素	影响结果	
	气动阻力(所需推力)	可用推力
速度增加	先减小后增加	基本无影响
高度增加	反常速度区:增加 正常速度区:减小	减小
温度增加	基本不变	先不变后减小
重量增加	增加	不变

2.2.2 推力限制的速度范围

飞机在某一高度保持匀速直线平飞时,发动机所需推力应等于气动阻力,且不能超过发动机的最大可用推力(通常为最大巡航推力)。将所需推力和可用推力绘制在一张图上,可以得到推力限制的速度范围,如图2-8所示。

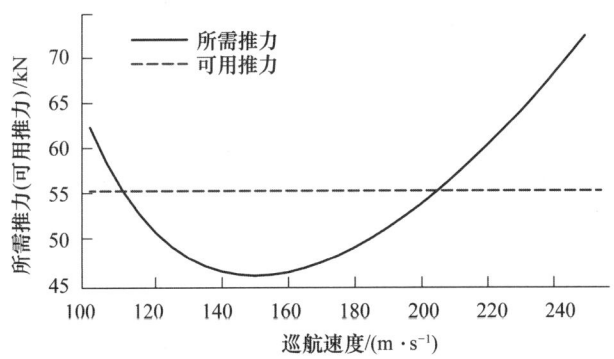

图2-8 推力限制的速度范围

飞机重量越大,所需推力就越大,导致推力限制的最小速度也越大,推力限制的最大速度越小,速度范围越小。

当外界温度超过平台参考温度时,随着温度的升高,发动机可用推力降低,推力限制的最小速度增大、最大速度减小、速度范围缩小。

推力限制的最小速度随高度升高而增大。在低空飞行时,发动机可用推力较大,此时的最小速度通常不受推力限制;而在高空飞行时,随着可用推力的减小,推力限制的最小速度通常大于抖振限制的最小速度。此时飞机的最小速度可能会受到推力限制。

推力限制的最大速度随高度升高会先增大后减小。一方面,在正常速度区,高度越高、气动阻力越小;但另一方面,高度越高,发动机的可用推力也越小。依据典型机型计算出的所需推力、可用推力随高度变化情况如图2-9所示。

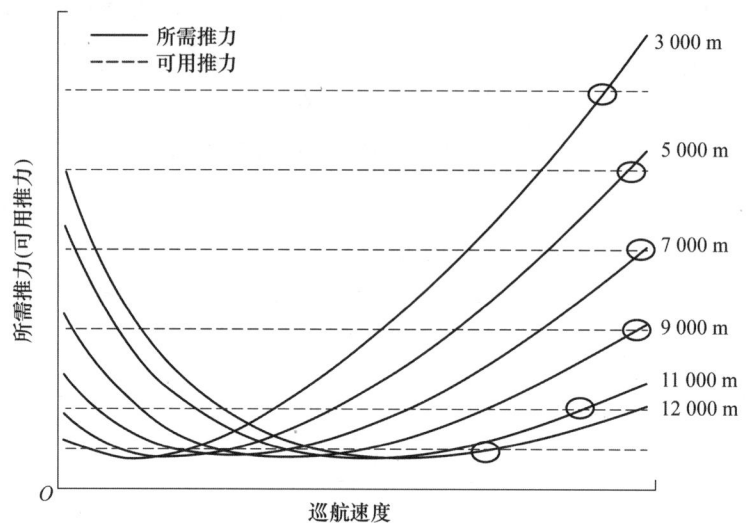

图 2-9　高度对所需推力和可用推力的影响

将推力限制的最小速度、最大速度随高度的变化情况绘制在一张图上,形成如图2-10所示的速度包线图。从图中可以看出,飞机重量越大,可用的速度范围就越小。

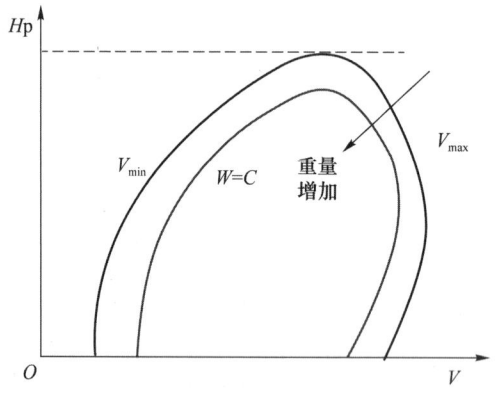

图 2-10　推力限制的速度范围图

2.2.3　推力限制的最大高度

飞机在正常速度区飞行时,随着高度的增加,飞机的爬升率降低,当在某一高度的可用推力等于气动阻力时,飞机就达到了理论升限。在推力限制的理论升限上,飞机的爬升率为零。当飞机高度接近理论升限时,爬升率会非常小。因此,飞机定常爬升到理论升限所需时间数值非常大,没有实际意义。

为了保留一定的安全余量,在实际运行中,通常会定义一个推力限制的使用升限,即飞机保留一定爬升能力时的最大高度。对于波音飞机,飞机性能软件(BPS)计算时的默认爬升能力为 100 ft/min；飞行管理系统的默认值为 300 ft/min；对于空客飞机，默认爬升能力为 300 ft/min。

为便于使用，飞机厂家通常会按照常用的巡航马赫数来提供推力限制高度数据（使用厂家提供的飞行性能计算软件也可计算出类似的数据），如表 2-2 所列。

表 2-2 推力限制高度数据

重量/(1 000 kg)	$Ma=0.74$			最佳高度	1.3g 抖振
	最大高度				
	≤ISA+10 ℃	ISA+15 ℃	ISA+20 ℃		
45	39 800	39 800	39 800	39 800	39 800
50	39 800	39 800	39 800	39 800	39 800
54	39 800	39 800	39 800	39 800	39 800
58	39 800	39 800	39 600	39 600	39 800
62	39 800	39 600	38 500	38 500	39 800
66	39 000	38 500	37 500	37 300	39 400
70	37 900	37 500	36 500	36 000	38 200
74	36 700	36 500	35 300	35 200	37 000
75	36 500	36 200	34 900	34 900	36 700
75.1	36 400	36 200	34 800	34 800	36 700
短舱防冰打开，机翼防冰关闭	－300	－400	－900	－900	—
短舱防冰打开，机翼防冰打开	－1 500	－2 000	－3 300	－2 000	—

【例题 4】 如表 2-2 所列，已知飞机重量为 66 t，温度偏差为 ISA+20 ℃，求推力限制的最大高度和过载限制的最大高度？

解 查表 2-2 可得，推力限制的最大高度为 37 500 ft，过载限制的最大高度为 39 400 ft。

推力限制的最大高度与飞机重量、大气温度、飞行速度等因素有关。当其他量一定时，飞机重量越大，推力限制高度就越小；温度超过平台参考温度后，温度越大，推力限制高度就越小；随着速度增加，飞机阻力先变小后变大。因此，推力限制高度随速度增大会先变大后变小（在正常速度区则随速度增大而减小），如图 2-11 所示。

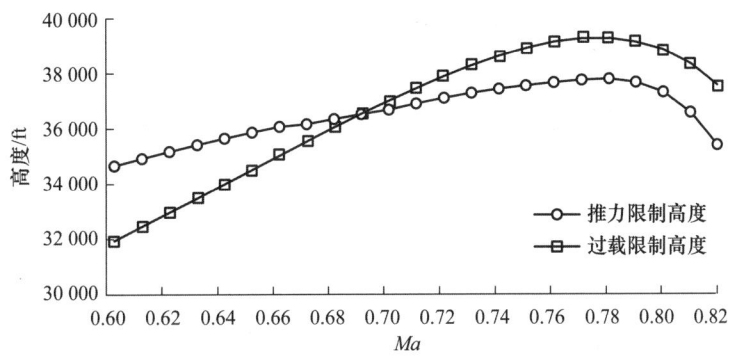

图 2-11 推力限制高度随速度的变化

2.3 飞机的结构限制

2.3.1 最大速度

在飞行中,当飞机的动压过大时,可能导致飞机表面单位面积受力过大,撕裂飞机表面的蒙皮,甚至引起飞机的颤振、断裂,以至飞机的瞬间解体。为保证飞机的局部强度安全,在结构强度计算中要限制飞行中的最大动压;同时,为保证刚度安全,防止出现明显的残余变形,或者将弹性变形控制在一定限度内,也需要对飞机的最大动压进行限制。对于动压限制的最大速度,如果用当量空速表示,则与高度无关,可表示为

$$q_{max} = \frac{1}{2}\rho V_{max}^2 = \frac{1}{2}\rho_0 V_{Emax}^2 \qquad (2-8)$$

当量空速一定时,对应的马赫数随着高度升高而增加。对于高亚声速飞机,在 $Ma > Ma_{CR}$(临界马赫数)后,可能因气动力矩的变化而出现自动下俯、自动倾斜、蹬舵反坡度或副翼效能降低,甚至副翼反效等现象,因此也需要对飞机的马赫数进行限制。

最大使用表速/马赫数(V_{MO}/Ma_{MO}):指在任何飞行状态(如爬升、巡航、下降)中不能有意超过的速度。在试飞或驾驶员训练中,经批准后可以大于此速度。由于该速度小于飞机的设计巡航速度(V_C/Ma_C),也小于飞机的设计俯冲速度(V_D/Ma_D)和试飞验证飞行速度(V_{DF}/Ma_{DF}),因此当飞机速度刚超过 V_{MO}/Ma_{MO} 而受到警告时,驾驶员及时采取减速措施即可有效确保飞行安全。部分典型机型的 V_{MO}/Ma_{MO} 如表 2-3 所列。

表 2-3 典型机型的 V_{MO}/M_{MO}

机 型	$V_{MO}/kt(IAS)$	Ma_{MO}
B737	340	0.82
B757	350	0.86
B767	360	0.86
B747	365	0.92
B777	330	0.87
A320-200	350	0.82
A330-200	330	0.86
A340-300	330	0.86
C919	350	0.82

设计机动速度(V_A/Ma_A):指在方向舵或升降舵完全伸出时的最大限制速度。当然即使速度小于 V_A/Ma_A,如果进行过大、过快的舵面偏转,也有可能导致舵面结构受损。

襟翼展态速度(V_{FE}):为确保飞机在放出襟翼状态下的襟翼结构安全,在《飞机飞行手册》中给出了襟翼展态速度(V_{FE}),如图 2-12 所示。该速度是对应相关襟翼放下位置和发动机推力状态的最大限制速度。波音飞机的襟翼展态速度表示法是将最大襟翼位置的展态速度作为参考速度,其他速度为在此速度上加上整数修正值(见表 2-4)。为便于飞行员记忆,空客飞

机和商飞飞机则是按襟翼位置一一对应给出该速度(见表2-5和表2-6)。

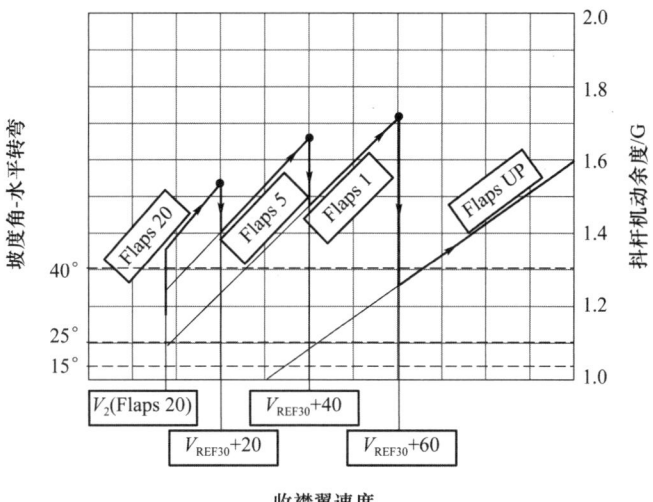

图 2-12 B767 不同襟翼位置的机动裕度

表 2-4 波音 B757-200 襟翼速度表

襟翼位置	襟翼速度
襟翼 0	$V_{REF30}+80$
襟翼 1	$V_{REF30}+60$
襟翼 5	$V_{REF30}+40$
襟翼 15	$V_{REF30}+20$
襟翼 20	$V_{REF30}+20$
襟翼 25	V_{REF25}
襟翼 30	V_{REF30}

表 2-5 A320 飞机的襟翼展态速度

A320-200 襟翼展态	V_{FE}
CONF 0	230kt
CONF 1+F	215kt
CONF 2	200kt
CONF 3	185kt
CONFULL	177kt

表 2-6 C919 飞机的襟翼展态速度

C919 襟翼展态	V_{FE}
CONF 0	V_{MO}/Ma_{MO}
CONF 1	230kt
CONF 1+F	215kt
CONF 2	200kt
CONF 3	185kt
CONFULL	177kt

起落架限制速度:为确保起落架的结构安全,还给出了起落架收放限制速度(V_{LO})和起落架展态速度(V_{LE})。

典型机型的上述限制速度如表 2-7 所列。

表 2-7 典型国产民机的最大限制速度

操作限制速度	C919 速度值示例
V_{MO}/Ma_{MO}	$V_{MO}=350$kt (IAS) $Ma_{MO}=0.82$
V_{FE}	CONF 0 V_{MO}/Ma_{MO} CONF 1 230kt CONF 1+F 215kt CONF 2 200kt CONF 3 185kt CONFULL 177kt
V_{LO}/V_{FE}	V_{LO}(RET) 220kt V_{LO}(EXT) 250kt V_{LE} 280 kt

2.3.2 最大高度

大气压强随气压高度升高而减小。为了确保旅客的生命安全和舒适性,飞机通过增压系统来确保座舱高度不超过设计值(如 B737-800 为 8 000 ft),即客舱内部的大气压强不能小于一定值。因此,在高空飞行时,客舱内外的压差随飞行高度增加而增大。考虑到客舱内外的压差限制,需要对飞机的最大飞行高度进行限制,即舱压限制升限。典型机型的舱压限制升限如表 2-8 所列。

表 2-8 典型机型的最大限制高度

机型	A320	B737-800	B777-300ER	ARJ21-700	CRJ-700	C919
升限/ft	39 100	41 000	43 100	39 000	41 000	39 800

2.3.3 过载系数

在规定的飞机使用范围和环境中,飞机应能承受一定的外载荷,并保证有足够的强度和刚度。飞机强度设计载荷包括限制载荷(使用载荷)和极限载荷(设计载荷)。限制载荷是飞机正常飞行中可能出现的最大载荷,要求在此载荷下,飞机上任何部件、部位的应力不应超出屈服点,不能产生妨碍飞机正常运动的有害变形,卸载后不遗留残余变形;极限载荷是为了使飞机的强度、刚度有一定的安全裕度,采用比限制载荷更大一些的载荷,用它来设计飞机的强度、刚度。极限载荷与限制载荷的比值称为安全系数,系数越大,安全裕度越大,但成本和经济性越差。在 CCAR-25 部中,对于民用运输机的安全系数规定为 1.5。

① 净外形的正过载系数限制。依据 CCAR-25 部,飞机在净外形下需要满足的正过载系数限制如下:

$$\begin{cases} n \geqslant 2.1 + \dfrac{10\ 890}{W + 4\ 540} \\ n \geqslant 2.5 \\ n \leqslant 3.8 \end{cases} \tag{2-9}$$

式中,W 为飞机设计的最大起飞重量,kg。

② 净外形的负过载系数限制。依据 CCAR-25 部,飞机在净外形下需要满足的负过载系数为 -1.0。

③ 襟翼放出状态下的过载限制。襟翼放下时,允许的最大正过载系数为 2.0,最小过载系数为 0。

在 CCAR-25 部中,将上述限制定义为机动限制包线,如图 2-13 所示。

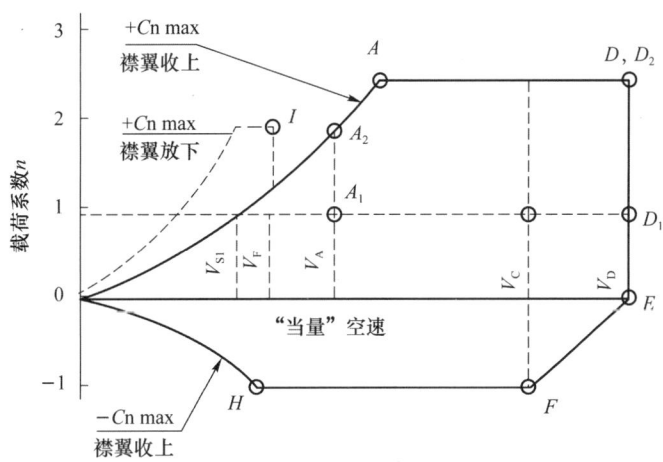

图 2-13 机动限制包线

图 2-14 上的几个特征点分别为:①V_{S1} 为收上襟翼的失速速度;②V_A 为设计机动速度;③V_C 为设计巡航速度;④V_D 为设计俯冲速度;⑤V_F 为对应襟翼放下时最大设计速度。

2.3.4 飞机重量

飞机的结构限制重量包括最大起飞重量、最大着陆重量、最大无油重量等。进行飞行计划和性能计算时,要确保飞机的实际重量不超过限制重量。

① 最大起飞重量。该重量是按照飞行中的飞机结构强度原则和在该机重下,以垂直速度为 -1.83 m/s(-360 ft/min)着陆接地时的起落架及飞机结构的强度要求确定的。实际起飞重量不允许超过该重量。

② 最大着陆重量。该重量是按照飞机在该机重时以垂直速度为 -3.05 m/s(-600 ft/min)着陆接地时的起落架及相关结构的强度要求确定的。大型飞机的最大着陆重量通常都小于它的最大起飞重量,中型飞机等于或略小于其最大起飞重量,小型飞机则两者常相等。

③ 最大无燃油重量。该重量是指无燃油时飞机允许的最大结构限制重量。运输机的燃油大都装在机翼油箱内,飞行中,机翼上的空气动力在翼根处形成最大的弯曲力矩,如机翼油箱有燃油,燃油重量可以抵消一部分升力作用在机翼上产生的应力,减小翼根弯矩,可见燃油越少,机翼受到的弯矩越大,从结构强度考虑,相应应力的飞机重量就要有个限制。如图 2-14 所示,实际飞机的无燃油重量不许超过最大无燃油重量,实际的起飞重量不得超过最大无燃油重量与起飞燃油之和,所以这也成为限制最大过载的原则之一。

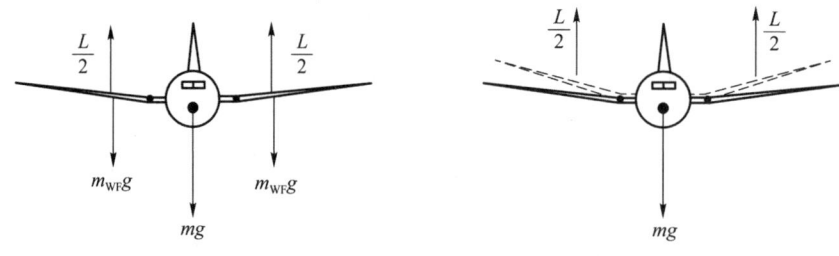

图 2-14 由于燃油的重量减小了机翼的弯矩

④ 最大滑行重量。该重量是指飞机在滑行时的最大结构限制重量,它主要考虑飞机在地面滑行转弯时可能的起落架弯曲力矩和起落架减震器的应力限制。要指出的是,最大滑行重量不是一个限制因素,通常是在最大起飞重量基础上增加一个滑行油量而得到的。

⑤ 最小重量。该重量是由飞机设计选择的最小重量,且这个重量可以满足各种运行条件和 CCAR-25 部中适用的飞行要求。通常而言,当确定最小结构重量时,阵风和紊流是重要的限制因素,即要防止飞机受到阵风后的过载超过限制过载。

2.4 运行限制

在实际运营中,除要满足以上飞行限制边界外,还要满足重心限制、环境包线限制等运行限制。

2.4.1 飞机使用重心限制

飞机的重心位置对飞机的纵向平衡、静稳定性和静操纵性有很大影响。而在民航飞机的正常运行中,旅客或货物的装载与配平,燃油的消耗,起落架的收放等都会引起飞机重心位置的变化。为了避免因重心变化过大而影响飞机平衡、稳定性能与操纵性能,每类飞机都有一定的重心前限与后限的要求。

① 重心前限主要考虑以下两方面:一方面是对平飞静操纵性的考虑;当重心前移时,机翼产生的升力对重心的俯仰力矩增加,因此需要平衡纵向稳定力矩所需的操纵力矩即平尾偏角也要增大,而平尾偏角受结构和气流分离的限制,不能无限增大,故必须提出重心前限的限制;另一方面是对机动特性的考虑;当重心前移时,为了保持良好的机动特性,保证足够的过载值,也必须对重心前限提出要求。根据这两方面的要求,确定重心前限时,应具体考虑在起飞着陆或是巡航飞行时,平尾偏角应能保证飞机在规定的速度时抬起前轮,着陆时除了平衡纵向力矩外,平尾还应留有一定的余量;飞机在高空高速飞行时,平尾偏角应保证飞机能达到预定的过载值。在运行过程中,必须使飞机的重心位置严格控制在重心前限之后。

② 重心后限也直接取决于飞机的静稳定性和静操纵性要求。但对静稳定性的要求,也往往在静操纵性中反映出来,因此重心后限通常从静操纵性角度提出。具体考虑有:飞机在平飞过程中要具有静操纵性,则必须具有迎角静稳定性,也就是说重心应在焦点之前,而在拉起运动中,必须保证重心在机动点之前。因此,在设计中应根据上述要求的最小值定出其重心后限,而在使用运行过程中也必须把飞机的重心严格控制在重心后限之前。

在使用手册中,重心的使用前限与后限以包线的形式给出,如图 2-15 所示。

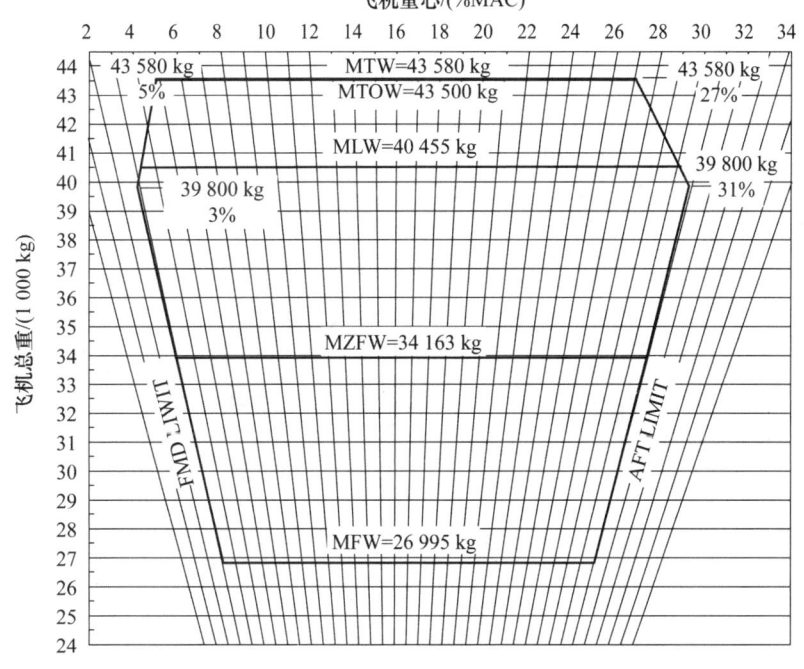

图 2-15 ARJ21-700 重心使用限制包线

2.4.2 环境包线

实际运行过程中，飞机还要满足其他限制，如图 2-16 和图 2-17 所示的环境包线。

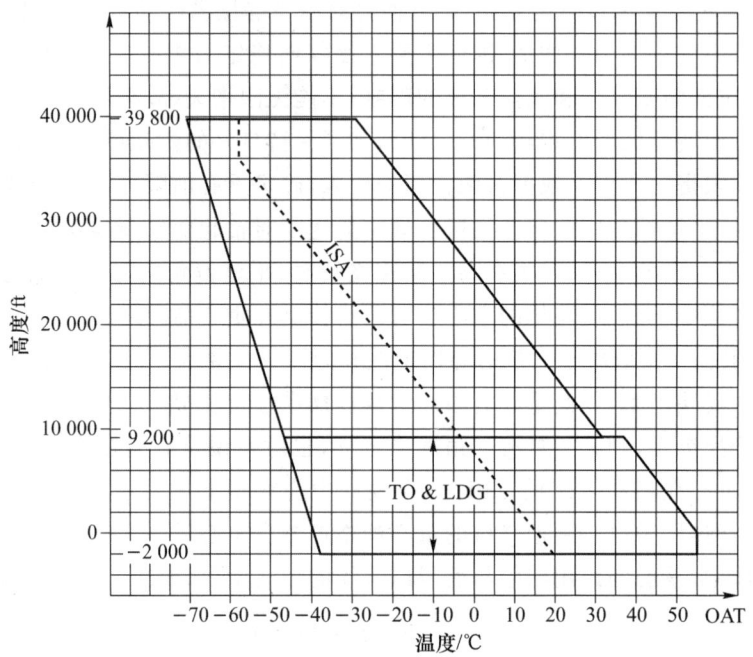

图 2-16 A320 环境包线

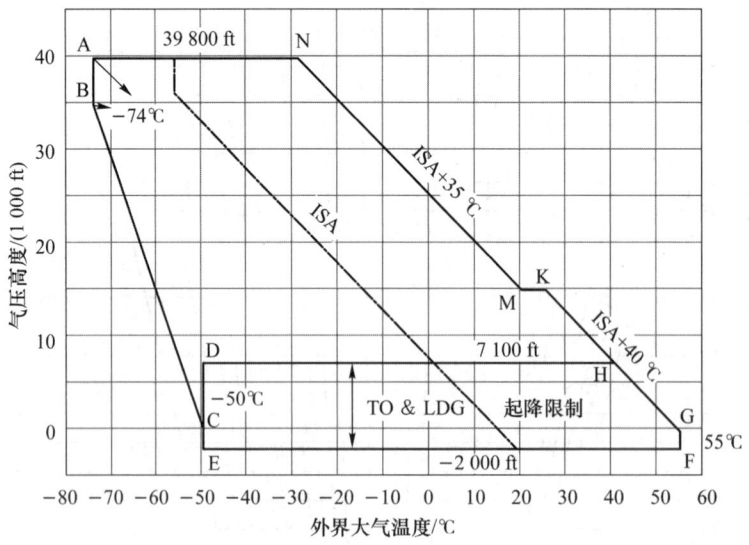

图 2-17 C919 环境包线

环境包线限制主要给出了机场高度限制、飞行高度限制和温度限制，其他如跑道坡度、纬度限制和顺风、侧风限制都在飞机飞行手册做了规定。

2.5 小　结

飞机在运行方面需要考虑的限制参数包括最小速度、最大速度、高度限制、过载限制等,具体限制原因则包括气动限制、发动机推力限制、结构限制等。两者之间的关系如表 2-9 所列。

表 2-9　限制参数的具体原因一览表

限制参数	限制原因		
	气动限制	推力限制	结构限制
最小速度	低空受限	高空受限	—
最大速度	受限	受限	受限,与飞机构型有关
升限	受限	受限	受限
过载能力	受限	—	受限
重量	性能限制(详见后续章节)		受限

将气动、发动机推力和结构对飞机的速度限制绘制在一张图上,可以得到飞机的限制包线图(见图 2-18),图中可以体现出最小速度限制、最大速度限制和高度限制的变化规律。

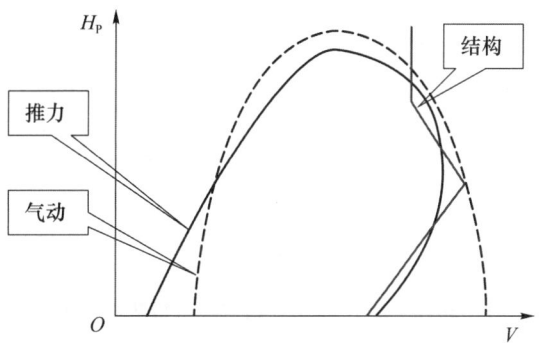

图 2-18　飞机的速度限制包线

第 3 章　起飞性能

对于执行客、货运输任务的民用飞机,其起飞性能对飞行安全和经济性两方面都有较大影响,是飞机飞行性能的一个重要组成部分。在飞行安全方面,2012—2021 年的世界民航喷气机队事故统计数据见图 3-1,图中给出了各飞行阶段发生事故次数占事故总次数的百分比、各阶段时间占航班总时间的百分比。其中,起飞段和收襟、缝翼的初始爬升段时间仅占航班总时间的 2%,而发生致命事故的次数却高达事故总次数的 16%。在经济性方面,起飞过程受到的约束限制和影响因素很多,如起飞速度、机场场地长度、爬升梯度、障碍物、最大轮胎速度和结构强度等,从而限制了飞机装载客、货的能力,降低了经济性。

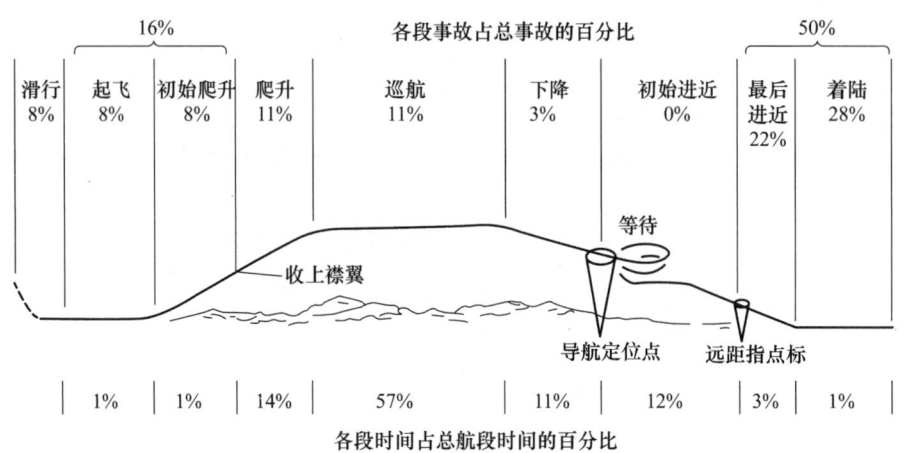

图 3-1　2012—2021 年世界民航喷气机队事故统计数据

起飞性能主要是指起飞轨迹中各段的性能。起飞轨迹开始于松刹车起飞,结束于满足高度、形态、速度要求的一点。结束点的具体要求是高于起飞表面 1 500 ft,形态为航路形态,速度达到起飞最后阶段规定速度。

考虑到起飞的安全性,起飞轨迹的计算不仅需要考虑正常的全发起飞情况,还需要考虑起飞过程中任意一点发生一台发动机失效的情况,即起飞一发失效的情况。全发起飞和起飞一发失效的性能有很大差异,对应的起飞轨迹也大不相同。全发和一发失效的起飞轨迹如图 3-2 和图 3-3 所示。

在达到 35 ft 之前的起飞轨迹需要在起飞道面范围内完成,该阶段称为起飞阶段,这部分轨迹主要考虑起飞速度限制和场地长度限制;在 35 ft 之后的轨迹则不需要考虑道面影响,该阶段称为起飞飞行轨迹阶段,这部分轨迹主要考虑爬升梯度限制和障碍物限制。

本章将按照起飞轨迹的各段顺序依次介绍起飞速度、起飞距离、起飞飞行轨迹的定义和计算方法,同时分析起飞轨迹计算过程中的各类限制重量和优化方法,最后对湿和污染跑道起飞、减推力起飞进行介绍。

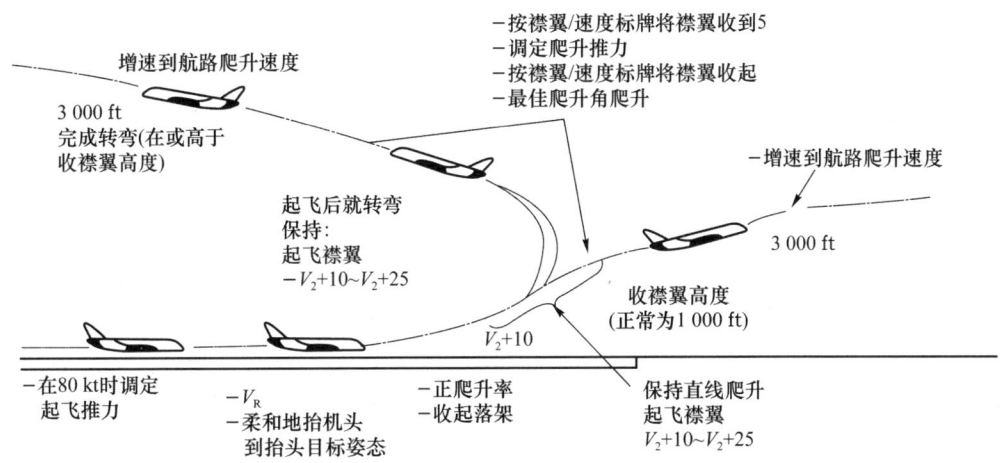

图 3-2 全发起飞轨迹示意图

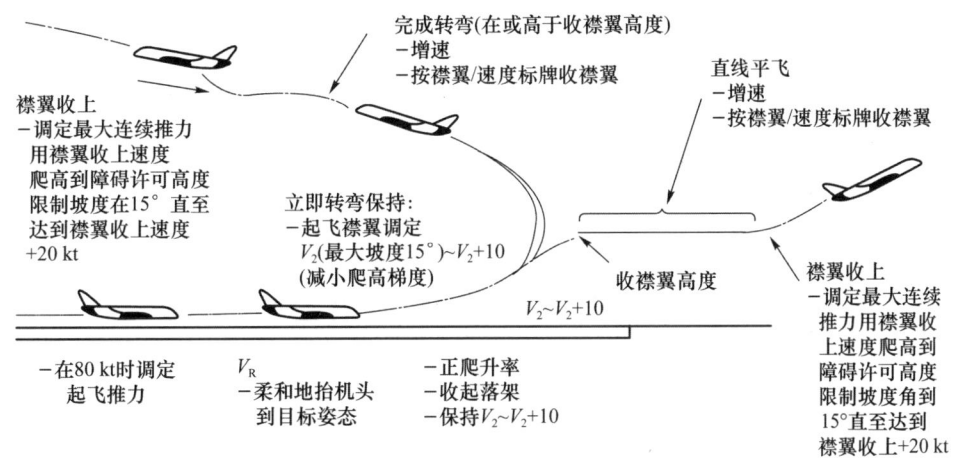

图 3-3 一发失效起飞轨迹示意图

3.1 起 飞

介绍本节内容之前,先对"起飞"一词的含义作一个补充。从飞行性能角度来看,起飞是从松刹车到进入航路爬升的整个过程,但在日常使用中,起飞常常特指飞机起飞离地的一个过程,对应前面提到的从松刹车到 35 ft 高的这个阶段。本章将广义的起飞过程和狭义的起飞阶段都称为起飞,虽然起飞具有两个含义,但一般情况下都不会产生误解。例如本节节题起飞,结合本节内容不难看出是特指飞机在达到 35 ft 之前的起飞阶段。

本节主要针对起飞的 4 种情况和多个速度进行介绍,这些内容是进行场长限重分析的基础。

3.1.1 起飞情况

飞机起飞时,可能会遇到一些突发情况,影响飞机的起飞安全。根据突发事件的性质以及发生的时机,飞机需要采用不同的措施进行应对。在所有突发情况中对飞机性能影响最大的就是发动机失效。对于运输类飞机,无论是双发还是四发,规章只考虑起飞过程中发生一发失效的情况。

为了确保任意一台发动机失效飞机起飞都是安全的,在分析中需要假定多台发动机中的关键发动机失效。关键发动机是指失效后对飞机性能影响最恶劣的发动机。如未特殊说明,书中发生的一发失效均指关键发动机失效。

根据起飞是否发生一发失效,可以将起飞分为全发和一发失效两种情况。同时对于无法保证飞机安全离地起飞的情况,还需要采取中断起飞的操作。因此根据是否一发失效和是否中断起飞,起飞一共可以分为以下 4 种情况:

① 全发起飞,V_R 抬轮,V_{35} 速度结束;
② 一发失效继续起飞,V_{EF} 发动机失效,V_R 抬轮,V_2 速度结束;
③ 一发失效中断起飞,V_{EF} 发动机失效,V_1 开始中断起飞操作,飞机全停结束;
④ 全发发生非发动机故障,V_1 开始中断起飞操作,飞机全停结束。

各种起飞情况及相关的速度如图 3-4 所示。需要说明的是,这里描述的 4 种情况是起飞过程中可能遇到的情况中最临界的状态,进行起飞性能分析时只须保证这 4 种情况的安全,即可保证任意起飞情况的安全。

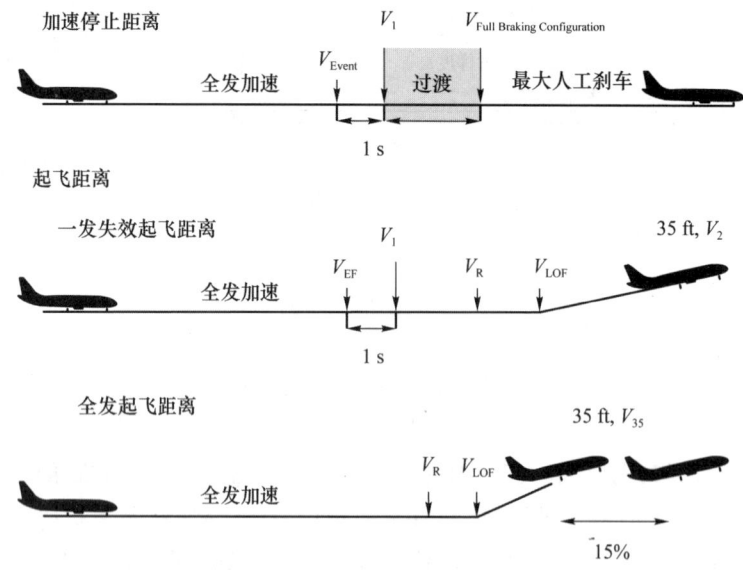

图 3-4 起飞的 4 种情况

3.1.2 起飞速度

介绍 4 种起飞情况时出现了多个特殊的速度,这些速度都将在本小节中进行介绍。如未特殊说明,本小节介绍的速度均为校正空速。

飞机起飞分析中使用的速度有许多,但最核心,也是最重要的速度只有3个,分别是决断速度V_1、抬轮速度V_R、起飞安全速度V_2。这3个速度确定了飞机起飞计算的临界条件,是飞行员进行起飞操作时需要使用的速度,因此V_1、V_R、V_2这一组速度也被称为起飞速度。

起飞速度的概念与限制十分复杂,在未了解其他速度的情况下,无法通透地解释清楚起飞速度的由来及含义。这里仅仅对起飞速度的基本定义和作用进行概括性的介绍。

V_1是允许执行中断起飞操作的最大速度,称为决断速度。飞机起飞速度超过V_1之后,飞行员只能继续起飞,不能中断起飞,否则飞机有可能会冲出跑道。

V_R是飞行员开始拉杆使飞机抬头的速度,称为抬轮速度。飞机抬前轮后升力会迅速增大,使飞机离地。

V_2是飞机起飞一发失效的爬升速度,考虑了飞机的失速、操作和机动特性,称为起飞安全速度。飞机全发起飞的爬升速度也以V_2为基准,一般为$V_2+10\ \text{kt} \sim V_2+20\ \text{kt}$。

1. 限制速度

限制速度是与起飞速度相关的限制性速度,受飞机系统、飞行操稳性等因素影响,是确定起飞速度的前提条件。

(1) 地面最小操纵速度V_{MCG}

地面最小操纵速度是飞机在地面滑跑过程中发生关键发动机失效,仅使用方向舵就能够控制飞机方向的最小速度,记作V_{MCG}。

飞机发生一发失效情况时,由于两侧发动机推力不对称,会使飞机朝发动机故障的一侧偏转,通过控制方向舵,可以产生抵消偏航力矩的反力矩,从而控制住飞机的方向。根据定义可知,一发失效发生在飞机速度小于地面最小操纵速度时,飞机是无法仅使用方向舵控制飞机方向的,此时不能继续起飞,只能中断起飞,因为中断起飞可以使用除方向舵以外的操纵来控制飞机方向,例如前轮转向和差动刹车。

根据规章要求,确定地面最小操纵速度时,还需要满足以下条件:

① 工作发动机处于最大可用起飞推力状态;
② 方向舵操纵力不超过 150 lb[①];
③ 使用正常操纵技巧控制飞机;
④ 从一发失效到航向稳定的过程中,轨迹任一点偏离跑道中心线的横向距离不得超过30 ft,如图 3-5 所示。

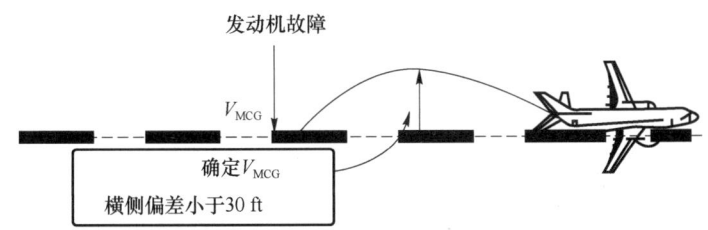

图 3-5 最小地面操纵速度示意图

---

① 1 lb≈0.454 kg≈4.45 N。

(2) 空中最小操纵速度 V_{MCA}

与地面最小操纵速度类似,空中最小操纵速度是飞机在空中发生关键发动机失效,能够控制飞机方向的最小速度,记作 V_{MCA}。

飞机飞行中一发失效除了产生偏航运动外,还会伴随滚转运动。规章要求在确定空中最小操纵速度时,航向变化不得超过 20°,滚转坡度不得超过 5°,见图 3-6。此外,还需要满足以下条件:

① 工作发动机处于最大可用起飞推力状态;
② 飞机起落架收上,不考虑地面效应;
③ 方向舵操纵力不超过 150 lb;
④ 使用正常操纵技巧控制飞机。

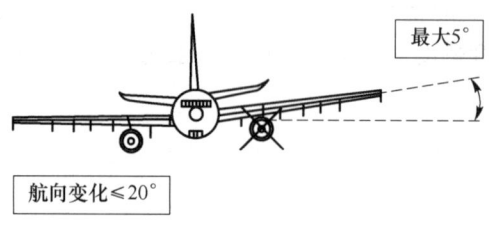

图 3-6 最小空中操纵速度示意图

(3) 最小离地速度 V_{MU}

最小离地速度是飞机可以安全离地的最小速度,记作 V_{MU}。

飞机离地发生在抬轮之后,飞机通过抬轮操作增大飞机的俯仰角,使飞机升力迅速增大,从而克服重力离开地面,见图 3-7。

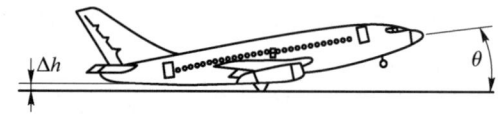

图 3-7 最小离地速度示意图

飞机离地的俯仰角越大,对应的离地速度越小。最小离地速度需要根据最大的离地俯仰角确定。最大俯仰角一方面受飞机几何姿态限制,俯仰角过大时,飞机机尾会擦地,因此由机身长度和起落架高度能确定一个最大俯仰角;另一方面,受飞机升力特性影响,迎角太大,飞机会进入失速状态,为了使飞机具备可控的操纵品质,由气动特性能确定一个最大俯仰角。

对于绝大部分民用飞机,最大离地姿态都受飞机的几何姿态限制。

在具体的试飞过程中,飞机通过快速拉杆达到最大俯仰姿态,然后保持该姿态加速至飞机离地,并继续保持姿态直至无地面效应高度。

需要注意的是,因为飞机离地时的姿态是正的,所以飞机推力会有一个垂直分量,该分量帮助升力一起克服重力。因此,对于同一型飞机而言,在不同推重比,也就是不同发动机功率条件下,对应的最小离地速度是不一样的。而全发最小离地速度 $V_{MU(N)}$ 也会小于一发失效最小离地速度 $V_{MU(N-1)}$,因为全发起飞时推力更大,离地所需的升力也就越小,对应的最小离地速度就越小。

(4) 最大刹车能量速度 V_{MBE}

最大刹车能量速度是不超过刹车能量吸收能力的最大中断起飞速度,记作 V_{MBE}。

起飞过程中如果中断起飞,需要使用刹车制动系统进行减速,减速过程中飞机的动能会转化成刹车的热能,刹车吸收能量存在上限,超过最大能量后会出现刹车过热,甚至起火的情况。

飞机开始中断起飞的速度越大,刹车吸收的能量越多,由刹车能够吸收的最大能量可以确定飞机能够中断起飞的最大速度,即最大刹车能量速度。假设飞机中断起飞时的动能全部被刹车吸收,则可以得到如下计算公式:

$$E_B = \frac{1}{2}mV_{MBE}^2 \quad (3-1)$$

根据公式(3-1)确定的最大刹车能量速度为地速,还需要根据风速、气压高度、温度等参数将地速转换成校正空速。此外,跑道坡度也有影响,上坡时刹车装置需要吸收的能量减少,对应的最大刹车能量速度增大,下坡时则是吸收能量增大,最大刹车能量速度减小。

确定最大刹车能量速度时,是基于完全磨损的刹车和不使用反推的假设条件,而在实际中断起飞过程中刹车状态往往不是完全磨损的,且允许使用反推,因此飞机在最大刹车能量速度进行中断起飞,也是有足够安全余量的。

(5) 最大轮胎速度 V_{TIRE}

最大轮胎速度是飞机轮胎允许使用的最大速度,是地速,记作 V_{TIRE}。

飞机在起飞高速滑跑过程中,机轮和轮胎高速转动,轮胎内部压力增大、温度升高,轮胎受到的离心力和张力也增大。为了防止轮胎高速转动时损坏,对轮胎规定了速度限制。

一般喷气式民用飞机选择的最大轮胎速度等级有 200、210、225、235 mi/h(英里/时)[①]这几种,现在最常见的最大轮胎速度是 225 mi/h,对应 195 kt。

有些机型有多种不同速度限制的轮胎可供选用,如 B747 有 225、235 mi/h 两种轮胎可选。

由于最大轮胎速度是轮胎制造厂家规定的最大地速,因此计算时需要将飞机的起飞速度由校正空速转换成地速,再与最大轮胎速度进行比较。

2. 操作速度

操作速度是飞机不同起飞情况下与飞行操作有关的速度,起飞速度 V_1、V_R、V_2 就属于操作速度。除了 3 个起飞速度之外,还有离地速度和假定发动机失效速度,这 2 个速度对于确定起飞速度是非常重要的。

(1) 起飞安全速度 V_2

起飞安全速度是飞机一发失效后,抬轮离地达到 35 ft 时的速度,记作 V_2。

很明显,飞机如果没有一发失效,使用全发抬轮离地,到达 35 ft 时的速度一定大于 V_2。一般全发到达 35 ft 的速度比 V_2 大 10~20 kt,记作 V_2+XX 或者 V_{35}。

飞机起飞滑跑发生一发失效后,如果继续起飞且速度到达 V_2 后,飞机会保持 V_2 速度爬升至改平高度,因此速度 V_2 也是飞机一发失效的初始爬升速度。

为了确保起飞安全,V_2 应具备以该速度恒速进行 30°坡度角协调转弯的能力,同时不得小于 V_{2min}。

---

① 1 mi/h=1.609 km/h。

$V_{2\min}$是指具备一定气动与操纵安全裕度的最小起飞安全速度。

$$V_{2\min} \geqslant 1.13 V_S \quad (3-2)$$

$$V_{2\min} \geqslant 1.10 V_{MCA} \quad (3-3)$$

满足上述条件的V_2可以保证遇到以下几种情况时的飞行安全：

① 当速度稍小于上述速度时，飞机仍能保持正的爬升梯度；

② 由于风或驾驶员操作不当引起空速减小时，仍能保持正常操纵；

③ 有足够的迎角裕度，以防止遇到向上阵风时造成失速或使飞机失去控制；

④ 飞机有能力安全的做爬升、转弯等机动动作；

⑤ 当发生一发失效并伴随有速度误差时，飞机仍能保持操纵。

(2) 离地速度V_{LOF}

离地速度是飞机刚好腾空时的速度，记作V_{LOF}。

为保证飞机离地安全，规章要求离地速度不得小于全发工作V_{MU}的110%，也不得小于一发失效V_{MU}的105%。

$$V_{LOF} \geqslant 1.10 V_{MU(N)} \quad (3-4)$$

$$V_{LOF} \geqslant 1.05 V_{MU(N-1)} \quad (3-5)$$

对于最小离地速度受飞机几何姿态限制的飞机，即绝大多数飞机，在保证等效适航性的基础上允许减小裕度。如机身装有腹鳍和姿态警告系统时，离地速度只需不小于全发工作V_{MU}的108%。对于一发失效V_{MU}的余度减小，不同规章要求不同，使用时须查看具体规章确定。

离地速度除了最小值限制外，还需要满足最大轮胎速度限制，因为飞机离地速度是轮胎转动最快速度，所以需要确保离地速度对应的地速不超过最大轮胎速度。此外，飞机全发工作的离地速度又比一发失效的离地速度大，因此须确保全发离地速度不超过最大轮胎速度。

$$V_{LOF} \pm V_W \leqslant V_{TIRE} \quad (3-6)$$

(3) 抬轮速度V_R

抬轮速度是飞行员开始拉杆抬前轮的速度，记作V_R。

抬轮速度是所有起飞速度中最核心的一个速度，前面提到的起飞安全速度最小值限制、离地速度最小和最大值限制要求，都是通过选择合适的V_R速度实现的。

抬轮速度确定的情况下，只需要给定抬轮速率，即可确定离地速度和起飞安全速度。正常的抬轮速率为$2.5 \sim 3(°)/s$，快速的抬轮速率为$4 \sim 6(°)/s$。在确定离地速度时，为了有足够的安全裕度，使用快速抬轮速率确定尽可能小的离地速率，再判断是否大于最小离地速度；在确定起飞安全速度时，则使用正常抬轮速度确定与实际飞行较吻合的起飞安全速度。

抬轮速度除了需要确保离地速度和起飞安全速度满足最小值要求，还需要不小于1.05倍V_{MCA}。此外，抬轮速度不区分全发和一发失效，也就是说，全发工作起飞和一发失效继续起飞均使用相同的抬轮速度值，这样便于飞行员操作。

$$V_R \geqslant 1.05 V_{MCA} \quad (3-7)$$

(4) 假定发动机失效速度V_{EF}

假定发动机失效速度是假定的关键发动机失效速度，记作V_{EF}。

飞机起飞过程中任何时刻都有可能发生一发失效，但在进行性能分析时，会假定关键发动机在最临界的时刻失效。如果飞机在最临界时刻一发失效，飞机既可以安全地继续起飞，也可以安全的中断起飞,那么在起飞过程中任何时刻发生一发失效,飞行员至少有一种措施保证飞行安全。例如,飞机在未达到假定发动机失效速度时发生一发失效,此时选择中断起飞操作一定是安全的,因为飞机速度更小,更容易停下来;而在超过假定发动机失效速度时发生一发失效,可以选择继续起飞。

由于假定发动机失效速度需要既可以中断起飞,又可以继续起飞,因此假定发动机失效速度不得小于地面最小操纵速度,否则选择继续起飞可能出现偏出跑道的情况。

$$V_{EF} \geqslant V_{MCG} \tag{3-8}$$

(5)决断速度 V_1

决断速度是飞行员可以决定并实施中断起飞操作的最大速度,记作 V_1。

决断速度 V_1 与假定发动机失效速度总是成对出现的,一个假定发动机失效速度 V_{EF} 对应一个决断速度 V_1。

飞机在 V_{EF} 发生一发失效,此时飞行员决定并开始实施中断起飞操作(例如踩刹车、打开扰流板等),在飞行员识别发动机故障、做出决断并开始采取减速措施的这段时间内,飞机仍然在加速,因此飞行员开始实施中断起飞操作时的速度已经大于 V_{EF}。飞机一发失效至采取减速措施的时间间隔定义为 1 s,因此 V_1 大小等于 V_{EF} 加上 1 s 的速度增量。

V_1 是飞行员起飞操作中需要关注的速度,而 V_{EF} 却只用于性能计算中,这两者存在对应关系且数值接近,因此在口语使用中,在不引起误会的情况下,经常用 V_1 来代替 V_{EF} — V_1 的组合。例如飞机在 V_1 之前发生发动机失效,应该中断起飞;飞机在 V_1 之后发生发动机失效,应该继续起飞。这句话表达的意思是:飞机在 V_1 对应的 V_{EF} 之前发生发动机失效,则中断起飞;飞机在 V_1 对应的 V_{EF} 之后发生发动机失效,则继续起飞。

正因为 V_1 与 V_{EF} 的对应关系,使得 V_1 具有表示临界状态的功能,所以被称为决断速度。

因为 V_{EF} 不得小于 V_{MCG},所以 V_1 不得小于 V_{MCG} 加 1 s 的速度增量,该速度是受 V_{MCG} 限制的最小 V_1,记作 V_{1MCG}。

$$V_{1MCG} = V_{MCG} + (V_1 - V_{EF}) \tag{3-9}$$

表 3-1 所列为波音 738 机型的 V_{1MCG} 数值。严格来讲,V_{MCG} 与 V_{EF} 相对应,V_{1MCG} 与 V_1 相对应,由于日常工作中基本不会用到 V_{MCG} 与 V_{EF},大多数情况只会用到 V_{1MCG} 与 V_1,因此在日常工作中经常将 V_{1MCG} 省略成 V_{MCG},但这个省略也不会产生误会,因为与 V_1 比较的 V_{MCG} 只可能是 V_{1MCG}。后续需要使用 V_{1MCG} 的地方也都将简写为 V_{MCG}。

表 3-1 波音 738 机型的 V_{1MCG}

温度		气压高度/ft						
摄氏度/℃	华氏度/℉	-2 000	0	2 000	4 000	6 000	8 000	10 000
70	158	95	93					
60	140	95	93	92	90			
50	122	97	95	92	90	88	86	83
40	104	101	99	96	93	89	86	83
30	86	104	103	100	96	92	88	85
20	68	104	104	101	98	94	90	87
-60	-76	106	105	102	99	95	92	89

由于 V_1 是可以实施中断起飞操作的最大速度,因此 V_1 不能超过最大刹车能量速度。

此外,飞机抬轮后再实施中断起飞是十分危险的,因此抬轮后不能执行中断起飞操作,也就是说中断起飞的最大速度 V_1 不得超过 V_R。

根据上面的分析,可以确定 V_1 的速度范围:

$$V_1 \geqslant V_{MCG} \qquad (3-10)$$

$$V_1 \leqslant V_{MBE} \qquad (3-11)$$

$$V_1 \leqslant V_R \qquad (3-12)$$

3. 小 结

起飞速度 V_1、V_R、V_2 是起飞飞行操作需要使用的速度,需要在飞机起飞前输入飞行管理计算机。起飞的其他速度都与这三个速度密切相关,各速度之间的联系和限制关系如图 3-8 所示。

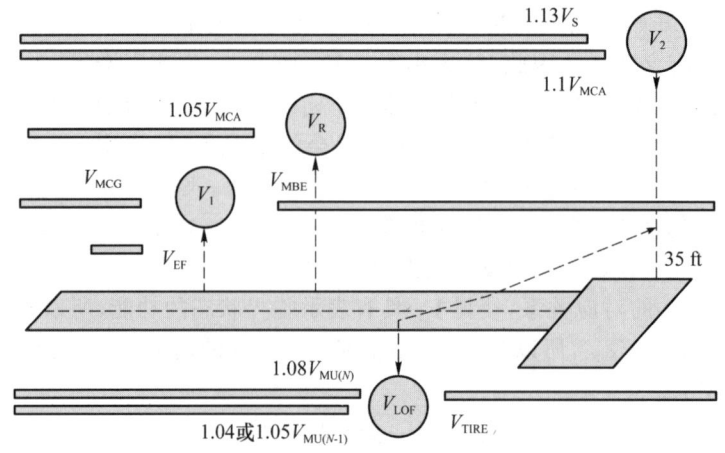

图 3-8 起飞速度限制条件示意图

3.2 场地长度限制起飞重量

民用飞机的飞行性能主要包括飞行的水平距离、所消耗的燃油量和所需的飞行时间,但起飞阶段的飞机性能主要是指起飞距离。起飞时间对于喷气客机都在一分钟以内,与每个航线的航程时间相比可忽略不计,而几十秒钟的起飞油耗相对于全航程油耗也是可以忽略的小量。

飞机受场地可用长度限制的重量称为场地长度限制起飞重量,简称场长限重。计算场长限重时,首先需要确定飞机的所需起飞距离和可用距离,因此本节先介绍规章定义的所需起飞距离及其计算方法,然后再介绍可用距离,即可用场地长度,最后再介绍场长限重的确定方法。

此外,本节的所有分析仅针对干跑道情况,湿和污染跑道的起飞距离计算与干跑道有较大差异,将作为专题在本章后面小节中进行介绍。

3.2.1 所需起飞距离

规章针对 4 种起飞情况定义了起飞距离、加速停止距离和起飞滑跑距离,这 3 个距离是飞机起飞所需的距离。需要再次强调的是,本节中所有定义都仅适用于干跑道。

1. 起飞距离

起飞距离是 1.15 倍全发起飞距离和一发失效继续起飞距离中的较大者。全发起飞距离和一发失效继续起飞距离的定义都是从松刹车至离地 35 ft 的距离,由于全发起飞推力大,其起飞距离性能较优,因此规章要求起飞距离不能小于全发起飞距离的 1.15 倍。干跑道所需起飞距离见图 3-9。

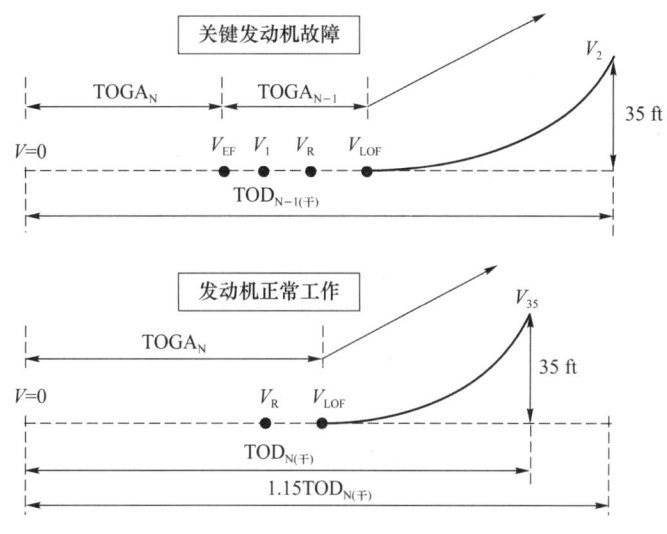

图 3-9 干跑道所需起飞距离

2. 加速停止距离

加速停止距离是全发加速停止距离和一发失效加速停止距离中的较大者。全发加速停止距离和一发失效加速停止距离的定义都是从松刹车加速到 V_1 再减速到全停的距离,再加上 V_1 匀速运动 2 s 的距离。

全发起飞距离一定比一发失效继续起飞距离短,但全发加速停止距离与一发失效加速停止距离之间就没有固定的大小关系。因为两者相比,唯一的区别是 V_1 前 1 s 的 V_{EF} 速度是否发生关键发动机失效。对于一发失效加速停止距离计算,飞机 V_1 前 1 s 的发动机失效加速,所以一发失效到 V_1 的加速度段距离比全发加速段距离长;而一发失效后,失效的发动机推力几乎为 0,小于全发收油门后的推力,所以一发失效加速停止距离在 V_1 后更容易减速到全停,其 V_1 到全停的距离比全发加速停止距离短。综合两个因素,两者之间的距离比较相近,取两者中较大的为加速停止距离。干跑道所需加速停止距离见图 3-10。

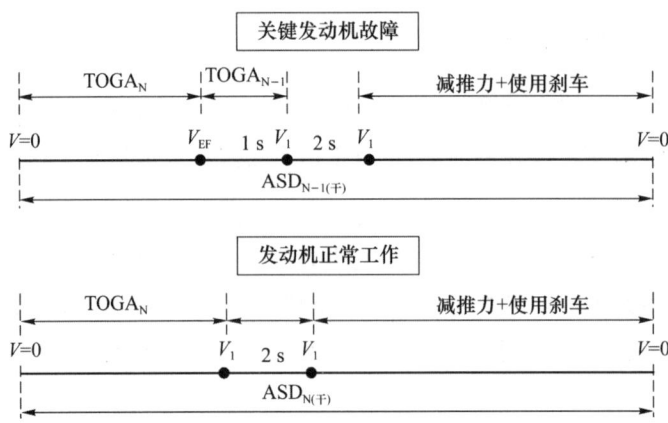

图 3-10 干跑道所需加速停止距离

3. 起飞滑跑距离

起飞滑跑距离是否需要计算取决于净空道,这个原则十分重要。

对于无净空道的情况,起飞滑跑距离等于起飞距离;对于有净空道的情况,起飞滑跑距离是 1.15 倍全发起飞滑跑距离和一发失效起飞滑跑距离中的较大者。

对于无净空道的情况,无需考虑起飞滑跑距离,只要起飞距离满足要求,起飞滑跑距离一定也满足要求。而对于有净空道的情况,全发起飞滑跑距离和一发失效起飞滑跑距离定义相同,都是起飞滑跑段的距离加空中段距离的一半。起飞滑跑段指的是飞机从松刹车到飞机离地的这段,空中段指的是从飞机离地到离地 35 ft 这段,具体定义见图 3-11。

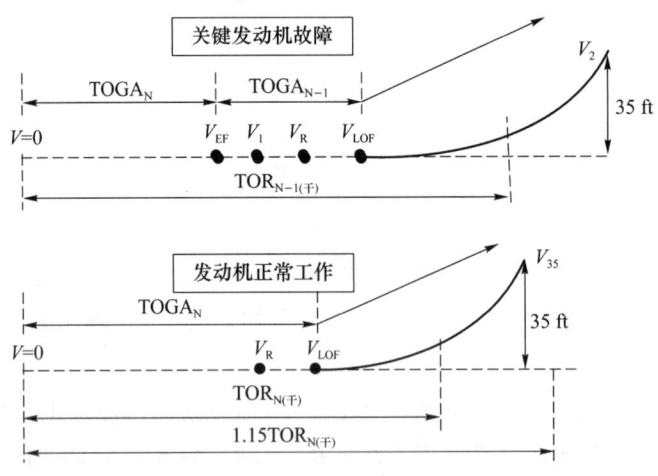

图 3-11 干跑道所需起飞滑跑距离

3.2.2 起飞距离计算

根据飞机受力情况和运动特征,4 种起飞情况均可由地面滑跑和空中爬升这两种运动中的一种或两种组合而成。下面推导这两种运动的距离计算公式,然后介绍常用的起飞距离计算方法。

1. 地面滑跑运动

无论是加速还是减速,飞机在地面滑跑时所受到的外力都包括升力 L、气动阻力 D、发动机推力 F_N、飞机重力 W 以及轮胎的摩擦力,如图 3-12 所示。

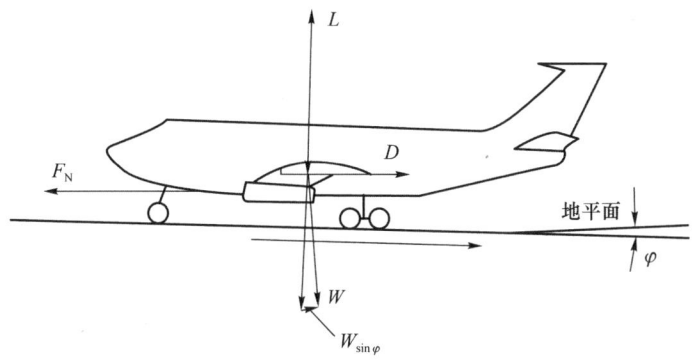

图 3-12 地面滑跑受力分析

将各力沿跑道方向分解,可得飞机滑跑时的动力学方程:
$$F_N - D - \mu(W-L) - W\sin\varphi = ma \quad (3-13)$$
式中,μ 为摩擦系数;φ 为跑道坡度;a 为加速度。

由式(3-13)可得加速度计算公式:
$$a = \frac{1}{m}[F_N - D - \mu(W-L) - W\sin\varphi] \quad (3-14)$$

将公式(3-14)中的气动力展开并重新整理后可得
$$a = \frac{1}{m}[F_N - \mu W - (C_D - \mu C_L)qS_W - W\sin\varphi] \quad (3-15)$$

公式(3-15)适用于飞机在地面的加速滑跑和减速滑跑,但公式中的参数需要根据不同的计算条件进行相应的取值。例如,摩擦系数 μ 在起飞加速滑跑时为滚动摩擦系数,在中断起飞减速滑跑时为机轮刹车的摩擦系数;发动机推力 F_N 在全发起飞时为全发推力,在一发失效起飞时为一发失效后的推力,在中断起飞减速时为慢车推力;气动阻力 D 在一发失效时需要增加一发失效附加阻力,在中断起飞减速时需要增加扰流板附加阻力。

确定了加速度后,可得地面滑跑距离 S_G:
$$S_G = \int_{V_{Gstart}}^{V_{Gend}} \frac{V_G}{a} dV_G \quad (3-16)$$
式中,V_{Gstart} 为积分开始时的地速;V_{Gend} 为积分结束时的地速;V_G 为滑跑时的地速,该地速与空速 V 的关系为
$$V_G = V - V_W \quad (3-17)$$
式中,V_W 为沿跑道方向风的水平分量,规定逆风为正值,顺风为负值。

图 3-13 给出了起飞滑跑过程中,飞机所受各种外力随滑跑速度平方的变化规律。在抬前轮以前,推力、升力、气动阻力和摩擦阻力均随滑跑速度的平方近似线性变化。抬前轮后,由于飞机迎角迅速增大,升力和气动阻力都急剧增大。由于滑跑过程中重力是基本不变的,而升力会越来越大,因此机轮所受正压力减小,从而使得摩擦力减小。产生飞机滑跑加速度的净推力,在抬轮之前基本上随滑跑速度的平方线性减小。

2. 空中爬升段

飞机离地后,在拉起爬升过程中,边加速边爬升,沿轨迹方向和垂直于轨迹方向的动力学方程分别为

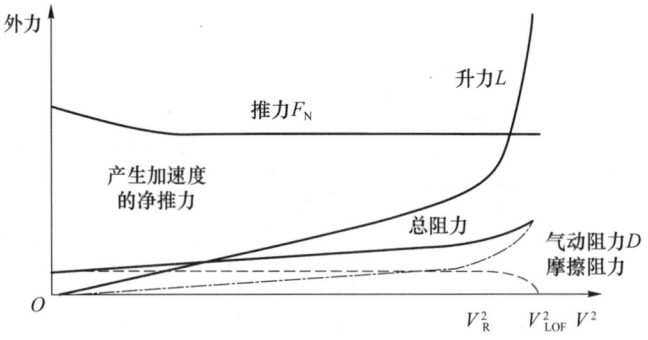

图 3-13 地面滑跑过程中飞机受力随速度平方变化曲线图

$$F_N - D - W\sin\gamma = ma \quad (3-18)$$

$$L - W\cos\gamma = mV\omega \quad (3-19)$$

式中，ω 为飞机的爬升角速度。

根据这两个动力学方程可得飞机加速度和爬升角速度分别为

$$a = \frac{1}{m}(F_N - D - W\sin\gamma) \quad (3-20)$$

$$\omega = \frac{1}{mV}(L - W\cos\gamma) \quad (3-21)$$

由爬升角速度可确定爬升角：

$$\gamma = \int \omega \, dt \quad (3-22)$$

确定了加速度和爬升角，可得拉起爬升段飞机飞过的水平距离 S_A 和上升高度 H：

$$S_A = \int_{V_{LOF}}^{V_2} \frac{(V - V_W)\cos\gamma}{a} dV \quad (3-23)$$

$$H = \int_{V_{LOF}}^{V_2} \frac{(V - V_W)\sin\gamma}{a} dV \quad (3-24)$$

3. 距离计算方法

地面滑跑距离计算公式(3-16)和空中爬升距离计算公式(3-23)都是积分公式，常用的积分求解计算方法有工程积分法和逐步积分法。

早期飞机的距离计算主要采用工程积分法。工程积分法对地面滑跑段采用积分法计算，对抬轮离地后的空中爬升段采用工程方法进行估算。工程估算是利用试飞数据，由飞机推重比确定飞机抬轮离地至 35 ft 的飞行时间，再将飞行平均速度乘飞行时间确定空中爬升段距离。由于该方法既使用了积分法又使用了工程估算法，所以称为工程积分法。

目前新型飞机的起飞距离计算普遍采用逐步积分法。这种方法是按一定的时间步长计算各个时刻的性能参数。逐步积分法的计算公式严谨可靠，但计算结果的精确程度主要取决于所使用的原始数据的精确度，除了要有可靠的发动机、飞机气动力特性数据外，还要客观、真实地反映起飞过程中的操纵程序和要求。逐步积分法的优点是不仅能计算出起飞距离、时间和燃油消耗量等主要起飞性能，而且可以计算出起飞全过程飞机所受的外力（升力、气动阻力、摩擦阻力和推力）、飞机运动参数（速度、马赫数、距离、高度和加速度），以及飞机姿态（迎角、轨迹角和俯仰姿态角）的变化规律。这些变化规律有利于了解和分析整个起飞过程。表 3-2 为用逐步积分法计算的 A320 全发起飞距离的一个例子。

表 3-2 A320 飞机全发起飞距离计算结果

事件	时间/s	高/ft	地面距离/m	马赫数	校正空速/kt	表速/kt	真空速/kt	爬升率/(ft·min^{-1})	爬升梯度/%	俯仰角/(°)	迎角/(°)	重量/kg	升力/DAN①	阻力/DAN	推力/DAN	N_1/%
	0.0	0.0	0.0	0.000	0.0	4.0	0.0	0.0	0.00	0.2	0.2	70 000	0	0	4 000	29.4
	1.0	0.0	0.3	0.002	1.1	5.1	1.1	0.0	0.00	0.2	0.2	69 999	1	0	5 280	33.7
	2.0	0.0	1.3	0.004	2.9	6.9	2.9	0.0	0.00	0.2	0.2	69 998	10	1	9 070	46.2
	3.0	0.0	3.6	0.009	5.9	9.9	5.9	0.0	0.00	0.2	0.2	69 997	42	5	13 618	61.3
	4.0	0.0	7.7	0.015	10.2	14.1	10.2	0.0	0.00	0.2	0.2	69 995	123	16	18 082	76.5
	5.0	0.0	14.4	0.024	15.6	19.5	15.6	0.0	0.00	0.2	0.2	69 993	289	38	21 895	89.9
	6.0	0.0	24.0	0.033	21.6	25.3	21.6	0.0	0.00	0.2	0.2	69 990	549	72	21 683	89.9
	7.0	0.0	36.5	0.041	27.4	31.1	27.4	0.0	0.00	0.2	0.2	69 988	885	116	21 272	89.2
	8.0	0.0	52.1	0.050	33.1	36.8	33.1	0.0	0.00	0.2	0.2	69 986	1 294	169	21 074	89.2
	9.0	0.0	70.6	0.059	38.8	42.4	38.8	0.0	0.00	0.2	0.2	69 983	1 777	232	21 119	89.6
	10.0	0.0	92.0	0.067	44.5	48.0	44.5	0.0	0.00	0.2	0.2	69 981	23 36	305	21 164	90.0
	11.0	0.0	116.4	0.076	50.2	53.6	50.2	0.0	0.00	0.2	0.2	69 979	2 970	388	21 207	90.5
	12.0	0.0	143.6	0.084	55.8	59.3	55.8	0.0	0.00	0.2	0.2	69 976	3 679	480	21 260	90.9
	13.0	0.0	173.8	0.093	61.5	64.9	61.5	0.0	0.00	0.2	0.2	69 974	4 462	583	21 318	91.3
	14.0	0.0	206.9	0.101	67.1	70.4	67.1	0.0	0.00	0.2	0.2	69 971	5 318	694	21 336	91.7
	15.0	0.0	242.8	0.110	72.7	76.0	72.7	0.0	0.00	0.2	0.2	69 969	6 240	815	21 160	91.7
	16.0	0.0	281.7	0.118	78.2	81.4	78.2	0.0	0.00	0.2	0.2	69 966	7 221	943	20 989	91.7
	17.0	0.0	323.3	0.126	83.6	86.8	83.6	0.0	0.00	0.2	0.2	69 964	8 257	1 078	20 821	91.7
	18.0	0.0	367.7	0.135	89.0	92.1	89.0	0.0	0.00	0.2	0.2	69 961	9 345	1 220	20 658	91.7
	19.0	0.0	414.8	0.142	94.2	97.3	94.2	0.0	0.00	0.2	0.2	69 959	10 482	1 368	20 498	91.6
	20.0	0.0	464.6	0.150	99.4	102.4	99.4	0.0	0.00	0.2	0.2	69 956	11 664	1 523	20 343	91.6
	21.0	0.0	517.1	0.158	104.5	107.3	104.5	0.0	0.00	0.2	0.2	69 954	12 889	1 683	20 191	91.6

① 1 DAN=10^{-5} N。

续表 3-2

事件	时间/s	高/ft	地面距离/m	马赫数	校正空速/kt	表速/kt	真空速/kt	爬升率/(ft·min⁻¹)	爬升梯度/%	俯仰角/(°)	迎角/(°)	重量/kg	升力/DAN	阻力/DAN	推力/DAN	N_1/%
	22.0	0.0	572.1	0.166	109.5	112.2	109.5	0.0	0.00	0.2	0.2	69 951	14 153	1 848	20 042	91.6
	23.0	0.0	629.7	0.173	114.4	117.0	114.4	0.0	0.00	0.2	0.2	69 949	15 453	2 017	19 897	91.6
	24.0	0.0	689.8	0.180	119.2	121.6	119.2	0.0	0.00	0.2	0.2	69 946	16 786	2 192	19 756	91.6
	25.0	0.0	752.4	0.187	124.0	126.2	124.0	0.0	0.00	0.2	0.2	69 944	18 150	2 370	19 618	91.6
	26.0	0.0	817.3	0.195	128.6	130.7	128.7	0.0	0.00	0.2	0.2	69 941	19 541	2 551	19 483	91.6
	27.0	0.0	884.7	0.201	133.2	135.1	133.2	0.0	0.00	0.2	0.2	69 938	20 956	2 736	19 366	91.6
VR	28.0	0.0	954.4	0.208	137.7	139.4	137.7	0.0	0.00	0.2	0.2	69 936	22 397	2 924	19 306	91.6
	28.1	0.0	964.3	0.209	138.3	140.0	138.4	0.0	0.00	0.3	0.3	69 936	22 599	2 950	19 298	91.6
	28.6	0.0	1000.1	0.213	140.6	142.1	140.6	0.0	0.00	0.3	1.2	69 934	23 850	3 045	19 268	91.6
	29.1	0.0	1 036.6	0.216	142.8	144.2	142.8	0.0	0.00	1.2	4.9	69 933	28 248	3 138	19 239	91.6
	29.6	0.0	1 073.6	0.219	144.9	146.3	145.0	0.0	0.00	4.9	8.7	69 932	45 180	3 495	19 210	91.6
	30.1	0.0	1 111.1	0.222	147.0	148.3	147.0	0.0	0.00	8.7	9.3	69 931	61 522	4 385	19 182	91.6
VLOF	30.2	0.0	1 117.0	0.223	147.3	148.5	147.3	0.0	0.00	9.3	12.3	69 930	63 689	4 591	19 178	91.6
	30.7	0.7	1 155.2	0.226	149.2	148.9	149.3	174.0	1.15	13.0	15.0	69 929	74 641	6 272	19 340	91.7
	31.2	3.4	1 193.7	0.228	150.7	150.3	150.7	478.6	3.14	16.8	15.0	69 928	82 644	7 860	19 303	91.7
	31.7	8.8	1 232.6	0.229	151.7	151.3	151.7	798.4	5.20	18.0	14.0	69 926	83 541	8 211	19 276	91.7
	32.2	16.6	1 271.6	0.231	152.4	152.0	152.5	1 080.5	7.01	18.0	13.1	69 925	81 189	8 068	19 255	91.7
	32.7	26.6	1 310.8	0.232	153.0	152.6	153.1	1 318.1	8.53	18.0	12.6	69 924	78 292	7 962	19 237	91.7
35FT	33.1	35.0	1 339.6	0.232	153.4	153.0	153.5	1 468.6	9.49	18.0	12.6	69 923	76 355	7 814	19 224	91.7

3.2.3 可用场地长度

1. 跑 道

跑道有长度和宽度,在实际运行过程中,过窄的跑道会限制飞机的地面最小操纵速度,因此跑道宽度对起飞性能也是有影响的。本章讨论起飞性能时假设跑道宽度足够,只有跑道长度影响起飞性能。

2. 净空道

净空道是可用于飞机起飞的区域,净空道对称地设置在跑道中线的延长线上,宽度不小于 500 ft,其净空面从跑道端开始,以不超过 1.25% 的坡度向上延伸,除在跑道前端两侧处有高度不大于 26 ft 的跑道灯外,没有任何地形或障碍物穿过此净空面。净空面的地面应处于机场当局的控制与管辖之内,净空道仅供飞机飞越。净空道见图 3 - 14。

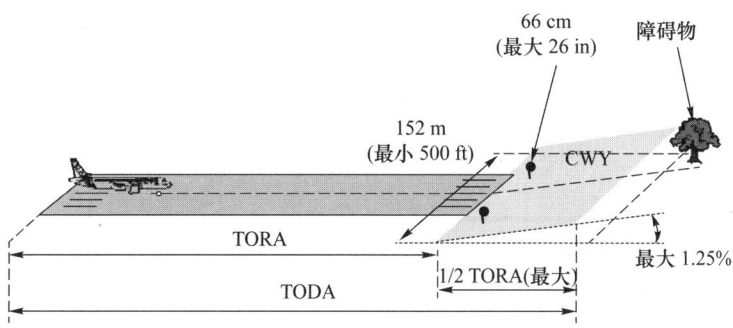

图 3 - 14 净空道

规章对净空道的要求是不超过跑道距离的 1/2,但实际上,根据起飞距离和起飞滑跑距离的定义可知,有净空道时,起飞滑跑距离比起飞距离短 1/2 的空中段距离,因此真正有效的净空道长度最多只有一发失效起飞空中段距离的 1/2,或者 1.15 倍全发起飞空中段距离的 1/2。例如,波音 737 机型公布的不同起飞距离情况下最大允许净空道长度如表 3 - 3 所列。

表 3 - 3 最大允许净空道长度

跑道长度/ft	4 000	5 000	6 000	7 000	8 000	9 000	10 000
最大允许净空道长度/ft	500	550	650	700	800	850	900

3. 停止道

停止道是用于飞机中断起飞的区域,也称为安全道。停止道对称地设置在跑道中线的延长线上,宽度不小于跑道宽度,道面强度足以支持中断起飞时飞机的重量,而不致造成飞机结构损坏。停止道仅供中断起飞时飞机减速滑跑用。

停止道和净空道之间互相独立,有停止道不一定有净空道,有净空道也不一定有停止道。停止道见图 3 - 15。

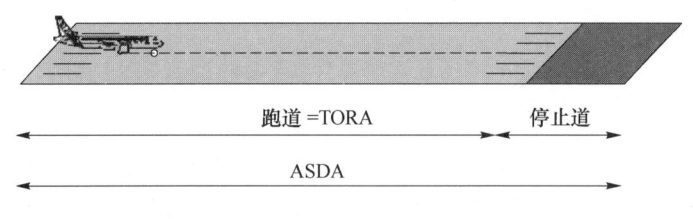

图 3-15 停止道

4. 对正距离

飞机从滑行道进入跑道时必须转弯以便对正跑道,这段对正所需要的跑道长度称为对正距离,这段距离无法用于起飞或者中断起飞。

根据修正对象的不同,对正距离可以分为两类。如图 3-16 所示,起飞距离和起飞滑跑距离调整的对正距离是从跑道头到主轮的距离,因为起飞结束离地 35 ft 是从飞机最低点主轮开始测量的,而加速停止距离调整的对正距离是从跑道头到前轮的距离,因为中断起飞结束时前轮必须在可用加速停止距离内。从跑道头到主轮的距离称为起飞对正距离,记作 LineupGo;从跑道头到前轮的距离称为加速停止对正距离,记作 LineupStop。两者相差飞机的轮间距。

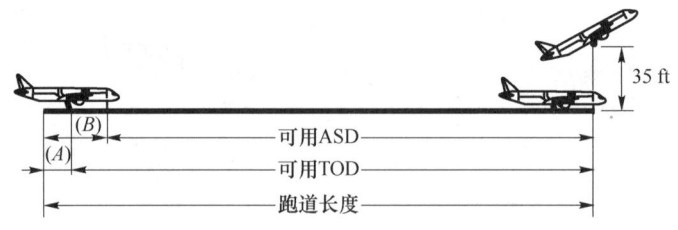

图 3-16 对正距离示意图

对正距离还与飞机进入跑道的角度有关。90°进入跑道比 180°转弯更容易,因此 90°进入跑道的对正距离会更短一些。而 180°转弯还与跑道相对飞机的宽窄有关。飞机在相对较宽的跑道上进行 180°转弯时,可以直接对准跑道中线,对正距离相对较小;而在不能满足 180°转弯后对准跑道中线的窄跑道上,对正距离就会增加。由于飞机尺寸大小不同,相同宽度的跑道对于大飞机可能是窄跑道,对于相对较小的飞机又是宽跑道。

FAA、CAAC 条例中没有明确要求营运人考虑用于在跑道上对正起飞方向所用的距离,JAA 的条例则要求考虑这个距离。飞机制造商(波音、空客)都提供了对正跑道使跑道损失的数据供航空公司参考使用。表 3-4 所列为各波音机型的对正距离数据。

表 3-4 波音机型对正距离数据表　　　　　　　　　单位:ft

机 型	90°进跑道 起飞	90°进跑道 加速停止	宽跑道 180° 起飞	宽跑道 180° 加速停止	窄跑道 180° 起飞	窄跑道 180° 加速停止
737-300	31.4	72.2	53.2	94	84.6	84.6
737-400	33	79.8	59.4	106.2	91	91
737-500	30.2	66.5	48.5	84.8	79.8	79.8
737-600	31.5	68.6	49.2	88.6	49.2	88.6

续表 3-4

单位:ft

机 型	90°进跑道 起飞	90°进跑道 加速停止	宽跑道180° 起飞	宽跑道180° 加速停止	窄跑道180° 起飞	窄跑道180° 加速停止
737-700	32.5	73.8	53.8	95.1	53.8	95.1
737-800	35.4	86.6	64.3	115.5	64.3	115.5
737-900	36.5	92.4	68.8	124.7	68.8	124.7
747-400	75.7	154.7	106.2	185.2	156.3	235.3
757-200	63.6	123.6	85.8	145.8	136.4	196.4
757-300	71.3	144.6	101.2	174.5	147.3	220.6
767-200	68.7	133.3	90.5	155.1	119.2	183.8
767-300	74.3	149	102	176.7	152.5	227.2
777-200	74.5	156.9	107.8	190.2	152.6	235
777-300	86	188.4	130.8	233.2	207.6	310

飞机制造商提供的对正距离数值是基于最小转弯半径提供的,在实际运行过程中,飞行员可能会沿滑行引导线对正跑道,因此有可能出现实际对正距离大于标准对正距离的情况。

5. 小　结

根据各距离的定义,可以确定起飞各可用距离为跑道长度加上净空道、停止道,减去对正距离,具体计算公式如下:

$$TODA = RWY + CWY - LineupGo \qquad (3-25)$$

$$ASDA = RWY + SWY - LineupStop \qquad (3-26)$$

$$TORA = RWY - LineupGo \qquad (3-27)$$

3.2.4　场长限重与V_1

根据所需起飞距离和可用距离的内容可知,飞机起飞需要满足以下3个条件,3个条件中如果有一个条件被限制,则此时的飞机重量即为场长限重。

$$TOD \leqslant TODA \qquad (3-28)$$

$$ASD \leqslant ASDA \qquad (3-29)$$

$$TOR \leqslant TORA \qquad (3-30)$$

分析场长限重,不可避免的需要讨论起飞速度V_1。起飞速度V_1是与场长限重密切相关的一个参数,选择合适的V_1能够缩短所需起飞距离,增加跑道长度的富余量,从而能够增大飞机的场长限重。为了将V_1对场长限重的影响解释的更清晰一点,下面先不考虑净空道、停止道和对正距离的情况,并引出平衡V_1的概念;然后再针对有净空道、停止道、对正距离的情况进行说明。

1. 无净空道、停止道和对正距离的情况

可用距离方面,因为没有净空道、停止道和对正距离,所以可用起飞距离就等于可用加速停止距离,等于跑道长度。

所需距离方面,因为没有净空道的情况,起飞滑跑距离等于起飞距离,所以在所需起飞距离满足的条件下是一定满足的,因此只需要考虑起飞距离和加速停止距离。根据前面的介绍,起飞距离是 1.15 倍全发起飞距离和一发失效继续起飞距离中的较大者。因此起飞所需距离的研究需要考虑 1.15 倍全发起飞距离 1.15TOD(N)、一发失效起飞距离 TOD(N-1)、加速停止距离 ASD 3 个距离。这 3 个距离中,全发起飞距离因为没有发动机失效发生,所以 1.15 倍全发起飞距离与 V_1 无关。而一发失效时,起飞距离会随 V_1 速度增大而减小,因为 V_1 越大意味着发动机越晚失效,飞机利用全发加速的时间越长,飞机更容易起飞离地。另一方面,加速停止距离随 V_1 速度增大而增大,因为 V_1 越大,加速停止距离中的加速段越长,减速段也越长,因此距离也会越大,加速停止距离与 V_1 的平方基本成正比。

因此,起飞相关的距离中,全发起飞距离与 V_1 无关,一发失效继续起飞距离与 V_1 成反比例关系,加速停止距离与 V_1 成正比例关系。在抛开与 V_1 无关的全发起飞距离后,可以绘制出随 V_1 速度增大,一发失效继续起飞距离和加速停止距离的变化曲线。由于飞机既需要满足一发失效继续起飞距离,又需要满足加速停止速度,所以图 3-17 中两条曲线相交时的所需距离是最短的,也就是对跑道长度需求最低,是最有利的情况。两条曲线相交意味着一发失效继续起飞距离和加速停止距离相等,这时的 V_1 称为平衡 V_1。平衡 V_1 是一发失效情况下起飞所需距离最短的起飞速度,也是场长限重分析中最有利的起飞速度。

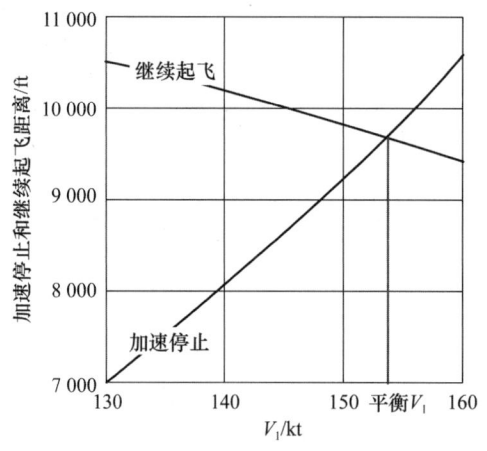

图 3-17 平衡 V_1 示意图

在一发失效继续起飞距离和加速停止距离的基础上再增加 1.15 倍全发起飞距离,这时可能出现两种情况,一种是 1.15 倍全发起飞距离比平衡 V_1 对应的一发失效起飞距离短,如图 3-18 所示。此时,起飞所需距离随 V_1 速度增大是先减小后增加的,平衡 V_1 时的起飞所需距离最短,因此平衡 V_1 仍是场长限重分析中最佳的 V_1。

另一种情况是 1.15 倍全发起飞距离比平衡 V_1 对应的一发失效起飞距离长,如图 3-19 所示。此时,起飞所需距离是随 V_1 增大是先减小,再不变,再增加的。平衡 V_1 仍然是场长限重分析中最佳的 V_1,但不是 V_1 唯一的最优解了。在 1.15 倍全发起飞距离曲线与其他两条线的交点中间的所有 V_1 都是最优解,对应的所需距离都是 1.15 倍全发起飞距离。

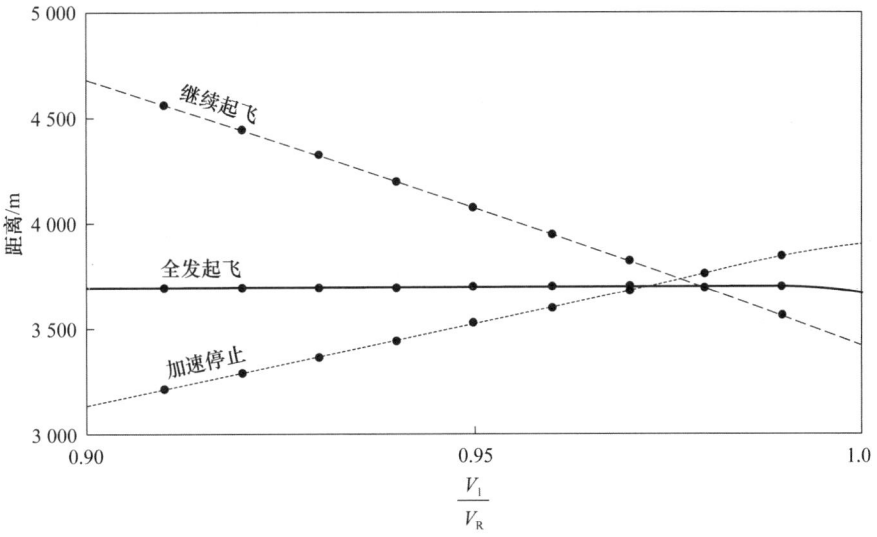

图 3-18　平衡 V_1 时受一发失效所需距离限制的情况

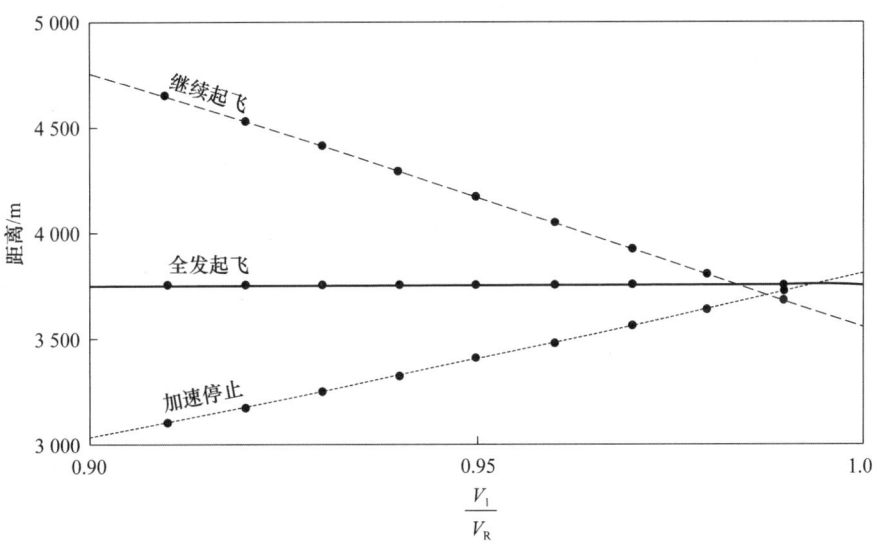

图 3-19　平衡 V_1 时受全发起飞所需距离限制的情况

综上讨论可知,对于无净空道、停止道和对正距离的情况,平衡 V_1 始终是最佳 V_1,其对应的起飞所需距离始终是最短的。

需要补充说明的是,平衡 V_1 是最佳的 V_1,但不一定是唯一的 V_1。对于场地长度不受限的情况,往往会有一个区间范围内的 V_1 是可选的。例如图 3-20 中 $V_{1\min} \sim V_{1\max}$ 的 V_1 都是可以满足起飞条件的。

2. 有净空道、停止道和对正距离的情况

无净空道、停止道和对正距离的讨论中因为可用距离都等于跑道长度,所以起飞距离和加速停止距离相等时,所需距离最短,跑道富余最多。但对于有净空道、停止道和对正距离的情

况,可用起飞距离和可用加速停止距离就可能不相等,此时起飞距离等于加速停止距离时的跑道富余并不是最多的。

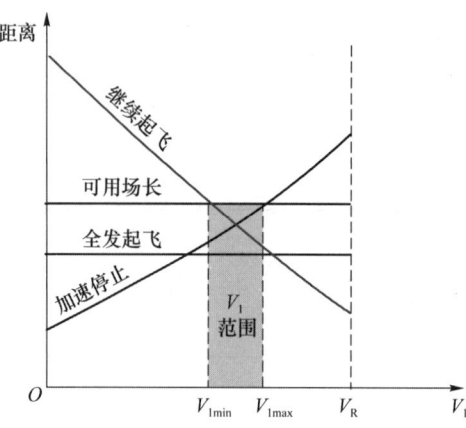

图 3-20 可选 V_1 区间范围

(1) 有停止道时

加入停止道,使得可用加速停止距离增加,但不改变可用起飞距离。如果使用平衡 V_1,则起飞距离等于加速停止距离,飞机的跑道富余量为可用起飞距离减起飞距离。如果选择略大于平衡 V_1 的速度,则可以减小一发失效继续起飞距离,使起飞距离富余量增大;而加速停止距离也刚好可以利用新增的停止道来保证足够的安全余量。因此,此时的 V_1 优于平衡 V_1。

(2) 有净空道时

与仅有停止道时类似,有净空道时,V_1 选择比平衡 V_1 略小一点的速度是最佳的。

除此之外,由于有净空道,除了需要考虑起飞距离和加速停止距离之外,还需要考虑起飞滑跑距离是否满足可用起飞滑跑距离的要求。

(3) 有对正距离时

由于起飞对正距离和加速停止对正距离不相等,因此考虑对正距离后,可用起飞距离略大于可用加速停止距离,其影响等同于有净空道,V_1 应选择比平衡 V_1 小一点的速度。

综上所述,无论是有净空道、停止道,还是对正距离,其本质都是因为可用起飞距离和可用加速停止距离不相等,此时平衡 V_1 不再是场长限制时的最佳 V_1,需要进行修正。另外,因为净空道、停止道和对正距离一般都不太长,所以对平衡 V_1 的修正也比较小。表 3-5 所列为波音 737-800 的 V_1 根据净空道减停止道长度进行修正的数值表。

表 3-5 净空道和停止道对 V_1 速度的修正

平衡 V_1/kt	净空道-停止道/ft										
	1 000	800	600	400	200	0	-200	-400	-600	-800	-1 000
160	-4	-4	-3	-2	-1	0	1	1	1	1	1
140	-4	-3	-3	-2	-1	0	1	1	1	1	1
120	-4	-3	-3	-2	-1	0	1	1	1	1	1
100	-6	-6	-4	-3	-2	0	1	1	1	1	1

3.2.5 影响因素

除了 V_1 速度这个特殊的影响因素之外,V_2 速度对起飞距离的影响也很大。如果 V_2 速度取得越大,飞机目标速度越大,加速过程越长,起飞距离越长;V_2 速度对加速停止距离没有影响。因为 V_2 速度有最小速度限制,所以从场长限重角度考虑,V_2 应该取最小值,此时起飞距离最短,场长限重最大。

除了 V_1 和 V_2 之外,影响场长限重的因素还包含机场、气象、飞机3个方面。

(1) 机场情况

影响场长限重最直接也是最重要的参数就是跑道长度,跑道越长,跑道富余量越大,场长限重也越大。

除了跑道长度以外,机场标高和跑道坡度也会影响场长限重。机场标高越高,压强越小,飞机推力越小,加速能力越差;同时空气密度越小,飞机起飞需要达到的真空速越大。两个因素叠加,机场标高越高时,起飞距离越长,场长限重越小。跑道坡度的影响比较复杂,对于起飞而言,下坡有利于加速,起飞距离越短;但对于中断起飞而言,下坡有利于加速停止距离的加速段,不利于加速停止距离的停止段。坡度对场长限重的影响还须根据机型而定,一般情况下,下坡对场长限重是有利的。

(2) 大气条件

大气条件中影响场长限重的主要是温度、风速和修正海压。温度对场长限重的影响类似于机场标高,都是同时影响发动力推力和起飞速度,略有区别的是温度对推力的影响只发生在平台温度以上,因此随温度增加,场长限重会出现先缓慢减小,再快速减小的趋势。风速特指风在跑道方向上的分量大小,需要与气象风区分开。逆风越大,起飞离地的地速越小,飞机加速达到目标速度越容易,因此起飞距离越短,场长限重越大。修正海压反映的是大气压强,修正海压和机场标高一起决定机场的气压高度,因此修正海压越大,气压高度越低,压强越大,场长限重越大。

(3) 飞机构型

飞机构型方面影响场长限重的因素主要是襟翼偏度,偏度大时,升力系数大,起飞速度小,飞机容易离地,起飞距离短,场长限重大。此外,飞机引气状况也会影响场长限重。飞机引气是指飞机引走发动机的高温气体,用于空调或防冰。由于引气会减小发动机的推力,因此场长限重会减小。

根据各影响因素对场长限重的影响,可以制作生成场长限重的计算图,图3-21为波音737的场长限重计算图。

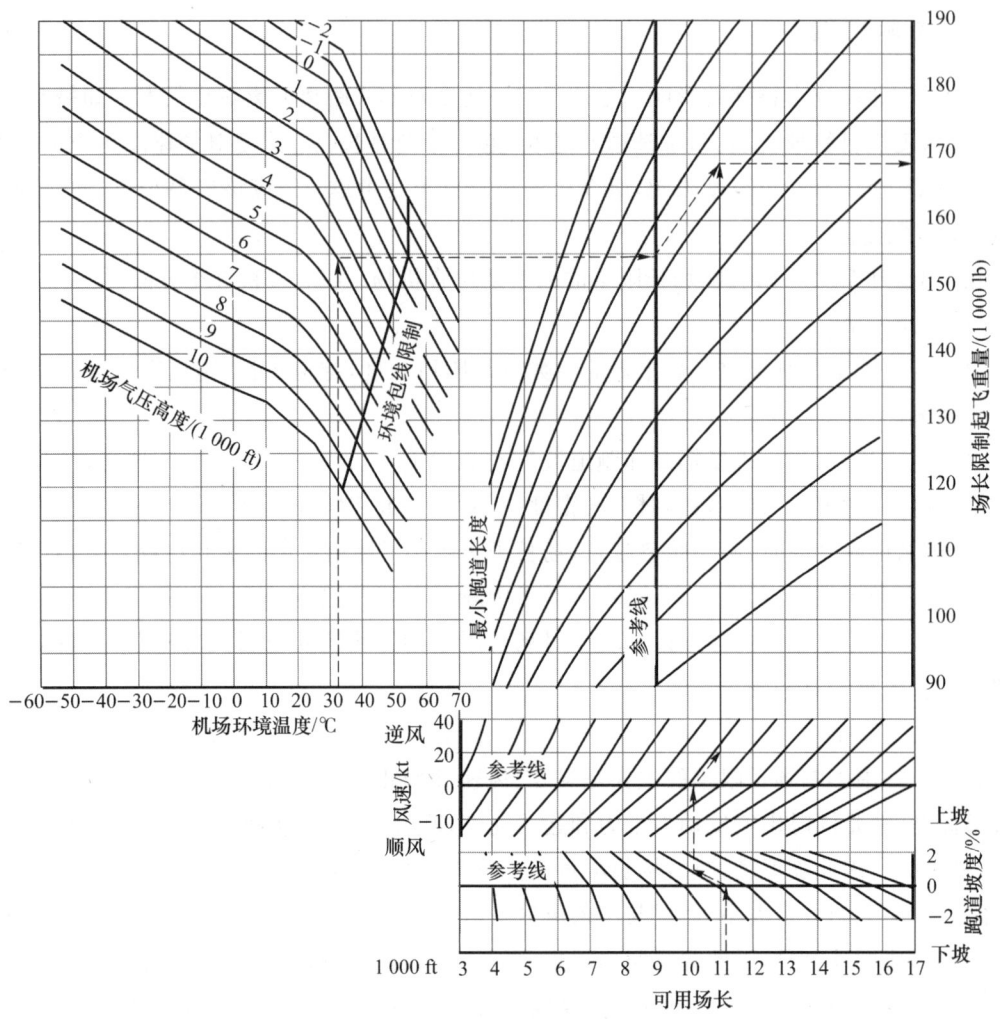

图 3-21 场地长度限制重量计算图

3.3 起飞飞行轨迹

起飞飞行轨迹是起飞轨迹的后半段,即从离地 35 ft 开始至起飞轨迹结束。根据定义,起飞轨迹结束点需要满足 3 个条件:①离地高度不小于 1 500 ft;②形态为航路形态,即光洁机身;③速度达到最后起飞速度。最后起飞速度要求不小于襟翼收上机动速度,襟翼收上机动速度接近有利速度,即最大升阻比速度、绿点速度。本章后续讨论以有利速度作为最后起飞速度。

起飞飞行轨迹是三维轨迹,不仅有高度的变化,还有方位距离的变化,但本节讨论中不考虑起飞飞行轨迹的水平剖面,只分析垂直剖面,这有助于理解飞机距离与高度之间的关系。本节中的起飞飞行轨迹特指起飞飞行轨迹的垂直剖面,对于起飞飞行轨迹水平剖面将在 3.5 节介绍。

起飞飞行轨迹分为两种，一种是全发起飞情况的起飞飞行轨迹，另一种是 V_{EF} 发动机失效的起飞飞行轨迹。很明显，一发失效的起飞飞行轨迹高度会低于全发起飞飞行轨迹高度，因此进行起飞性能分析时主要考虑一发失效起飞飞行轨迹。本节先介绍一发失效时的起飞飞行轨迹，然后再介绍全发起飞时的起飞飞行轨迹。

3.3.1 一发失效起飞飞行轨迹

作为一发失效继续起飞的延续，一发失效起飞飞行轨迹开始于继续起飞距离计算的结束点，即离地高度 35 ft，速度 V_2。为了达到相应的结束高度、形态和速度，一发失效情况下的飞机需要增加高度和速度，但由于剩余推力有限，因此只能选择等表速爬升和平飞加速两种策略。

根据飞机运动状态、推力、形态的差异，将一发失效起飞飞行轨迹分为四个航段。

① 第一航段是第一爬升段，指飞机从离地 35 ft 起到起落架收上的阶段。本段飞机保持 V_2 等表速爬升，发动机推力状态为起飞推力，起飞襟翼位置不变。这一段中唯一变化的是起落架位置，飞机刚离地时起落架在放下位置，当飞机离地后，飞机升降速度表指示正值时，起落架开始收起。收起落架的目的是减小阻力，当起落架完全收上时本段结束。

② 第二航段是第二爬升段，指飞机从起落架收上至改平高度的阶段。本段飞机所有参数保持不变，继续保持 V_2 等表速爬升，发动机推力状态为起飞推力，起飞襟翼位置不变。这一段主要是爬高，以保证飞行安全。

③ 第三航段是平飞加速段，也称为收襟翼段，指飞机从开始改平点加速至襟翼收上且达到最大升阻比速度的阶段。本段保持高度不变，使用起飞推力加速，一边加速一边收襟翼，最终实现襟翼收上且达到最大升阻比速度。此段可以归纳为 3 个特点，平飞、加速、收襟翼。本段的平飞高度也称为改平高度，规章规定飞机一发失效的改平高度不得小于 400 ft。

④ 第四航段是最后爬升段，指飞机从第三航段结束至离地高度不低于 1 500 ft 的阶段。本段保持最大升阻比速度等表速爬升，飞机推力不再使用起飞推力，而使用最大连续推力。

一发失效起飞飞行轨迹四个航段的特征和标志见表 3-6 和图 3-22。

表 3-6 起飞飞行轨迹各航段特点

特 征	第一爬升段	第二爬升段	平飞加速段	最后爬升段
开始位置	35 ft	起落架收上	开始改平点	收上襟、缝翼
发动机推力状态	起飞推力	起飞推力	起飞推力	最大连续推力
襟、缝翼位置	起飞襟翼	起飞襟翼	收襟翼	收上
起落架状态	收起落架	收上	收上	收上
速度	保持 V_2	保持 V_2	加速	有利速度
目的	收起落架，减阻	达到安全高度	收襟、缝翼	达到航路要求

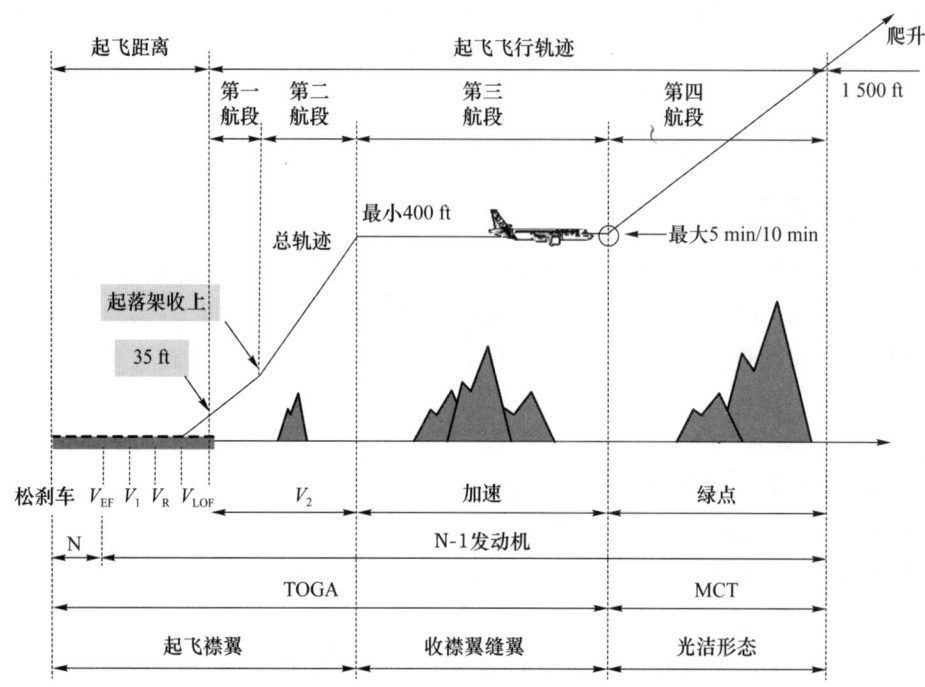

图 3 - 22 一发失效起飞飞行轨迹示意图

3.3.2 全发起飞飞行轨迹

由于全发起飞时飞机剩余推力大,飞机可以同时完成爬升、加速、收襟翼的工作,因此全发起飞飞行轨迹没有平飞段。

全发起飞飞行轨迹的分段由减推力高度和加速高度确定。减推力高度是飞机将起飞推力改为爬升推力的高度;加速高度是飞机从速度 V_{35} 开始加速收襟翼的高度。这两个高度的设定比较灵活,可以设置成同一个高度,也可以是不同的高度,范围比较大,800～3 000 ft 均可。例如,可以将减推力高度和加速高度都设置为 1 500 ft,那么,飞机将保持 V_{35} 等表速爬升到离地高度 1 500 ft,然后开始减推力至爬升推力,并开始加速收襟翼,襟翼收上后将继续加速至航路爬升速度。

减噪程序

全发起飞离场程序除了考虑爬升加速外,还需要考虑减小噪声的要求,国际民航组织提供了两种减噪程序。

第一种是设置尽可能低的减推力高度,以及尽可能高的加速高度,例如 800 ft 减推力高度和 3 000 ft 加速高度。此减噪程序主要是通过尽早减小推力,尽可能晚加速来改善离机场较近区域的噪声。典型的减噪离场程序见图 3 - 23。

第二种是设置尽可能低的加速高度,例如 800 ft 加速收襟翼至最大升阻比速度,推力根据加速情况适时减小,到达 3 000 ft 后,从最大升阻比速度加速至航路爬升速度。此减噪程序主要是利用最大升阻比速度的大爬升梯度增加高度,以提高离机场较远区域的飞行高度。

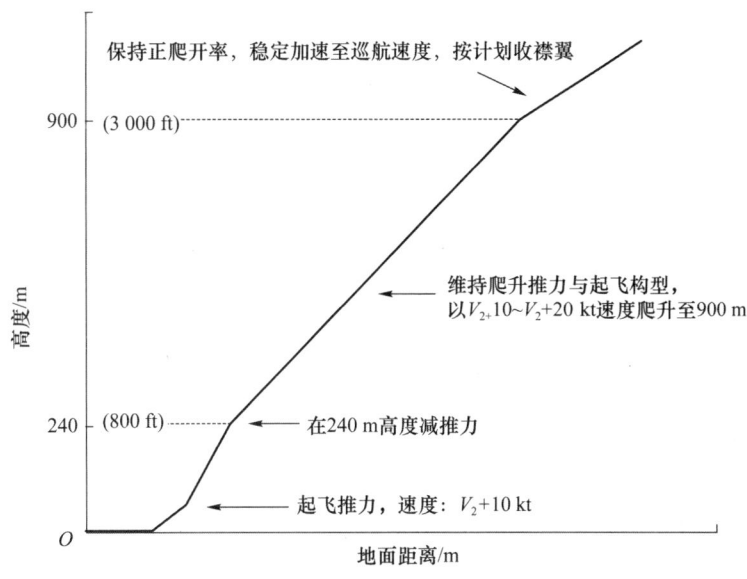

图 3-23 典型的减噪离场程序

目前主要使用第一种减噪程序,例如虹桥机场的减噪程序。

虹桥机场要求所有飞行员在保证飞行安全的情况下,执行以下减噪飞行操作程序:

① 在航空器起飞性能允许的情况下,尽可能使用减推力起飞;

② 航空器起飞爬升到 1 500 ft(QNH),调整和保持发动机爬升功率/推力,保持爬升速度 V_2+10 kt,保持襟翼和缝翼在起飞状态;

③ 航空器起飞爬升到 3 000 ft(QNH)以上,转为正常航路爬升速度,并按程序收襟翼/缝翼。

3.3.3 收起落架和收襟翼的原则

1. 收起落架

在实际操作中,飞机获得正上升率开始收起落架,进行起飞性能分析时,一般取离地后 3 s 开始收起落架,完成收起落架的时间一般按一台液压泵失效的情况试验得到。

2. 收襟翼

起飞收襟翼是一个比较复杂的过程,收襟翼的操作一定是与加速操作一起实施的。在加速收襟翼过程中,飞机一方面需要增加速度以满足下一阶段较小襟翼时有足够的升力,另一方面又不得增速过多超过当前襟翼的标牌速度。飞机制造商在飞行手册中给出收、放襟翼的速度,并据此进行验证试飞。

确定收襟翼速度时,要求达到或接近最佳的爬升梯度或加速能力,并在收、放襟翼及作机动飞行时有足够的安全裕度,一般要求比正常机动飞行(约 25°的坡度)要多 15°坡度的裕度。这个速度一般取当前襟翼的机动速度,比如波音 737-800 机型起飞襟翼 5,飞机到达加速高度后,开始加速,速度到达襟翼 5 的机动速度时,收襟翼至 1;飞机继续加速至襟翼 1 的机动速度时,收襟翼至0;飞机继续加速至襟翼收上的机动速度,加速收襟翼完成。波音737-800机型收襟翼速度见表3-7。

表3-7 波音737-800机型收襟翼速度

襟翼	收襟翼速度/kt
襟翼1	$V_{REF}+50$
襟翼5	$V_{REF}+30$
襟翼10	$V_{REF}+30$
襟翼15	$V_{REF}+20$
襟翼25	$V_{REF}+15$

3.4 爬升梯度限制起飞重量

爬升梯度限制是对飞机一发失效情况下爬升能力的要求,通过爬升梯度限制起飞重量可以保证飞机起飞具备一定的爬升能力,即飞机的剩余推力满足安全要求。

3.4.1 爬升梯度

一发失效的起飞飞行轨迹有三个爬升段:第一爬升段、第二爬升段、最后爬升段。规章对这三段中飞机典型状态的最小可用爬升梯度提出了要求,具体要求见表3-8。

表3-8 起飞飞行轨迹爬升段的梯度要求

机型	第一段	第二段	最后段
双发飞机	正梯度	2.4%	1.2%
四发飞机	0.5%	3.0%	1.7%

对于规章的要求有两点需要注意:

① 规章对各爬升段的梯度要求,不是爬升段全过程的要求,而是爬升段中特殊点的梯度要求。对第二段爬升梯度来说,规章定义的爬升梯度计算条件为起落架完全收起点的状态,包括形态、发动机推力、重量,该点即第二段的起点,因此习惯性地将起落架刚好收上点的爬升梯度称为第二段爬升梯度。从第一段爬升梯度来看,根据上3.3.3小节的收起落架原则,收起落架在离地后3 s,对于一发失效的飞机,此时离地高度可能还未达到35 ft,因此该点甚至可能不在第一爬升段,但习惯上仍称之为第一爬升段梯度。

此外,在同一爬升段中,因为爬升时高度增加,推力减小,所以爬升梯度也不是固定的,会逐渐减小。这也能帮助理解爬升梯度不是对爬升段的要求,而是对爬升点的要求。

② 可用爬升梯度是对空爬升梯度,不是对地爬升梯度。对空爬升梯度是飞机相对空气的爬升梯度,与风速无关;对地爬升梯度是飞机相对地面的爬升梯度,受风速影响。可用爬升梯

度要求的本质是对剩余推力的要求,飞机剩余推力不受风速影响,是飞机的内在能力,因此需要使用对空爬升梯度来表征剩余推力。

3.4.2 爬升限重确定

了解规章对爬升的要求后,可以根据爬升梯度公式计算满足爬升梯度限制的最大起飞重量,简称爬升限重。由于起飞爬升梯度要求都是针对一发失效的,因此在爬升梯度公式计算中需要考虑一发失效附加阻力,即风车阻力和偏航阻力。同时飞机是等表速爬升,随着高度的增加,对应的真空速增大,加速因子为正。因此一发失效爬升梯度计算公式为

$$G_C = \frac{F_N - (D + \Delta D_{YAW} + + \Delta D_{WM})}{W\left(1 + \dfrac{V}{g}\dfrac{dV}{dH}\right)} \qquad (3-31)$$

飞机的爬升限重应该是使式(3-31)正好等于规章要求的最小可用爬升梯度的重量。但这个重量无法直接求解出来,因为飞机的推力和升阻特性都与飞机速度有关,而无论是速度V_2还是速度V_{MD},都是随重量发生变化的,因此需要先确定重量才能确定推力和升阻特性。因此用公式(3-31)无法直接求解出重量。解决此问题常用的方法是插值法,假定一系列重量,分别计算给定重量时的爬升梯度,爬升梯度随重量一定是越来越小的,查找规章要求最小可用爬升梯度上下区间的重量,使用插值即可确定爬升限重。图3-24为插值法计算爬升限制重量示意图。

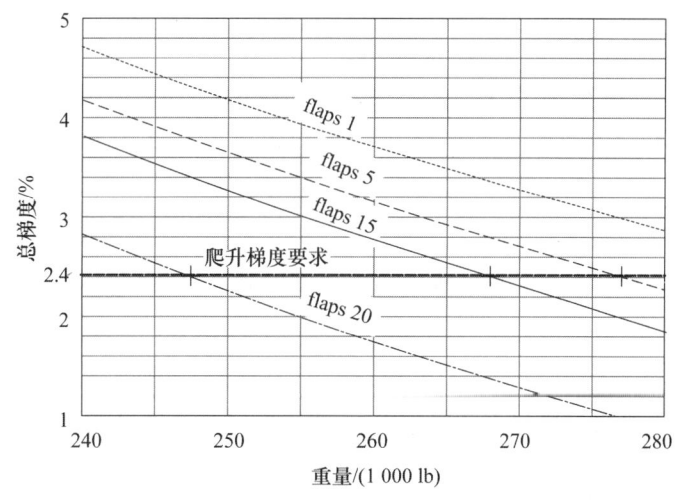

图 3-24 插值法计算爬升限制重量示意图

由于对3个起飞轨迹点有爬升梯度要求,因此可以计算出来3个爬升限重。首先是第一爬升段的梯度要求,规章对第一爬升段的要求比较低,例如双发飞机只需正梯度,因此飞机基本不受第一爬升段的梯度限制。然后是对比第二爬升段和最后爬升段的梯度要求,根据一发失效起飞飞行轨迹的定义,两者的区别见表3-9。

表 3-9 不同爬升段爬升梯度计算条件差异

特　征	第二爬升段	最后爬升段
速度	V_2	V_{MD}
推力	TOGA	MCT
形态	起飞	光洁

从推力来看是第二爬升段大，但速度和形态则是最后爬升段较优；从计算结果来看一般第二段梯度是比第四段梯度大的。虽然第二段梯度一般比第四段梯度大，但第二段要求的爬升梯度也比第四段要求的爬升梯度大，例如双发飞机第二段要求 2.4%，第四段只要求 1.2%，所以最终结果是飞机的爬升限重往往受第二段爬升梯度限制。因此，一般都默认飞机爬升能力受第二爬升梯度限制，后续爬升限制的分析都采用第二段爬升梯度来讨论。在实际的性能分析中，还是需要计算 3 段的爬升限重，防止特殊条件下出现非第二段爬升梯度限制的情况。

3.4.3　影响因素

第二段爬升梯度的计算条件是一发失效、TOGA 推力、V_2 速度和起飞襟翼，因此所有的影响因素都是通过这几个参数影响限制重量的，这些影响因素中不包括风速，因为风速不影响对空爬升梯度。

(1) 起飞安全速度 V_2

因为 V_2 小于有利速度，所以 V_2 越大，飞机阻力越小，升阻比越大，爬升梯度越大，爬升限重越大。因此从爬升限重的角度考虑，V_2 应该尽可能取大，这与从场长限重的需求是刚好相反的。

(2) 气压高度

气压高度由机场标高和修正海压确定。气压高度越高，压强越小，飞机推力越小，爬升梯度越小，爬升限重越小。

(3) 温　度

由于温度只有在平台温度以上才影响推力，因此在平台温度以上的条件下，随温度增加爬升限重减小。

(4) 襟　翼

襟翼偏度越大，飞机阻力越大，升阻比越小，爬升梯度越小，爬升限重越小。这个规律与场长限重也是相反的。

(5) 引　气

引气(空调/防冰)开，发动机推力减小，爬升梯度减小，爬升限重减小。

根据各影响因素对爬升限重的影响，可以制作生成爬升限重的计算图，图 3-25 为波音 737 的爬升限重计算图。

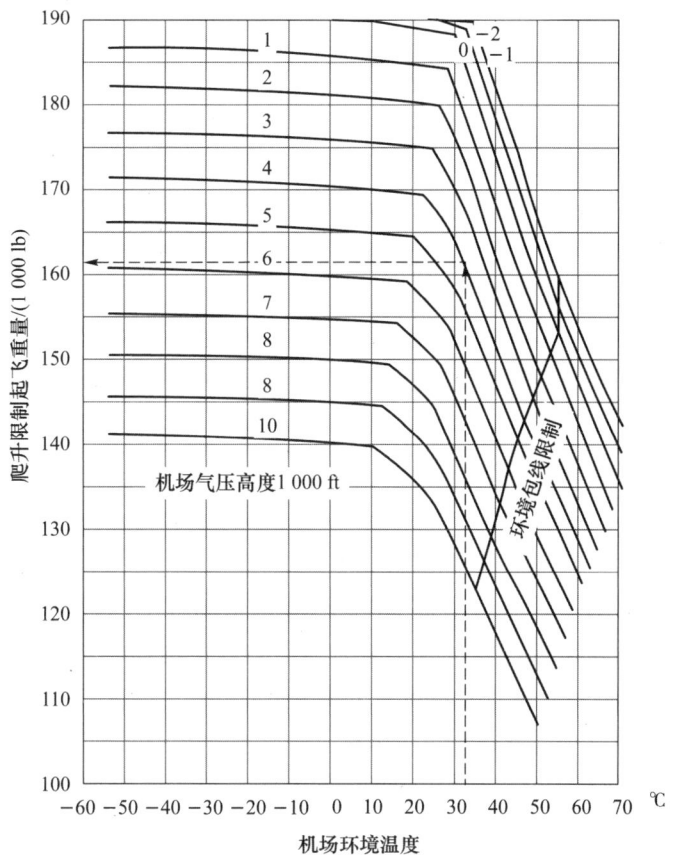

图 3-25 波音 737 的爬升限制重量计算图

3.4.4 全发爬升梯度

由于规章只对一发失效的爬升梯度有要求,因此起飞重量计算过程中没有全发爬升梯度限制。不过在实际运行中,有时会遇到标准仪表离场(SID)中标注了最小离场的爬升梯度,由于 SID 是基于飞机全发起飞设计的,因此 SID 中的爬升梯度要求是全发爬升梯度要求。

给定重量、高度、温度情况下的全发爬升梯度可以通过性能软件计算得到。航图中出现的离场梯度一般不超过 5%,而全发飞机爬升梯度往往比较大,有时甚至能达到 10%,因此大部分情况是不会受到限制的。表 3-10 为波音 738 飞机 78 t 时的全发爬升梯度值。

表 3-10 波音 738 飞机 78 t 时的全发爬升梯度

温度偏差/℃	气压高度/ft					
	0	2 000	4 000	6 000	8 000	10 000
0.0	15.80	14.52	12.99	11.56	10.22	8.94
10.0	15.70	14.45	12.94	11.52	10.18	8.90
20.0	14.50	13.65	12.45	11.12	9.85	8.61
30.0	12.39	11.65	10.88	10.01	8.86	7.91

3.5 障碍物限制起飞重量

起飞爬升梯度限制是对飞机爬升能力的一个要求,并不考虑机场周边的地形情况。考虑机场地形及障碍物影响的起飞安全分析称为超障分析。因为飞机的起飞飞行轨迹是三维轨迹,所以进行超障分析时首先需要根据障碍物相对飞行轨迹的水平间隔来确定飞机是否能水平避开该障碍物,如果无法水平避开障碍物则需要进行垂直超越障碍物的分析。

本节首先介绍飞机水平避开障碍物和垂直超越障碍物的规章条款,然后讨论飞机越障时最重要的优化参数改平高,再介绍转弯离场的特殊要求,最后分析障碍物限制重量计算方法和影响因素。

3.5.1 超障要求

1. 水平避障

飞机起飞水平避障的规定主要依据 CCAR-121 部和咨询通告 AC-121-FS-2014-123《飞机起飞一发失效应急程序和一发失效复飞应急程序制作规范》。CCAR-121 部中第 189 条对不同飞行规则的起飞超障要求做出了规定。

涡轮发动机驱动的飞机不得以大于该飞机飞行手册中所确定的某个重量起飞,在该重量下,预定净起飞飞行轨迹以 10.7 m(35 ft)的余度超越所有障碍物,或者能以一个特定距离侧向避开障碍物。该特定距离的值为下列两项中规定值的较小值:

(1) 90 m(300 ft)+0.125D,其中 D 是指飞机离可用起飞距离末端的距离值;

(2) 对于目视飞行规则飞行,预定轨迹的航向变化小于 15°时,为 300 m,预定轨迹的航向变化大于 15°时,为 600 m;对于仪表飞行规则飞行,预定轨迹的航向变化小于 15°时,为 600 m,预定轨迹的航向变化大于 15°时,为 900 m。

咨询通告 AC-121-FS-2014-123 的第 9.3.31 条对 CCAR-121 部中的避障规定进行了补充。

虽然 CCAR121.189 条规定了起飞航径区的宽度,但为了提供更大的安全裕度,保护区半宽至少为:从跑道末端或净空道末端(如有)半宽 90 m 开始,以 12.5% 的扩张率扩展至 900 m,然后保持标称轨迹两侧 900 m 等距直至起飞轨迹的终点。

因此根据法规要求,用于筛选障碍物的起飞航径区需要从可用起飞距离末端开始,按 90 m 半宽向外扩张,扩张率为 12.5%,一直扩到 900 m 半宽后不再变化。直线离场的起飞航径区如图 3-26 所示。

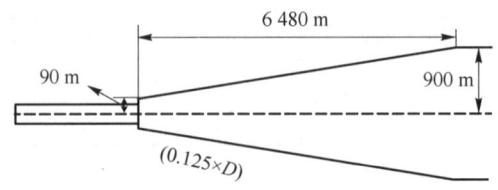

图 3-26 直线离场起飞航径区

2. 垂直越障

直线离场时,对于无法水平避开的障碍物,规章要求净起飞飞行轨迹以不小于 35 ft 英尺的裕度超越障碍物。下面先介绍总起飞飞行轨迹和净起飞飞行轨迹的概念。

总起飞飞行轨迹:又称真实起飞飞行轨迹,是指在给定重量下按照飞机性能手册中的数据计算得到的爬升梯度所确定的垂直飞行轨迹。

净起飞飞行轨迹:在总起飞飞行轨迹的基础上,考虑飞行员的飞行技术误差和飞机性能变化引起爬升梯度减小等因素,再减去一个安全余量后得到的垂直飞行轨迹。减去的安全余量为:双发飞机0.8%、三发飞机0.9%、四发飞机1.0%。

总起飞飞行轨迹和净起飞飞行轨迹,有时也简称为总轨迹、净轨迹;其对应的梯度称为总梯度、净梯度;减去的安全余量称为梯度差。

一发失效的净轨迹如图3-27所示,其中第一航段、第二航段和最后航段都是按总轨迹减去梯度差确定的。而第三航段由于是平飞而没有爬升梯度,因此净轨迹的第三航段是在总轨迹的基础上,减去梯度差对应的加速能力,根据较小的加速度计算出的较长的平飞轨迹。

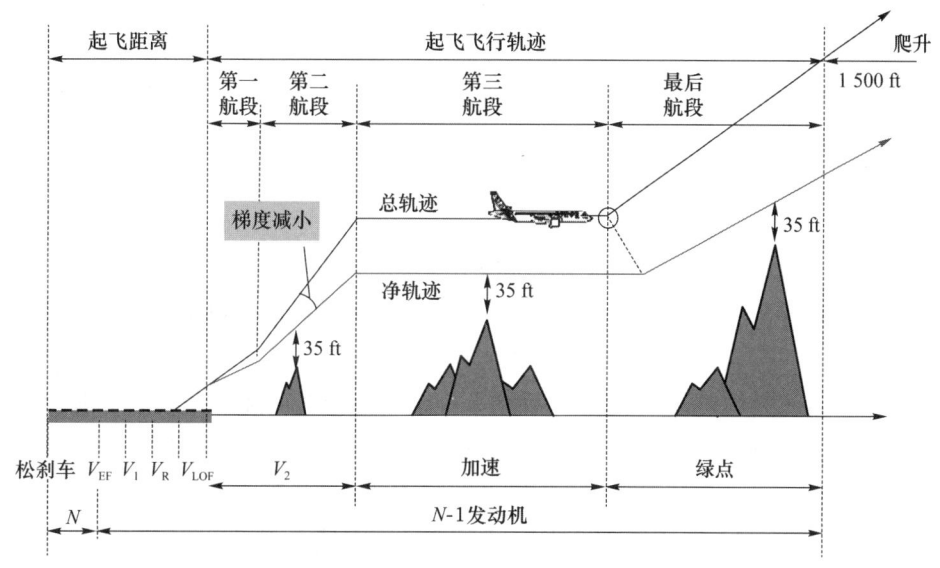

图 3-27 一发失效净轨迹越障示意图

对于双发飞机,净轨迹高=总轨迹高-飞机距起飞飞行轨迹起点的距离×0.8%。例如表3-11中的波音738双发飞机最小改平高轨迹中第二航段结束点总高610 m,距离起飞飞行轨迹起点20 592 m,因此净轨迹高为 610-20 592×0.8%=445 m。

表 3-11 波音738某机场起飞飞行轨迹第二航段结束距离和高

第二阶段	最小改平高轨迹	最大改平高轨迹
距离/m	20 592	38 781
净高/m	445	756
总高/m	610	1 066

3.5.2 改平高选择

改平高是飞机越障时最重要的优化参数，选择不同的改平高会得到不同的起飞飞行轨迹，例如表 3-11 中提供了最小改平高和最大改平高两条轨迹。

(1) 正常第二航段

正常第二航段越障是指飞机利用第二航段爬升进行越障，并在第二航段结束时达到越障的安全高，即净改平高比需要考虑的障碍物高至少 35 ft。虽然越障分析时使用净改平高，但飞行需要使用总改平高，所以后续未特殊说明的改平高均为总改平高。改平高除了有越障要求外，还需要满足规章中的最低 400 ft 的要求，具体如下：

在按 CCAR-25 部规章第 25.111 条确定起飞轨迹过程中，飞机在达到高于起飞表面 10.7 m (35 ft) 前必须达到 V_2，并且必须以尽可能接近但不小于 V_2 的速度继续起飞，直到飞机高于起飞表面 120 m(400 ft) 为止。

此外，改平高也存在最大值，最大值是由起飞推力时间限制的。一发失效起飞飞行轨迹的前三航段要求使用起飞推力，而起飞推力有最大使用时间限制，比较常见的是 5 min 和 10 min。飞机必须在起飞推力限制时间之内完成前三航段的飞行，因此存在最大改平高。选择最小改平高和最大改平高之间的任意高度进行改平都是能够安全越障的。

(2) 延伸第二航段

当障碍物较高时，可能存在使用正常第二航段的最大改平高都无法安全越障的情况，特别是对于起飞推力限制时间为 5 min 的飞机。此时，可以尝试使用延伸第二航段方法来进一步提高改平高。之所以说可以尝试使用是因为该方法并非总是可行的。

延伸第二航段是指在第二航段使用超额的起飞推力时间来提高改平高的方法。在正常第二航段中提到起飞飞行轨迹前三航段都应该使用起飞推力，而延伸第二航段方法却在第二航段使用了超额的起飞推力时间，从而会导致剩余的起飞推力时间无法完成第三航段飞行。因此，对于延伸第二航段越障，第三航段中会部分或全部使用最大连续推力，这种操作可能引发新的问题。CCAR-25 部规章中对 400 ft 以上的起飞轨迹爬升能力有如下规定：

在按第 25.111 条确定起飞轨迹过程中，从飞机高于起飞表面 120 m(400 ft) 的一点开始，沿起飞轨迹每一点的可用爬升梯度不得小于：

(i) 1.2%，对于双发飞机；

(ii) 1.5%，对于三发飞机；

(iii) 1.7%，对于四发飞机。

如果第三航段使用最大连续推力能够满足这条规定，则可以使用延伸第二航段，反之则不能使用延伸第二航段进行越障。对于能够使用延伸第二航段的情况，通过将第三航段的部分或全部起飞推力时间用于延伸第二航段爬升，飞机的改平高能够进一步增加。延伸第二航段最大改平高与正常第二航段最大改平高的关系如图 3-28 所示。

(3) 最后航段

无论是正常第二航段还是延伸第二航段，都是通过达到能够越障的安全改平高来实现越障的。而最后航段的改平高并不能够越障，需要使用最后航段的爬升才能越障。因此在实际

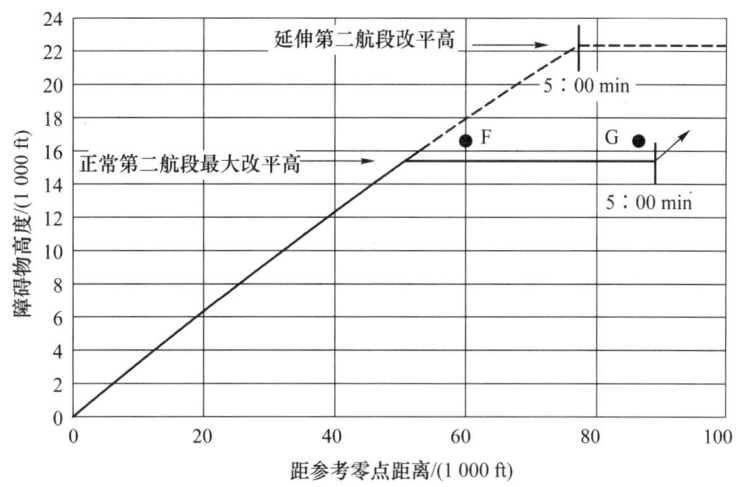

图 3-28 延伸第二航段与正常第二航段最大改平高对比

工作中很少使用最后航段方法越障。最后航段越障采用尽可能低的改平高,利用低高度的大推力尽可能快的完成第三航段的飞行,再使用最后航段爬升来越障。如图 3-29 所示,最后航段对于很远的高大障碍物的越障效果可能比第二航段更好。

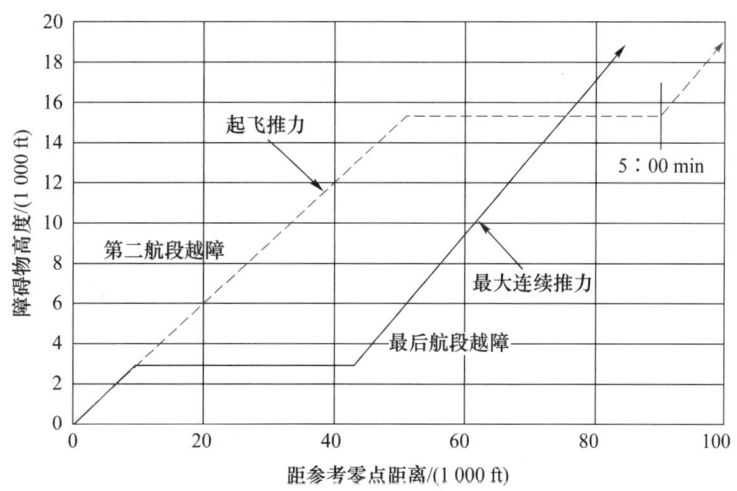

图 3-29 最后航段与第二航段越障效果对比

3.5.3 转弯离场

虽然前面介绍的内容都是关于直线离场的,但大部分内容同样适用于转弯离场。转弯离场与直线离场的差异主要体现在超障要求和飞行轨迹两方面。

超障要求方面,AC-121-FS-2014-123 第 9.3.3.2 条对转弯轨迹的保护区提出了更为严格的要求,保护区的半宽不再受 900 m 限制,超过 900 m 宽度的额外外扩的区域也称为扩展保护区。

对于除沿跑道中线延长线起飞的直线航段和有轨迹引导的航段(包括沿 DME 弧飞行的

航段)以外的其他航段,还应按以下方法之一考虑风及飞行技术误差对标称轨迹的影响。

对于转弯航段,如无完整轨迹控制点:

a. 若转弯时半宽未达到900米,则从转弯开始点开始以12.5%的扩张率对称扩展至900米,如此时仍未取得轨迹引导,继续以12.5%的扩张率扩展至取得轨迹引导的一点,此后以25%的收缩率恢复至正常900米半宽保护区;

b. 如转弯时半宽已达到900米,则从转弯开始点两侧半宽900米开始以12.5%的扩张率扩展,直至取得轨迹引导的一点,此后以25%的收缩率恢复至正常900米半宽保护区。

此外,AC-121-FS-2014-123第9.3.6条对转弯轨迹的垂直超障余度也从直线离场的35英尺要求提高到了最大50英尺的标准。

起飞障碍物分析时垂直超障余度

起飞一发失效应急程序超障分析应使用净起飞飞行轨迹。飞机起飞的净飞行轨迹要以至少10.7米(35英尺)的垂直余度超越所有障碍物。如果转弯坡度大于15°,起飞的净飞行轨迹要以10.7米(35英尺)加飞机的最低部位低于飞行轨迹的值或15.2米(50英尺)(取较大值)的垂直余度超越所有障碍物。

飞行轨迹方面,转弯离场由于有梯度损失,其飞行轨迹会比直线离场的轨迹更低。转弯离场梯度损失的原因需要从飞机转弯离场时的受力分析开始讨论。飞机协调转弯时升力与重力的关系为

$$L\cos \gamma = W \tag{3-32}$$

飞机升力的垂直分量平衡飞机的重力,此时的升力大于重力,而额外的升力会伴随额外的阻力,飞机阻力增加,剩余推力减小,爬升梯度减小。因此转弯轨迹的爬升梯度小于直线轨迹的爬升梯度,两者的差值称为转弯爬升梯度损失。

转弯爬升梯度损失可以使用图表进行粗略估算。如果需要精确地计算转弯飞行轨迹,可以使用飞行轨迹仿真软件计算,例如波音的BCOP或者PET、空客PEP的OFP模块。需要注意的是,这些飞行轨迹仿真软件计算的轨迹均为总轨迹,进行超障评估时还须手动转换为净轨迹。

虽然转弯离场的计算比较复杂,但对于飞机起飞重量受障碍物限制严重时,通过设计一个合理的转弯离场程序可能可以有效地避开高大的障碍物,从而提高飞机的载量和飞行的安全水平。这种针对飞机起飞一发失效情况专门设计的离场程序称为起飞一发失效应急程序(Engine-Out Standard Instrument Departure,EOSID)。

3.5.4 障碍物限重确定

障碍物限重是飞机净起飞飞行轨迹刚好以垂直超障余度越过障碍物时的重量,障碍物限重的确定是起飞性能中最为复杂的问题之一。净起飞飞行轨迹是从起飞离地35 ft开始的,因此首先需要确定一发失效继续起飞距离,然后考虑总轨迹和净轨迹之间的梯度差,根据改平高计算飞行轨迹垂直剖面。起飞飞行轨迹和障碍物限重的计算现在已经不再使用手工计算了,而是使用软件进行处理,例如波音的AFM-DPI/STAS/PET、空客PEP的FM/TLO模块。图3-30所示为PEP软件FM模块计算的A320的起飞飞行轨迹。

采用软件计算障碍物限重时,通常是将障碍物视为直线离场的障碍物,因此对于转弯离场,还需要将转弯离场的障碍物转化为等效的直线离场障碍物。其方法是将飞机飞行轨迹的

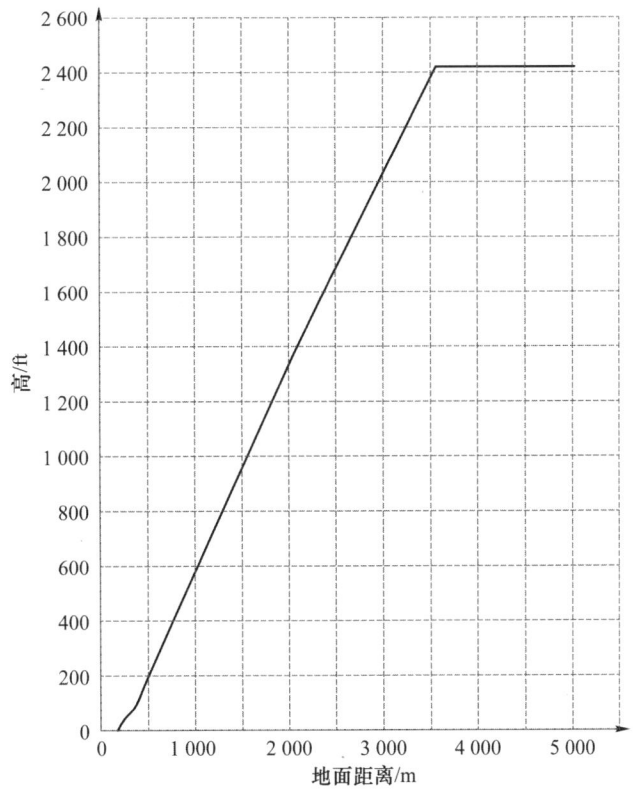

图 3-30 A320 起飞飞行轨迹

爬升梯度损失高度叠加至障碍物上,形成一个比实际障碍物更高的虚拟障碍物,从而达到相同的安全水平。由于这种方法是一种近似等效的处理,因此在计算得到起飞限重之后,还需要利用飞行轨迹仿真软件进行飞行轨迹计算和超障分析,确保计算的可靠性和安全性。

3.5.5 影响因素

障碍物限重的影响因素基本与爬升限重一样,而且影响规律也基本一样,略有不同的两点是障碍物限重需要考虑飞机一发失效的继续起飞距离,以及风的影响。下面按照起飞速度、机场情况、大气条件和飞机构型的顺序介绍各个影响因素。

(1) V_2 速度

V_2 速度的增加能够提升飞机第一航段和第二航段的爬升梯度,从而提高飞机起飞飞行轨迹;但另一方面会增加飞机起飞距离,从而使起飞飞行轨迹起点后移,即降低了飞机起飞飞行轨迹。对于绝大多数情况,这两个相反的影响中都是以前者为主的,后者的影响非常小,因此整体上增加 V_2 速度对障碍物限重是有利的。

(2) V_1 速度

相较于 V_2 速度,V_1 速度的影响非常小。V_1 速度增加,能够缩短飞机一发失效起飞距离,从而使起飞飞行轨迹起点前移,即提高了飞机起飞飞行轨迹。因此对于障碍物限重而言,V_1 应该越大越好。

(3) 气压高度

气压高度由机场标高和修正海压确定。气压高度越高,压强越小,飞机推力越小,爬升梯度越小,起飞距离越长,对起飞飞行轨迹而言是不利的,因此障碍物限重会减小。

(4) 温　度

温度增加,大气密度减小,且平台温度以上还会出现飞机推力下降的情况,因此温度增加会减小爬升梯度,增加起飞距离,对起飞飞行轨迹和越障是不利的。但温度增加也有一个有利的影响,温度增加,大气密度增加,相同 V_2 速度对应的真空速增加,飞机爬升速度增加,因此受起飞推力时间限制的情况下,有可能会出现高温的改平高比低温更高的情况。总的来说,绝大多数情况下温度对障碍物限重都是不利的,极其特殊的情况下才会出现高温有利的情况。

(5) 风　速

风速是障碍物限重与爬升限重最为不同之处。障碍物限重需要计算净起飞飞行轨迹,逆风能够增加飞机的地面爬升梯度,同时逆风还能缩短起飞距离,因此逆风对于障碍物限重而言是非常有利的。

(6) 襟　翼

襟翼偏度越大,飞机阻力越大,升阻比越小,爬升梯度越小,起飞飞行轨迹越低;此外,襟翼偏度越大,起飞速度越小,起飞距离越短。与前面分析的一样,前者占主导作用,因此一般情况下,襟翼偏度越大,障碍物限重越小。

(7) 引　气

引气(空调/防冰)开,发动机推力减小,爬升梯度减小,起飞距离增加,障碍物限重减小。

3.6　起飞性能优化

通过对起飞全过程、场长限重、爬升限重,以及障碍物限重进行详细的介绍,已经具备了确定飞机最大允许起飞重量的所有条件,本节首先针对可优化的性能参数进行分析,然后介绍最大允许起飞重量的确定方法,最后补充一些与最大允许起飞重量相关的机型升级知识。

起飞重量是起飞性能结果中较重要的参数,大的起飞重量意味着更大的载量和收益。为了确定尽可能大的起飞重量,需要对可优化的参数进行选择。在介绍起飞的三个限重时,已经详细讨论了限重相关的影响因素,对于特定的起飞条件,这些影响因素中有许多是无法改变的,比如机场标高、跑道长度、风温等,同时也有一些参数是可以人为选择的,包括 V_2 速度、V_1 速度、襟翼和引气,下面对这 4 个可优化性能参数的选择进行分析。

3.6.1　V_2 速度选择

V_2 速度增加将导致起飞距离增加,场长限重减小,是不利的影响;另一方面,V_2 速度增加将减小飞机爬升阻力,使爬升梯度增加,爬升限重和障碍物限重增大,是有利的影响。V_2 速度的增加有利也有弊,因此对于受场长限重的飞机,应选择尽可能小的 V_2 速度,而受爬升限重或障碍物限重的飞机,应选择尽可能大的 V_2 速度。

不同飞机厂商在进行性能计算时都会优化 V_2 速度,但表现形式略有差异。例如对于波音飞机而言,选择有利于场长限重的最小 V_2 方式起飞称为正常起飞;选择有利于爬升限重的

较大 V_2 方式起飞称为改进爬升。当跑道长度有富余且飞机受爬升梯度或障碍物限制时,就可以使用改进爬升来提高最大允许起飞重量。改进爬升的原理如图 3-31 所示。

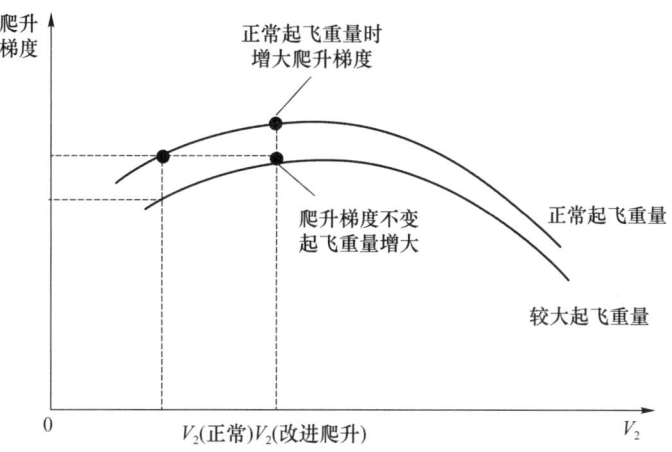

图 3-31 改进爬升原理图

当然使用改进爬升来增大 V_2 速度并非没有限制。首先随着 V_2 速度的增大,跑道富余量会越来越小,当跑道没有富余时就不能再增大 V_2 速度了。若跑道长度始终没有限制,V_2 速度也存在理论上的最大值,即有利速度。因为改进爬升的原理就是通过增大 V_2 来减小阻力的,而飞机的阻力在有利速度时取最小,所以有利速度是理论上的最大 V_2。此外,当改进爬升后的重量达到最大审定重量时也就不必再增大 V_2 了。

V_2 速度限制

起飞速度 3.1.2 小节中提到 V_2 速度的最小值 V_{2min},V_{2min} 需要满足 V_S 和 V_{MCA} 的要求;同时,前面分析又提到 V_2 速度有最大值,为有利速度。因此 V_2 速度的选择是有一个范围的。

除了这两个限制条件外,在具体的性能计算中还需要考虑飞机擦尾和超轮速事件对 V_2 速度的影响。V_2 速度与擦尾和超轮速事件并无直接关系,而是由 V_2 确定的 V_R 和 V_{LOF} 来影响飞机是否擦尾和超轮速的。

飞机起飞速度中的 V_R 和 V_2 是密切相关的,为了保证飞机一发失效离地 35 ft 时速度能达到 V_2,飞机的抬轮速度必须与之匹配,因此 V_R 和 V_2 往往是———对应,成对出现的。

当 V_2 取得很小时,V_R 也会很小,此时,飞机会在较小的速度抬轮,由于速度较小,飞机升力不足,飞机会继续抬前轮增加俯仰姿态直至擦尾。在起飞速度 3.1.2 小节中提到为了确保飞机不擦尾,需要保证离地速度 V_{LOF} 大于最小离地速度 V_{MU},但由于离地速度是由 V_R 和 V_2 决定的,因此为了确保飞机起飞不擦尾,需要 V_R 和 V_2 足够大,即 V_2 速度存在一个由擦尾限制的最小值。

当 V_2 取得很大时,V_R 也会很大,此时,飞机会在较大的速度抬轮,飞机离地速度 V_{LOF} 较大,可能超过了最大轮胎速度 V_{TIRE},即发生超轮速事件。与上面分析的一样,为了确保离地速度不超过最大轮胎速度,需要对 V_2 速度进行限制,即 V_2 速度存在一个由最大轮胎速度限制的最大值。

3.6.2 V_1速度选择

V_1速度选择在场长限重和3.2.4小节中已经涉及，V_1速度主要影响一发失效的起飞和中断距离，选择平衡V_1对场长限重最有利，即平衡V_1基本上就是最佳的V_1。

对于爬升限重而言，V_1不影响爬升限重计算的任何条件，因此爬升限重与V_1无关。对于障碍物限重而言，V_1越大，一发失效距离起飞距离越短，起飞飞行轨迹越高，障碍物限重越大。因此对于跑道长度有富余，飞机受障碍物限制的情况，平衡V_1不再是最佳V_1，而应选择尽可能大的V_1从而缩短起飞距离，提高起飞飞行轨迹，增加障碍物限重。

V_1速度限制

与V_2类似，V_1速度也存在一个可选的速度范围区间，根据起飞速度3.1.2小节知识，V_1的最小值为地面最小操纵速度V_{MCG}，V_1的最大值为抬轮速度V_R和最大刹车能量速度V_{MBE}两者中的较小者。

三个限制速度中首先分析V_R限制。无论是平衡V_1还是最佳V_1，V_1与V_R之类都存在同增同减的关系，因此常常用V_1/V_R这个无量纲的值来表示V_1。在计算中，限制V_1/V_R不大于1就能确保满足V_R限制。V_R的限制往往在需要尽可能大的V_1时出现，例如障碍物限重情况下就很可能出现V_1取V_R值的情况，此时V_1等于V_R。

其次讨论地面最小操纵速度V_{MCG}限制。V_{MCG}速度比较小，正常条件下是不会出现V_1速度小于V_{MCG}的情况的；特殊条件下，比如湿和污染跑道、防滞系统不工作时，才可能出现V_1小于V_{MCG}的情况。对于出现了V_{MCG}限制，往往只须将V_1取V_{MCG}即可，起飞重量和其他速度均不需要调整，这是因为V_{MCG}往往都较小，对于绝大多数跑道而言，可用的加速停止距离都足够了，因此可以直接将V_1取作V_{MCG}，此时V_1等于V_{MCG}。

最后，V_1不得超过V_{MBE}。与V_{MCG}类似，V_1超过V_{MBE}往往也只出现在极端的情况下。出现V_1大于V_{MBE}的原因主要有以下几个方面：①可能是高温高海拔机场，较小的大气密度使得相同表速的V_1对应的真空速增加；②是顺风条件，顺风使得相同V_1的地速增加；③是改进爬升起飞，使用改进爬升会增大V_2和V_R，从而使得平衡V_1或最佳V_1增大；④是刹车故障，刹车有故障时，V_{MBE}会减小很多。对于V_1大于V_{MBE}的情况，需要减小V_1至V_{MBE}，再检查是否满足场长和障碍物限制条件，不满足时需要进行减重处理。

3.6.3 襟翼、空调引气

V_2和V_1的优化过于复杂，不适合由签派员和飞行员来选择，往往是由性能工程师设定的。由签派员和飞行员来决定的性能参数主要是襟翼和空调引气这两项。

襟翼偏度对于场长限重而言应该选择较大的，对于爬升限重和障碍物限重而言应该选择较小的，因此综合考虑一般都会使用较中间的起飞襟翼，例如波音机型常用的是襟翼5。当飞机常用襟翼起飞受限较严重时，选择其他襟翼可能可以提升起飞限重。

引气包括空调和防冰两类，但防冰引气在正常条件都不使用，因此能优化的主要是空调引气。起飞期间一般需要使用发动机引气供空调使用，但飞机起飞性能受限时，关掉空调或者使用辅助动力装置给空调提供引气，都能避免从发动机引走空气，从而增大推力，提高起飞限重。

3.6.4 最大起飞重量确定

介绍了飞机性能限制的各个起飞重量之后,还需要再简单介绍一下最大审定起飞重量。最大审定起飞重量是飞机飞行手册中规定的一个固定不变的最大起飞重量,这个重量并不一定是结构限制的最大起飞重量,仅仅表示飞机被允许使用的最大重量。飞机的最大起飞重量需要同时满足性能限制和审定限制。

不同机型最大起飞重量确定的方法可能略有差异,使用查图和软件计算的逻辑也稍有不同,但考虑的因素和思路基本是一样的。以波音机型为例,如图 3-32 所示,波音机型查图计算最大起飞重量的主要内容和顺序如下:

① 除必要的飞机空气动力特性和发动机性能数据外,还需要机场、气象和飞机情况作为计算的原始数据;

② 计算场地长度限制、爬升梯度限制、轮胎速度限制和障碍物限制的 4 种最大起飞重量,经比较后选最轻者作为性能限制的最大起飞重量;

③ 比较最大审定起飞重量和第②步确定的性能限制起飞重量,取较小者为最大起飞重量;

④ 如果第③步确定的最大起飞重量受爬升限制或障碍物限制,则可以使用改进爬升方法,计算出改进爬升后的最大起飞重量来替换第③步的最大起飞重量;

⑤ 按第④步中确定的最大起飞重量计算起飞速度,并按规定检查这些速度是否符合要求,如不符合,则减轻最大起飞重量直到满足速度要求为止。

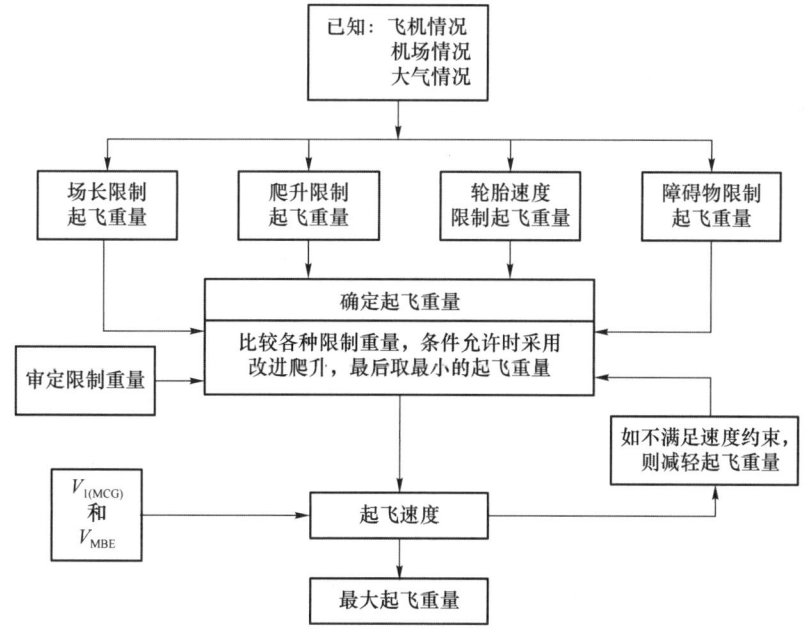

图 3-32 最大起飞重量查图计算顺序

在波音机型查图确定最大起飞重量的计算顺序中出现了轮胎速度限制重量,这个限重就是考虑轮胎速度对 V_2 的影响计算出来的。有些飞机厂商还会规定最小地面操纵速度限制重量、最大刹车能量限制重量。

3.6.5 性能升级

如果在日常工作中,通过上述性能优化确定的最大起飞重量经常不能满足需求的话,可以考虑以性能升级的方式提高飞机审定的性能,当然修改或补充审定性能是需要额外付费的。性能升级的类型包括但不限于增大最大审定起飞重量,增加起飞推力限制时间,补充备用前重心等。

增大最大审定起飞重量很容易理解,飞机厂商在结构限制范围内增大运营商能够使用的最大起飞重量。这种升级主要是针对起飞经常受最大审定重量限制的情况。

增加起飞推力限制时间主要是指将起飞推力限制时间从 5 min 增加到 10 min。这种升级对受障碍物限制的情况有很好的效果,因为起飞推力限制时间增加,能够增加飞机第二航段的爬升时间,提高飞机改平高,有助于越障。

补充备用前重心是指在标准前重心的基础上,补充一个新的更靠后的前重心。由于重心越靠前,飞机性能越差,因此进行起飞性能计算时是按飞机重心包线最靠前的重心位置计算的失速速度、升阻特性等参数。在标准重心包线的基础上,缩小重心包线的前限,设计一个重心前限更靠后的方法称为备用前重心。对于性能而言,使用备用前重心是有利的,更靠后的重心意味着更小的失速速度,更好的升阻特性,更小的起飞速度,更短的起飞距离。但需要注意的是,使用备用前重心对于配载而言是不利的,因为飞机配载能够使用的重心范围变小了。

3.7 起飞性能数据输出

确定最大起飞重量和起飞速度的方法比较复杂,早期各飞机制造商还在飞机飞行手册中提供性能计算所需的详细图表,但由于这些图表数量大,使用起来比较费时费力,目前已经全部取消了,替换成了电脑性能软件。有了性能软件之后,用户可以快速地计算不同机场、机型的起飞数据。不过由于这些性能软件过于专业,操作也较为复杂,往往只有性能工程师才会使用,所以在实际工作中,一般都会使用软件生成易于查找的起飞限重表。随着计算机技术的进一步发展,现在不仅能在电脑上运行性能软件,还可以在电子飞行包中安装性能应用程序。相较于电脑上的性能软件,电子飞行包上的性能应用程序操作更便捷,且计算得到的数据又比起飞限重表更加精准和详尽,因此通过电子飞行包计算起飞数据正慢慢成为主流趋势。

飞机性能软件和性能应用程序各大飞机制造商都会提供给用户使用,例如波音公司的 PET(Performance Engineers Tool)和 OPT(Onboard Performance Tool),空客公司的 PEP(Performance Engineer's Programs)和 FLYSMART,中国商飞的 PES(Performance Engineer Software)。图 3-33 所示为空客 FLYSMART 计算起飞性能的结果界面。

虽然起飞限重表的重要性相较以前有所减弱,但起飞限重表目前仍是不可或缺的起飞性能数据提供方式。下面以波音的起飞限重表为例介绍如何使用起飞限重表确定最大起飞重量与起飞速度。波音公司标准的起飞限重表是由波音性能软件中的起飞模块计算得到的,表格可分为表头、主体和页脚 3 部分,具体形式如图 3-34 所示。

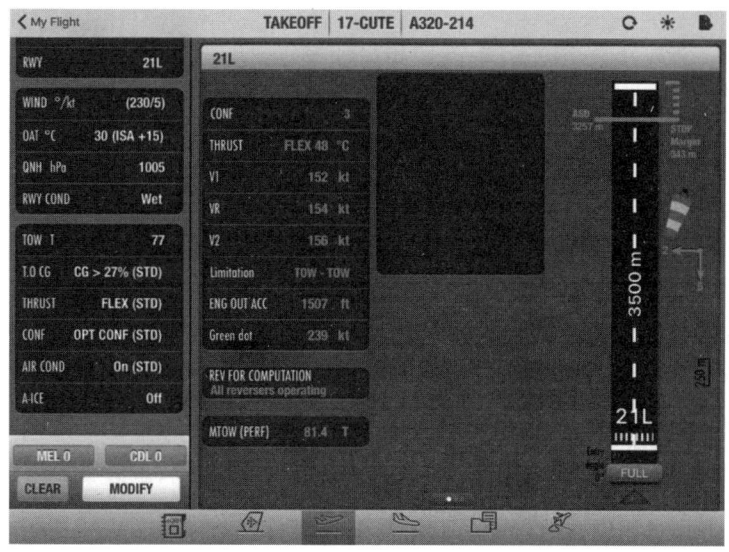

图 3-33 空客 FLYSMART 起飞计算结果界面

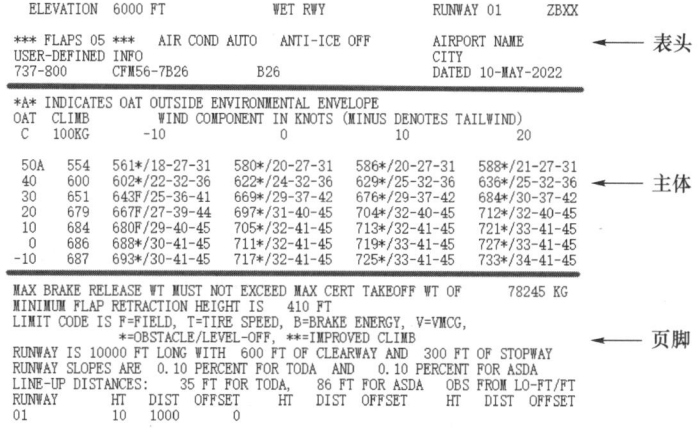

图 3-34 正常起飞限重表

1. 输入信息

从正常起飞限重表中可以读出机场跑道、飞机构型、环境风温 3 类输入信息。

（1）机场跑道

在表头第 1 行可以依次读出机场标高、跑道状况（干跑道不显示）、跑道号、机场四字码；第 2 行和第 3 行最后可以读出机场名和城市名。在页脚的第 5 行至最后 1 行，可以依次读出跑道的场地长度、坡度、对正距离和障碍物信息。

（2）飞机构型

在表头第 2 行可以依次读出襟翼、空调、防冰状态；第 3 行可以依次读出用户自定义内容（未设置时不显示）、备用前重心（部分机型支持，未设置时不显示）；第 4 行可以依次读出飞机型号、发动机型号、发动机推力等级（未设置时不显示）、降低额定推力设置（未设置时不显示）。

(3) 环境风温

主体部分第 1 列为外界环境温度,其中超出环境包线的温度后面会带"A"符号;主体部分第 2 行和第 3 行的后部为环境风沿跑道的分量,负数为顺风,正数为逆风。

2. 输出信息

从正常起飞限重表中可以读出起飞重量(含限制原因)、起飞速度、改平高 3 类输出信息。

(1) 起飞重量

表中一共有 3 个起飞重量,分别为爬升限制起飞重量、松刹车重量、最大审定起飞重量。最大允许起飞重量是这 3 个重量中的最小值。

1) 爬升限重

主体第 2 列为爬升限重列,根据实际温度在主体第 1 列中的位置可以确定缩写后的爬升限重,将缩写的限重乘 100 得到爬升限重。以 OAT=30 ℃为例,查表确定缩写的爬升限重为 651,所以爬升限重为 651×100 = 65 100 kg。

2) 松刹车重量

此处松刹车重量特指除爬升限制以外,其他性能限制所确定的起飞重量。主体部分实际温度行、实际风速列所确定信息中"/"前面的部分为松刹车重量缩写及其限制原因。以 OAT=30 ℃,顺风 10 kt 为例,可以确定松刹车重量及其限制原因为"643F"(见图 3-35),其中 643 为松刹车重量缩写,须乘 100,即 64 300 kg;F 为限制原因,表示受场地长度限制。

```
*A* INDICATES OAT OUTSIDE ENVIRONMENTAL ENVELOPE
OAT  CLIMB      WIND COMPONENT IN KNOTS (MINUS DENOTES TAILWIND)
 C   100KG         -10              0              10             20
 50A  554      561*/18-27-31   580*/20-27-31   586*/20-27-31   588*/21-27-31
 40   600      602*/22-32-36   622*/24-32-36   629*/25-32-36   636*/25-32-36
 30   651      643F/25-36-41   669*/29-37-42   676*/30-37-42   684*/30-37-42
 20   679      667F/27-39-44   697*/31-40-45   704*/32-40-45   712*/32-40-45
 10   684      680F/29-40-45   705*/32-41-45   713*/32-41-45   721*/33-41-45
  0   686      688*/30-41-45   711*/32-41-45   719*/33-41-45   727*/33-41-45
-10   687      693*/30-41-45   717*/32-41-45   725*/33-41-45   733*/34-41-45
MAX BRAKE RELEASE WT MUST NOT EXCEED MAX CERT TAKEOFF WT OF      78245 KG
MINIMUM FLAP RETRACTION HEIGHT IS    410 FT
LIMIT CODE IS F=FIELD, T=TIRE SPEED, B=BRAKE ENERGY, V=VMCG
         *=OBSTACLE/LEVEL-OFF, **=IMPROVED CLIMB
RUNWAY IS 10000 FT LONG WITH  600 FT OF CLEARWAY AND  300 FT OF STOPWAY
RUNWAY SLOPES ARE  0.10 PERCENT FOR TODA AND  0.10 PERCENT FOR ASDA
LINE-UP DISTANCES:    35 FT FOR TODA,   86 FT FOR ASDA   OBS FROM LO-FT/FT
RUNWAY       HT  DIST OFFSET    HT  DIST OFFSET    HT  DIST OFFSET
 01          10  1000     0
```

图 3-35 起飞限重表中的松刹车重量与起飞速度

页脚第 3 行和第 4 行为所有限制代码的解释。除 F=场地长度限制外,还包括 T=轮胎速度限制,B=刹车能量限制,V=地面最小操纵速度限制,*=障碍物/改平限制。加上爬升限制,飞机最大起飞重量一共受 6 种性能限制。

3) 最大审定起飞重量

页脚第 1 行可以读出飞机的最大审定起飞重量,例如表中该重量为 78 245 kg。结合上面 3 个重量,可以确定最大允许起飞重量为三者的最小值,即 64 300 kg,受场地长度限制。

(2) 起飞速度

主体部分实际温度行、实际风速列所确定信息中"/"后面的部分为起飞速度缩写,省略了百位数的1,3个数值+100后分别对应$V_1-V_R-V_2$。以OAT=30 ℃,顺风10 kt为例,可以确定缩写的起飞速度为25-36-41,即$V_1=125$ kt,$V_R=136$ kt,$V_2=141$ kt。

(3) 改平高

页脚第2行可以确定最小收襟翼高,即改平高,例如表中该高为410 ft。

3. 改进爬升信息

波音性能软件可以设置是否使用改进爬升。当用户在参数设置中选择了使用改进爬升之后,软件会进行改进爬升计算,但生成的表格中可能会有改进爬升数据,也可能没有改进爬升数据。下面对这两种情况分别进行讨论。

(1) 有改进爬升数据的情况

有改进爬升数据的结果如图3-36所示,1个温度有2行数据,第1行是正常起飞的数据,第2行是改进爬升起飞的数据。根据实际温度和实际风速,找到对应的行和列,在确定的信息中查看第2行数据,**之前的是改进爬升最大允许起飞重量的缩写,须乘100;**之后的是改进爬升起飞的3个速度缩写,须加100;**是改进爬升的限制代码。例如,OAT=30 ℃,顺风10 kt时,确定的改进爬升信息为"763**47-50-55",因此最大允许起飞重量为763×100=76 300 kg,起飞速度为147-150-155。改进爬升起飞数据查找过程中,只须查看这1处数据,十分方便,这与正常起飞数据查找是不同的。

```
ELEVATION   2000 FT                              RUNWAY 01        ZBYY
*** FLAPS 05 ***   AIR COND AUTO    ANTI-ICE OFF     AIRPORT NAME
                                                     CITY
737-800      CFM56-7B26         B26                  DATED 04-JUN-2022
*A* INDICATES OAT OUTSIDE ENVIRONMENTAL ENVELOPE
OAT  CLIMB         WIND COMPONENT IN KNOTS (MINUS DENOTES TAILWIND)
C    100KG     -10              0              10             20
50   637    690F/34-36-40   701F/35-36-40  673F/35-36-40  638F/36-36-40
            661**44-47-50   676**52-55-59  679**55-59-62  682**58-62-65
40   695    735F/39-41-46   779F/40-41-46  793F/41-41-46  792F/41-41-46
            713**46-49-53   731**55-58-62  736**57-61-65  740**60-64-68
30   754    776F/44-47-52   825F/45-47-52  841F/46-47-52  856F/46-47-52
            763**47-50-55   782**55-59-63  782**55-59-63  782**55-59-63
20   774    796F/46-49-54   847F/47-49-54  862F/47-49-54  862F/47-49-54
            779**48-51-56   782**49-52-57  782**49-52-57  782**50-52-57
10   776    808F/46-49-55   860F/47-49-55  862F/47-49-55  862F/48-49-55
            782**48-52-57   782**49-52-57  782**49-52-57  782**50-52-57
0    778    821F/46-49-55   782F/47-49-55  862F/48-49-55  862F/48-49-55
            782**48-51-56   782**49-51-56  782**49-51-56  782**50-51-56
-10  779    833F/47-49-55   862F/48-49-55  862F/48-49-55  862F/48-49-55
            782**48-51-56   782**49-51-56  782**49-51-56  782**50-51-56
MAX BRAKE RELEASE WT MUST NOT EXCEED MAX CERT TAKEOFF WT OF    78245 KG
MINIMUM FLAP RETRACTION HEIGHT IS    410 FT
LIMIT CODE IS F=FIELD, T=TIRE SPEED, B=BRAKE ENERGY, V=VMCG,
              *=OBSTACLE/LEVEL-OFF, **=IMPROVED CLIMB
```

图3-36 有改进爬升数据的起飞限重表

(2) 无改进爬升数据的情况

无改进爬升数据的结果如图3-37所示,有可能出现1个温度只有正常起飞的1行数据,没有第2行,例如图中的-10~30 ℃;也有可能出现1个温度有第2行,但所需的风速列没有改进爬升数据,例如40 ℃和50 ℃的顺风10 kt情况。对于无改进爬升数据的风温组合,飞机无法使用改进爬升方式起飞,只能使用正常起飞方式。这是因为改进爬升的本质是通过增加起飞速度来提升爬升性能的,所以需要付出起飞距离增加的代价。

```
ELEVATION  6000 FT                              RUNWAY 01        ZBZZ
*** FLAPS 05 ***   AIR COND ON    ANTI-ICE OFF    AIRPORT NAME
                                                  CITY
757-200   RB211-535E4                             DATED 04-JUN-2022
*A* INDICATES OAT OUTSIDE ENVIRONMENTAL ENVELOPE
OAT   CLIMB      WIND COMPONENT IN KNOTS (MINUS DENOTES TAILWIND)
 C    100KG       -10              0              10              20
50A   855     809F/35-38-40    871F/42-43-44   887F/42-43-44   902F/42-43-44
                               861**/44-45-46   868**/46-47-48  873**/49-49-50
 40   945     868F/39-42-45    932F/46-48-50   949F/48-49-51   965F/48-49-51
                                                946**/48-50-52  953**/51-52-54
 30  1031     923F/42-46-49    989F/50-52-55  1007F/51-54-56  1024F/53-55-57
 20  1103     975F/45-50-53   1042F/53-56-58  1060F/55-57-60  1078F/57-59-61
 10  1120     997F/47-51-55   1066F/55-58-60  1084F/57-59-62  1102F/58-60-62
  0  1120    1012F/48-53-56   1082F/56-59-61  1100F/57-60-62  1119F/58-60-62
-10  1120    1028F/50-54-57   1098F/57-60-62  1116F/57-60-62  1135F/58-60-62
MAX BRAKE RELEASE WT MUST NOT EXCEED MAX CERT TAKEOFF WT OF     108862 KG
MINIMUM FLAP RETRACTION HEIGHT IS   400 FT
LIMIT CODE IS F=FIELD, T=TIRE SPEED, B=BRAKE ENERGY, V=VMCG,
              *=OBSTACLE/LEVEL-OFF, **=IMPROVED CLIMB
```

图 3-37 没有改进爬升数据的起飞限重表

对于图中无改进爬升数据的风温组合,都有1个特点:飞机场长限重小于爬升限重,或者说飞机的最大允许起飞重量是被跑道长度限制了。这说明飞机起飞已经使用了全部的跑道,没有富余的跑道可以来增加起飞速度,因此无法使用改进爬升。此外,当正常起飞最大重量是最大审定起飞重量时,也没有改进爬升数据,因为没有必要。

3.8 湿和污染跑道起飞

湿跑道和污染跑道的起飞性能比较独特,一方面是由于跑道表面湿滑、有污染物,影响了飞机的加减速性能,另一方面湿和污染跑道的相关法规较干跑道有些差异。湿和污染跑道相关的法规主要有CCAR-25、CCAR-121,以及咨询通告AC-121-FS-33R1《航空承运人湿跑道和污染跑道运行管理规定》。

CCAR-121和AC-121-FS-33R1对湿和污染跑道的定义与运行要求进行了规定,CCAR-25中对湿跑道的起飞距离计算进行了规定。

3.8.1 湿和污染跑道定义

1. CCAR-121

CCAR-121《大型飞机公共航空运输承运人运行合格审定规则》的附件A中定义了不同跑道表面状况。

干跑道:是指飞机起降需用距离和宽度范围内的表面上没有污染物或者可见的潮湿条件的跑道。对于经过铺筑、带沟槽或者具有多孔摩擦材料处理,即使在有湿气时也能保持"有效干"的刹车效应的跑道也算干跑道。

湿跑道:跑道表面覆盖有厚度等于或者小于3毫米(0.118英寸)的水,或者跑道表面有湿气但并没有积水时,这样的跑道被视为湿跑道。

污染跑道:是指飞机起降需用距离的表面可用部分的长和宽内超过25%的面积(单块或

者多块区域之和)被跑道表面状况描述词中所列的一种或者多种物质覆盖的跑道。如果跑道的重要区域,包括起飞滑跑的高速段或者起飞抬轮和离地段的跑道表面被上述污染物覆盖,也应该算作污染跑道。

2. AC-121-FS-33R1

AC-121-FS-33R1《航空承运人湿跑道和污染跑道运行管理规定》对CCAR-121中有关湿跑道和污染跑道运行要求进行了细化和解释,具体如下:

跑道表面状况(RSC):跑道状况报告中关于跑道表面状况的一种说明,可作为确定跑道状况代码、计算飞机性能的依据。

a) 干跑道:跑道正在或计划使用的长度和宽度范围内的表面区域内,其表面无可见湿气且未被压实的雪、干雪、湿雪、雪浆、霜、冰和积水等污染物污染。

b) 湿跑道:跑道正在或计划使用的长度和宽度范围内的表面区域内,覆盖有任何明显的湿气或不超过3毫米深的水。

c) 湿滑跑道:湿跑道,而且其相当一部分的跑道表面摩阻特性确定为已经降级。

d) 污染跑道:跑道正在或计划使用的长度和宽度范围内的表面区域,有很大一部分(不管是否为孤立区域)都覆盖有压实的雪、干雪、湿雪、雪浆、霜、冰和积水等一种或多种污染物。

e) 跑道表面状况描述词。跑道表面上的下列要素之一:

ⅰ) 压实的雪(COMPACTED SNOW):已被压成固态状的雪,使得航空器轮胎碾压后不会进一步大幅压实表面或在表面形成凹痕。

ⅱ) 干雪(DRY SNOW):不容易形成雪球的雪。

ⅲ) 霜(FROST):霜由温度低于冰点的表面上的空中潮气所形成的冰晶构成。霜与冰的不同点在于,霜晶单独增长,因此粒状构造特征更为明显。

ⅳ) 冰(ICE):已结成冰的水或在寒冷且干燥条件下已转变成冰的压实的雪。

ⅴ) 雪浆(SLUSH):水分饱和度非常高,使得用手捧起时,水将从中流出,或者用力踩踏时会溅开的雪。

ⅵ) 积水(STANDING WATER):从飞机性能角度考虑,位于使用之中的所需长度和宽度范围内的跑道表面区域(不管是否为孤立区域)的25%以上覆盖有超出3毫米深的水。

ⅶ) 湿冰(WET ICE):表面有水的冰或者正在融化的冰。

ⅷ) 湿雪(WET SNOW):所含水分足以能够滚出一个压得很实的实心雪球但却挤不出水分的雪。

ⅸ) 润湿(DAMP):表面由于湿气而颜色有所改变。

ⅹ) 潮湿(WET):表面已湿透但并无积水。

3.8.2 对起飞性能的影响

1. 污染物分类

分析湿和污染跑道对起飞性能的影响,首先需要判断跑道表面状况是湿跑道还是污染跑道,因此需要识别污染物,污染物根据对飞机性能影响的区别分为硬质污染物和液体污染物。压实的雪和冰是典型的硬质污染物,硬质污染物只考虑其对摩擦力的减小作用,不考虑其厚度,因此压实的雪和冰没有当量厚度。当跑道污染物为压实的雪或冰时,跑道为污染跑道。积水、融雪、干雪等为液体污染物,液体污染物不仅需要考虑其对摩擦力的影响,还需要考虑其厚度对飞机加减速能力的影响。当跑道污染物为液体污染物时,需要根据污染物类型和厚度判断是湿跑道还是污染跑道。污染物的厚度有最大限制,当跑道表面积水或当量厚度的雪浆超过 13 mm 深时,不允许起飞。

液体污染物对飞机性能的一个影响是融雪阻力。融雪阻力是指液体污染物被滑跑的飞机机轮排开并飞溅出去所产生一个附加阻力,包括排水阻力和溅射阻力。

排水阻力:飞机滑跑时,机轮将液体污染物排开的阻力;

溅射阻力:飞机滑跑时,轮胎(特别是前轮)溅起的污染物打到飞机上产生的阻力。

融雪阻力属于阻力,会减小飞机的加速度,增加飞机的减速度。

液体污染物对飞机性能的另一个影响是滑水现象。

液体污染物会在轮胎与跑道道面间形成一层隔层,减小了两者接触面,使摩擦力减小,飞机速度越大,这种现象越明显,当飞机机轮明显离开地面时,称为滑水。出现滑水时,摩擦力几乎可以略而不计,此时的刹车和机轮方向控制也基本失去效用。滑水现象的出现取决于受控飞机的速度,开始出现滑水现象的速度称为滑水速度。融雪阻力随速度变化见图 3-38。

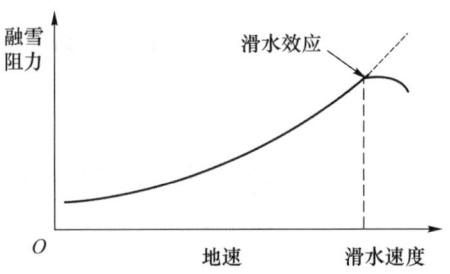

图 3-38 融雪阻力随速度变化图

2. 起飞距离定义

与干跑道类似,湿和污染跑道起飞需要考虑的距离包括起飞距离、加速停止距离和起飞滑跑距离。污染跑道起飞的所需距离计算方法与湿跑道一样。

(1) 起飞距离

湿跑道的起飞距离定义比较复杂,根据 CCAR-25 规定,湿跑道起飞距离是干跑道起飞距离和湿跑道一发失效继续起飞距离中的较大者。因此湿跑道起飞距离一定不小于干跑道起飞距离。

干跑道起飞距离是根据 1.15 倍干跑道全发起飞距离和干跑道一发失效继续起飞距离确定的,因此也可以将湿跑道起飞距离理解成 1.15 倍干跑道全发起飞距离、干跑道一发失效继续起飞距离、湿跑道一发失效继续起飞距离三者的最大者。

湿跑道一发失效继续起飞距离的定义是从松刹车至离地 15 ft 的距离,见图 3-39。此处的离地高度与干跑道起飞距离不同,不是 35 ft,而是 15 ft。但为了保证起飞安全,规章要求起飞在离地 35 ft 之前仍然需要达到 V_2 速度。

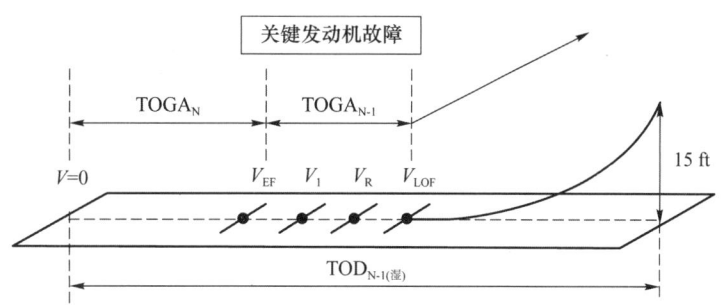

图 3-39 湿跑道一发失效继续起飞距离

(2) 加速停止距离

湿跑道加速停止距离是干跑道加速停止距离、湿跑道全发加速停止距离、湿跑道一发失效加速停止距离三者中的最大者。与起飞距离一样,湿跑道加速停止距离一定不小于干跑道加速停止距离。

湿跑道的全发加速停止距离和一发失效加速停止距离计算的过程与干跑道相同,唯一的区别在于湿跑道加速停止距离计算时可以考虑反推的作用。干跑道由于刹车产生的摩擦力较大,在计算加速停止距离时是不考虑反推作用的;而湿跑道由于道面状况差,因此可以考虑反推的作用。

(3) 起飞滑跑距离

首先,对于无净空道的情况,起飞滑跑距离等于起飞距离,此时无须计算起飞滑跑距离。

对于有净空道的情况,湿跑道起飞滑跑距离是 1.15 倍湿跑道全发起飞滑跑距离和湿跑道一发失效起飞滑跑距离中的较大者。此时,湿跑道起飞滑跑距离与干跑道结果无关。

湿跑道全发起飞滑跑距离的定义仍然是起飞滑跑段的距离加 1/2 空中段距离。但湿跑道一发失效起飞滑跑距离的定义与湿跑道一发失效继续起飞距离完全相同,为从松刹车至离地 15 ft 的距离。

由于湿跑道一发失效情况下的起飞距离和起飞滑跑距离相同,因此可以理解成该情况下虽然存在净空道,但不能考虑净空道。

3. 起飞性能影响

湿跑道与硬质污染物的污染跑道不考虑融雪阻力,因此只有摩擦力减小的影响,产生的主要不利结果是中断起飞时减速度减小,飞机加速停止距离增加。此外,虽然飞机的加速能力没有减弱,但湿跑道一发失效起飞距离结束条件为离地 15 ft,因此有可能出现湿跑道一发失效起飞距离小于干跑道起飞距离,飞机湿跑道所需的起飞距离是由干跑道起飞距离确定的情况。

对于有液体污染物的污染跑道,融雪阻力会影响飞机的加速性能,减小加速度,因此随着液体污染物厚度的增加,飞机所需的起飞距离会不断增加。融雪阻力对加速度的影响会随飞机滑跑速度增大而增加,在达到滑水速度之后逐渐减小,飞机离地后消失。

对于加速停止距离而言,一方面,融雪阻力对于中断起飞过程能够提供更多的减速度,是有利因素;另一方面,液体污染物会造成刹车摩擦力减小的影响。两者中刹车制动能力的削弱是主导因素,因此有液体污染物的污染跑道性能相较干跑道还是变差了,但更厚的污染跑道由于能产生更大的融雪阻力,所以可能出现飞机减速度更大,加速停止距离更短的情况。此外,反推作用能有效地提升飞机在湿和污染跑道上的减速能力。图 3-40 为波音机型污染跑道减速度对应图。

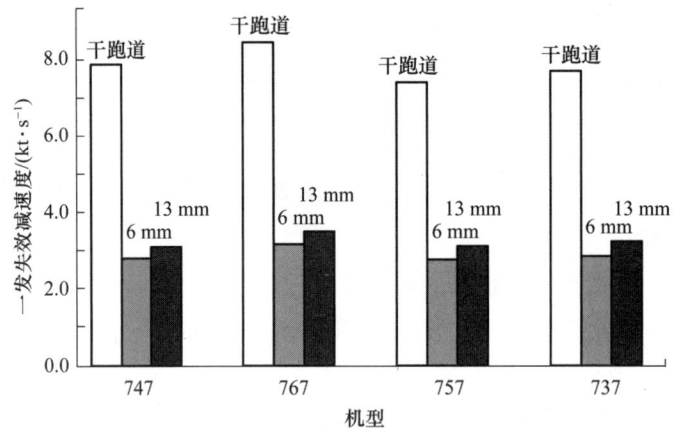

图 3-40 波音机型污染跑道减速度对应图

无论是湿跑道,还是污染跑道,都对飞机的中断起飞产生了恶劣的影响,飞机所需的加速停止距离增加,很可能成为起飞限制因素。因此,进行速度优化时需要选择较小的 V_1,减小加速停止距离。但 V_1 的减小也可能导致飞机受 V_{MCG} 的约束,因此采用图表进行湿和污染跑道的性能计算是十分复杂的,通常推荐使用软件进行求解。

3.9 减推力起飞

民航飞机在日常航班营运中,有一部分起飞是实际起飞重量小于最大允许起飞重量的情况。这种情况下,可以使用比起飞推力或功率小一些的推力或功率起飞。

由于现代大型民机发动机的动力大小主要使用推力来表示,因此大型民机减小起飞推力起飞的方法也称为减推力起飞。

采用减推力起飞的最主要原因是可以延长发动机寿命,减少维修费用。发动机热部件的损坏与发动机连续工作时间长短、涡轮进口温度有直接关系。减小起飞推力,可以降低涡轮进口温度和发动机的热力、机械应力水平。实践表明,使用减推力起飞可以降低发动机停车率和拆换率,减缓发动机性能恶化,从而延长发动机的使用寿命,增加发动机的可靠性,减少维修费用,降低运营成本。

现代喷气客机飞行手册中都有关于使用减推力起飞的说明,并给出确定减推力的方法。

减推力起飞的方法有两种,即灵活温度法减推力和降低额定值法减推力。

3.9.1 灵活温度法

灵活温度法减推力是利用飞机发动机推力在温度高于参考温度时会随着温度升高而减小的特点,通过设定一个比参考温度更高的灵活温度传递给数字发动机控制器来实现减小推力的目的。这种方法的核心是设定一个假想的灵活温度,因此这种减推力方法称为灵活温度法,也称为假设温度法。

灵活温度的选择需要满足多个条件。一、灵活温度必须大于参考温度。根据发动机推力随温度的变化特性可知,当温度低于参考温度时,推力基本不变;温度高于参考温度后,推力随温度的升高而减小。因此要想实现减推力,灵活温度不能低于参考温度。二、灵活温度必须大于机场的环境温度。与参考温度类似,灵活温度只有高于机场真实的环境温度,才能减小起飞推力。

上面两个要求是限制灵活温度最小值的,而灵活温度最大值的限制也有两个要求。一、灵活温度对应的最大允许起飞重量不能小于实际起飞重量。灵活温度取得越高,推力越小,最大允许起飞重量也越小,当最大允许起飞重量等于实际起飞重量时,对应的灵活温度为受实际起飞重量限制的最大灵活温度。二、灵活温度对应的推力减小量存在限制。目前大部分飞机使用灵活温度法最多允许减小起飞推力的25%,但欧洲规章已经允许灵活温度法最多减小起飞推力的40%。当推力减小至起飞推力的75%或60%时,对应的灵活温度为受推力最大减小量限制的最大灵活温度。

由上述4个约束可以确定灵活温度选取的范围。在使用灵活温度法减推力时往往会选择较高的灵活温度从而尽可能的减小推力。灵活温度法原理如图3-41所示。

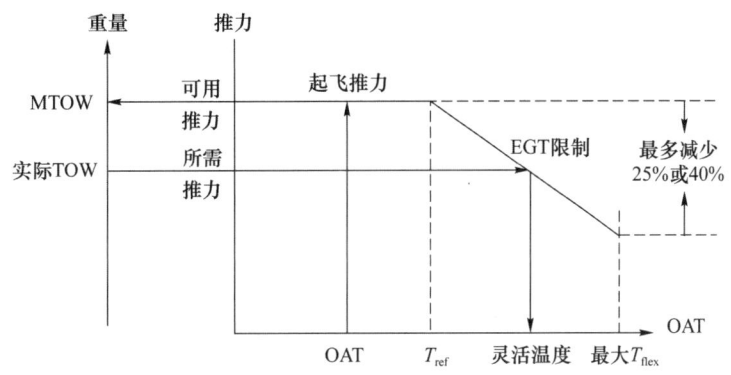

图 3-41 灵活温度法原理

了解了灵活温度的确定方法之后,再来讨论灵活温度法减推力起飞的安全水平。使用灵活温度法会减小起飞的推力,相较于正常起飞而言,飞机的性能会变差,那么是否能够保证飞机的飞行安全呢?

这里需要注意的是,能够使用灵活温度法的情况是飞机正常推力对应的最大允许起飞重量大于实际起飞重量,飞机性能有富余的情况。减推力起飞的安全水平不应该和正常起飞去比,而应该与CCAR-25部规定的起飞要求去比,满足CCAR-25部规定的起飞即是安全的。

根据飞机性能软件或起飞限重表可以确定满足实际起飞重量的最高温度,比较下列两种情况。

情况1:外界实际温度等于最高温度。

情况2:外界实际温度小于最高温度,灵活温度等于最高温度。

情况1属于高温正常起飞,情况2属于减推力起飞。两者的共同点是推力相同,不同点是外界大气温度不同,密度不同。由于情况 1 属于正常起飞,因此情况 1 的安全水平满足 CCAR-25 部的要求。情况 2 相较于情况 1 的安全水平可以从场地长度限制、爬升梯度和障碍物限制两个方面进行分析。

(1) 场地长度限制

场地长度限制考虑的是飞机的起飞距离和加速停止距离,距离的计算与起飞速度对应的地速直接相关。

情况 1 和情况 2 的起飞重量相同,推力相同,因此对应的起飞速度相同。而起飞速度是表速,在相同表速和相同风速的情况下,情况 2 的实际温度更低,大气密度更大,真空速更小,地速也更小。起飞速度对应的地速越小,无论是起飞距离还是加速停止距离都会越短。因此,情况 2 的场地长度限制的安全水平比情况 1 更高。

例:A330-300,ISA,机场标高 0 ft。实际起飞需要的灵活温度为 45 ℃,外界环境温度为 10 ℃,无风。计算得到起飞速度:$V_1=130$ kt(CAS),$V_2=145$ kt(CAS),由于起飞性能是按灵活温度计算的,对于温度 45 ℃ 的情况,$V_2=145$ kt(CAS)=152 kt(TAS),而实际外界温度为 10 ℃ 时,$V_2=145$ kt(CAS)=144 kt(TAS),由于实际温度的真空速比理论计算减小 8 kt,因此一发停车继续起飞的距离比理论计算的缩短了 200~300 m。同理,起飞性能计算时,$V_1=130$ kt(CAS)=137 kt(TAS);而实际外界温度下,$V_1=130$ kt(CAS)=129 kt(TAS),实际速度比理论计算小了 8 kt,实际加速停止距离比理论计算距离缩短 200~300 m。

(2) 爬升梯度和障碍物限制

对于爬升梯度限制,根据爬升梯度公式,因为情况 1 和情况 2 的起飞重量相同,推力相同,所以两种情况的爬升梯度基本完全相同。对于障碍物限制,由于情况 2 时继续起飞的距离更短,所以离地点比情况 1 更早,起飞飞行轨迹相对较高,因此越障的安全水平更高。灵活温度法的越障安全水平见图 3-42。

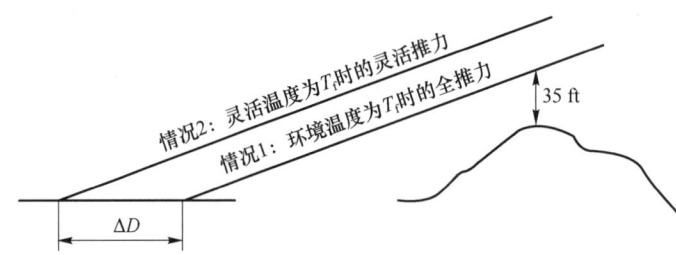

图 3-42 灵活温度法的越障安全水平

综上所述,灵活温度法减推力起飞与高温正常推力起飞相比,除爬升梯度限制具有相同的安全水平外,其他几种起飞限制对应的安全水平都不同程度的优于高温正常起飞。因此灵活温度法减推力起飞的安全水平是满足规章要求的。

注意事项

使用灵活温度法会减小起飞推力,但在起飞过程中的任意时刻,飞行员都可以将减小的推力恢复至起飞推力。因为允许飞行员在起飞过程中取消减推力操作,所以起飞的安全水平会更高。同时因为起飞过程中的最大推力不是灵活温度减小的推力而是起飞推力,所以在确定起飞速度时,需要使用起飞推力对应的最小地面操纵速度 V_{MCG} 来检查 V_1 是否满足限制。

此外，为了保证飞行安全，对使用灵活推力起飞有以下限制和要求：
① 防滞系统不工作时不允许使用灵活温度法减推力起飞；
② 在冰、雪、积水和雪浆污染的跑道上不得使用灵活温度法减推力起飞；
③ 必须建立发动机状态监控系统或进行定期检查，以保证发动机能产生规定的起飞推力。

第①条和第②条的限制内容比较明确，第③条限制是指使用灵活温度法的前提是能保证正常的起飞推力没问题，不允许在起飞推力不可用的情况下使用灵活温度法减推力起飞。

3.9.2 降低额定值法

减推力起飞的另一种方法是降低额定值法。降低额定值法是指起飞不使用发动机的全额定推力，而使用降低的额定推力，简称降额推力。这里需要注意的是额定这个词，额定代表规定的，也就是审定的，所以无论是全额定推力还是降额推力，都是审定的起飞推力。因此该方法的准确名称中不应该省略额定的含义。使用降低额定推力法、降额法等表达都能传递正确的信息。

额定起飞推力是指发动机在起飞阶段能使用的最大推力，即最大起飞推力。部分机型的审定资料中除了额定推力之外，还包括一些降额推力。

对于审定资料中没有降额推力的机型就不存在降低额定值法减推力起飞的选择。同样地，对于有降额推力的机型，在使用降低额定值法时也只能选择这些降额推力。

降额推力的设定取决于发动机，发动机提供降额推力的方式有两种，一种是降低额定推力等级，一种是百分比降低额定推力。

（1）降低额定推力等级

降低额定推力等级这种方式适用于有多个审定推力等级的发动机，比较经典的发动机型号是 CFM56 - 7B 系列。CFM56 - 7B 发动机有 6 个审定推力等级，适用于不同的波音 737 飞机，见图 3 - 43。

	-7B18 19.5 klbs	-7B20 20.6 klbs	-7B22 22.7 klbs	-7B24 24.2 klbs	-7B26 26.3 klbs	-7B27 27.3 klbs
波音 737-600	✓	✓	✓			
波音 737-700		✓	✓	✓	✓	
波音 737-800				✓	✓	✓
波音 737-900				✓	✓	✓
波音 C40A					✓	
波音 737-BBJ or COMBI					✓	✓

图 3 - 43　波音 737 飞机与 CFM56 发动机型号对应图

波音机型通常提供 2 个降额推力,例如 737-800(CFM56-7B26)的全额定起飞推力是 26 klbs,其第 1 个降额推力就是 24 klbs,第 2 个降额推力就是 22 klbs。相同的 7B24 机型的 2 个降额推力分别是 22 klbs 和 20 klbs。

(2) 百分比降低额定推力

百分比降低额定推力这种方式是将全额定推力减少一定的百分比作为降额推力。

降额百分比的设定通常为等差序列,有些机型提供减 10%、20% 的降额推力,有些机型提供 4%、8%、12%、…、24% 的降额推力。比较特殊的是某些机型降额百分比的设定是一个范围,例如 777-200(GE90-90B)的降额百分比范围是 1%~30%,航空公司可以在这个范围内选择所需要的降额推力。降低额定推力 CDU 操作界面见图 3-43。

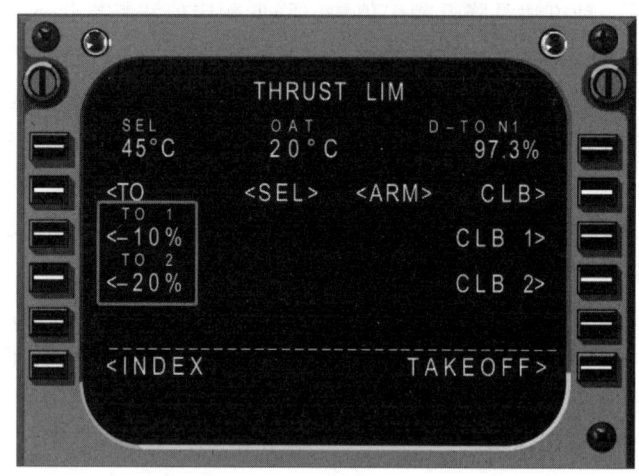

图 3-43 降低额定推力 CDU 操作界面

无论是降低额定推力等级,还是百分比降低额定推力,由于降额推力都是经过审定的,因此降低额定值法减推力起飞视为正常起飞。飞机的性能资料中包括与降额推力配套的全部起飞性能数据,例如不同道面的起飞速度、起飞限制等。因此降低额定值法减推力在使用时没有任何限制,选择降额推力的操作相当于选用了一台额定推力较小的发动机,例如波音 737-800(CFM56-7B26)使用降额推力 24 klbs 起飞,其性能就相当于波音 737-800(CFM56-7B24)飞机。

3.9.3 两种减推力方法的对比

灵活温度法和降低额定值法这两种减推力方法最大的区别是起飞过程中能使用的最大推力不同。正如前面提到的,使用灵活温度法,在起飞过程中的任意时刻都可以将减小的推力恢复至最大起飞推力。但降低额定值法由于使用了降额推力相关的性能数据,主要是 V_{MCG},因此起飞过程中不允许将降额推力增加至最大起飞推力。

仍以波音 737-800(CFM56-7B26)机型为例,使用灵活温度法是选择 26 klbs 额定推力,根据灵活温度确定的减推力,这个减小的推力可以随时增加至 26 klbs 对应的推力。但使用降低额定值法是选择 24 klbs 降额推力,根据实际温度确定的减推力,这个减小的推力不允许在起飞过程中增加至 26 klbs 对应的推力。

其次，两种减推力方法计算参数时使用的大气温度不同。灵活温度法使用是灵活温度，而降低额定值法使用的是实际温度，因此灵活温度法有额外的安全裕度，而降低额定值法则没有。

总之，灵活温度法减推力由于在必要时可以使用最大起飞推力以及具有额外的安全裕度，是较为主流的方法。

降低额定值法减推力的优点是没有使用限制，可应用于防滞系统不工作、污染跑道等情况，但灵活温度法在这些情况下是禁止使用的。此外，降低额定值法减推力还有一个非常特殊的用法，在飞机起飞速度受最小地面操纵速度 V_{MCG} 限制时，通过降低额定值法减推力可以减小 V_{MCG}，放宽起飞速度限制，从而增加飞机的最大起飞重量。但飞机受最小地面操纵速度限制的情况非常少见，所以能使用的机会也不多。

最后，灵活温度法和降低额定值法这两种减推力方法不完全是对立的关系，这取决于飞机制造商的政策。空客公司不允许这两种减推力方法一起使用，但波音公司是允许两种方法组合使用的。根据降额推力的使用限制，对于同时使用灵活温度法和降低额定值法的情况，在起飞过程中允许将减小的推力增加，但最多只能增加至降额推力，不能增加至全额定推力。现在行业减推力的最大幅度基本都是 40%，波音机型两种减推力方法一起使用大约能减 40%，欧洲规章灵活温度能减 40%，但不允许与降低额定值法一起使用。

第 4 章　进近与着陆性能

在进近和着陆两个阶段，飞机由下降状态转为着陆状态，最终完成接地、减速滑跑到完全停下。进近和着陆阶段对飞机的操纵要求较高，限制和影响因素也较多，是飞行事故统计中占比最高的飞行阶段。

着陆成功与否与进近是否稳定有很大关系。在稳定进近的情况下，飞行员才能有更多的时间和注意力关注与空中交通管制员的通话，注意气象情况，了解飞机系统的工作状态，从而在着陆前做好应对准备；才有更多的时间对飞行状态进行监控并得到更多的支持和帮助；才有更多的时间判断并确定有关的飞行参数的偏差以及是否超过了允许的限制，是否已低于最低稳定高度，以便正确地做出着陆或复飞的决策。也只有在稳定的进近情况下，飞行员才能操纵飞机正确着陆并达到与手册一致的性能。

4.1　进近与着陆

4.1.1　进近过程

进近是指飞机由下降状态转为着陆状态的过程，其间要经历飞机的构型、高度、轨迹、姿态以及速度等的改变，图 4-1 所示为飞机完整的进近过程。

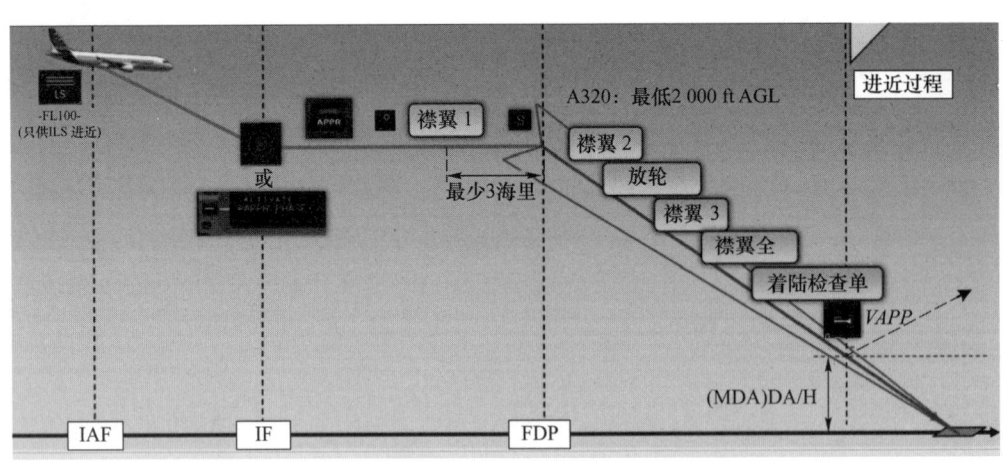

图 4-1　飞机进近过程

4.1.2　着陆过程

着陆是从机场入口处离地面 15 m(50 ft)高度开始，经过直线下滑、接地、减速滑跑到完全停下的过程，见图 4-2。

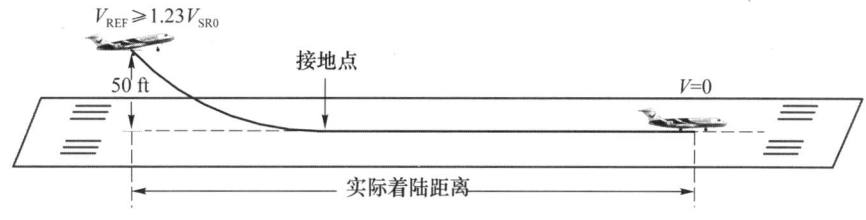

图 4-2 着陆过程

4.1.3 着陆速度

1. 参考速度 V_{REF}

飞机降落过程中,到达跑道初始端 15 m(50 ft)高度处的速度称为着陆进近参考速度 V_{REF},为校正空速。

依据 CCAR-25 的相关条款,在非结冰条件下,参考速度 V_{REF} 不得小于 $1.23V_{SR0}$,且 $V_{REF} \geqslant V_{MCL}$。该速度是在着陆形态下的跑道入口 15 m(50 ft)处的稳定进近速度,是飞机进行着陆阶段性能分析的重要速度基准。

2. 进近最小操纵速度 V_{MCL} 和 V_{MCL-2}

V_{MCL} 为全发工作进近的最小操纵速度。在该速度下,飞行员可以在飞机一台关键发动机突然停车后,能保持对飞机的操纵,并维持零偏航或坡度不大于 5°的直线飞行。此速度通过试飞确定,试飞的条件须考虑最关键的情况,如全发工作着陆进近的关键构型,最不利的重心位置;海平面最大着陆重量,工作发动机为复飞推力等,并只要求正常驾驶技巧,且不超过规定的推力。

V_{MCL-2} 为三发或三发以上飞机一台关键发动机停车时着陆进近的最小操纵速度。在该速度下,飞行员可以在第二台关键发动机突然停车后,保持对飞机的操纵,并维持零偏航或坡度不大于 5°的直线飞行。此速度通过试验确定,试飞条件须考虑最关键的状态,如最不利的重心位置,海平面最大着陆重量。

4.1.4 可用着陆距离

可用着陆距离(LDA)是指公布的可用并适于飞机着陆时进行地面滑跑的跑道长度。如果有跑道入口内移的情况,该距离可能比跑道的总长度要短。

① 着陆轨迹下没有障碍物时,可用着陆距离等于跑道长度,见图 4-3。如果存在跑道入口内移,要减去内移的距离。须注意,停止道(SWY)不能用于着陆性能计算。

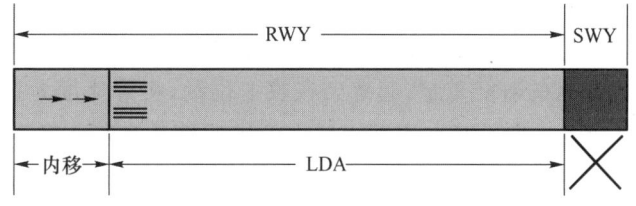

图 4-3 可用着陆距离

② 着陆轨迹下有障碍物时,可用着陆距离有可能会被缩短。ICAO 的相关文件里规定了进近净空区的尺寸,当进近净空区内没有障碍物时,可用着陆距离为跑道长度。若进近净空区内有障碍物时,则需要确定一个内移之后的跑道入口,入口的位置基于影响最大的障碍物所形成 2% 的梯度的平面,再加上 60 m 的余度,参见图 4-4。

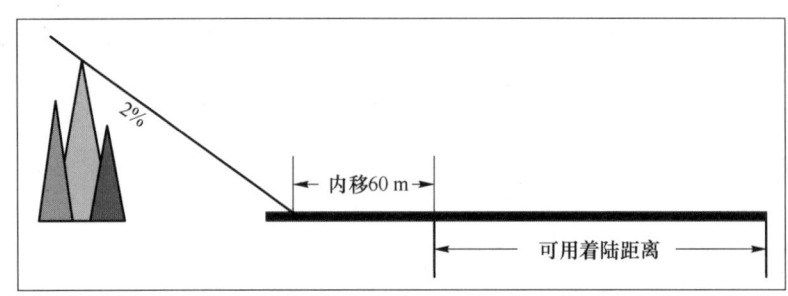

图 4-4　障碍物限制的入口内移

在运行中,着陆性能的检查对于保证飞行安全是非常重要的,特别是在有 MEL 项、恶劣外部条件和污染跑道时。一般情况下,着陆性能的检查需要综合考虑飞机结构、复飞性能要求和跑道长度等多个限制。

4.2　复飞梯度限制

由于机场能见度或飞机机械故障等各种不适于着陆的情况,正在进近和着陆的飞机终止着陆并转入爬升的过程,称为复飞。为了确保复飞安全,规章对飞机复飞过程中的爬升能力有一定限制和要求,根据复飞时飞机的构型不同可分为两种爬升,即进近爬升和着陆爬升。

4.2.1　进近复飞梯度限制

飞机会因为多种原因中断进近过程,比如天气低于标准、航空器冲突、设备故障或者管制原因,这种情况有可能在进近和着陆的任意时间点出现。在进近阶段,飞机为进近襟翼位置,且起落架收上,在假定一发失效的情况下,规章明确了飞机的复飞爬升性能要求。进近爬升和着陆爬升规章要求见图 4-5。

按照 CCAR-25 部,飞机应满足以下定常爬升梯度要求:

双发飞机不得小于 2.1%;

三发飞机不得小于 2.4%;

四发飞机不得小于 2.7%。

进近爬升梯度计算的条件是进近襟翼位置,一发临界发动机停车,其余发动机处于起飞推力状态,起落架完全收起时的着陆重量,起落架在收上位置,爬升速度为按正常着陆程序制定的速度,但不能大于 $1.4V_{SR}$,也不能小于 V_{REF}。由于进近襟翼偏度小于着陆襟翼偏度,所以着陆襟翼偏度对应的升力系数要大一些,而失速速度 V_{SR} 则较小些,规定进近构形的 V_{SR} 不得超过对应着陆构型 V_{SR} 的 110%。

爬升速度的选择原则是取复飞时使飞机处于最佳爬升梯度的速度。

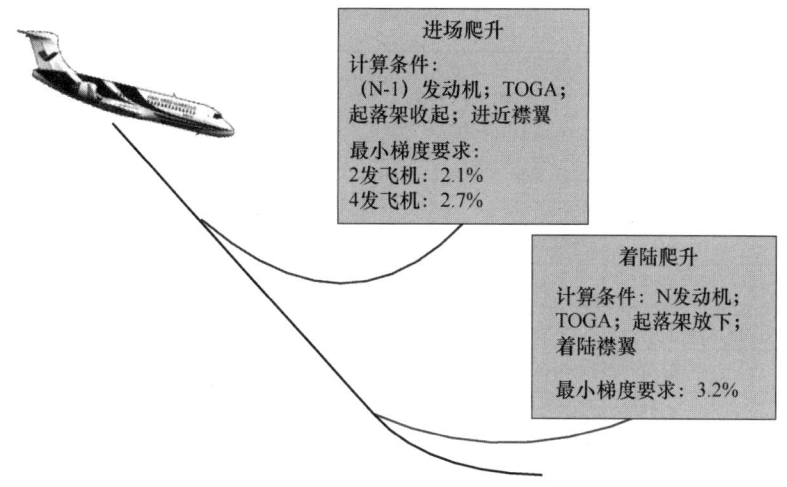

图 4-5 进近爬升和着陆爬升规章要求

4.2.2 着陆爬升

CCAR-25 部第 119 条规定着陆构型的定常爬升梯度不得小于 3.2%。

此梯度在计算时,襟翼设定为着陆形态,发动机推力是将油门操纵杆从最小飞行慢车位置开始移向复飞设置位置后 8 s 钟时的全发可用推力。在着陆复飞的阶段,着陆爬升速度不会大于 $V_{REF}(1.23V_{SR})$,也不得小于 $1.13V_{SR}$ 和 V_{MCL}(或 V_{MCL-2})。

油门杆移动后,推力增大有个滞后时间,有些飞机的发动机需要 8 s 甚至更长的时间才能达到起飞推力。为了保证获得足够的推力和安全水平,规定了两种慢车推力,即飞行慢车推力和着陆慢车推力。着陆慢车推力只有当飞机接地后才使用,进近和着陆未接地前用飞行慢车推力,由于飞行慢车的转数高于着陆慢车的转数,可满足在 8 s 内加速到起飞推力的要求。

4.2.3 运行要求

为了应对意外情况,必须保证飞机在着陆过程中能够满足进近爬升和着陆爬升的复飞性能限制。民航生产运行中,飞行签派员和性能人员通过确定复飞爬升梯度限制允许的最大着陆重量来满足最低安全标准,此重量应同时考虑进近爬升梯度和着陆爬升梯度两种限制。通常,双发飞机的最大着陆重量主要受进近爬升梯度限制,而四发飞机则受着陆爬升梯度限制。

爬升梯度的计算与飞机的推力、阻力和重量有关。大气温度、机场气压高度和从发动机引气情况(空调,防冰等)都会影响推力。襟翼偏度则影响升、阻力,因此进近爬升梯度和着陆爬升梯度是气压高度、大气温度、飞机着陆重量、襟翼偏度及从发动机引气情况的函数。具体计算方法与起飞、爬升过程中的爬升梯度计算原理相同,只是计算条件不同,不再赘述。

对于不同的飞机,其某一状态下的复飞爬升梯度也可以通过机型手册获取,如表 4-1 所列,某机型着陆重量为 120 klb,在气压高度为 8 000 ft 的机场着陆,外界大气温度为 20 ℃,近襟翼 15,空调开,防冰关,$V_{REF40}+14$,可查得其一发失效的进近复飞梯度为 3.95%。

表 4-1 进近爬升梯度数据表

进近爬升梯度/%									
一发停车 一发为复飞推力		空调引气关闭,防冰关闭 速度:1.4V_{SR}					构型: 襟翼2卡位		
OAT/℃	机场气压高度/ft								
	−1 700	0	2 000	4 000	6 000	8 000	10 000	12 000	13 500
≤0	7.16	6.83	6.38	5.86	5.02	4.18	3.45	2.72	2.17
5	7.15	6.82	6.37	5.85	5.01	4.18	3.45	2.72	2.05.
10	7.13	6.81	6.36	5.84	5.01	4.18	3.45	2.41	1.68
15	7.11	6.78	6.34	5.83	5.00	4.11	3.02	2.00	1.29
20	7.08	6.77	6.33	5.83	4.80	3.60	2.54	1.57	0.89
25	7.05	6.75	6.32	5.48	4.24	3.08	2.07	1.13	0.48
30	7.03	6.73	5.81	4.88	3.68	2.57	1.60	0.70	—
35	6.79	6.04	5.15	4.28	3.11	2.06	1.13	—	—
40	6.08	5.37	4.53	3.62	2.54	—	—	—	—
45	5.41	4.73	3.85	3.00	—	—	—	—	—
50	4.75	4.06	3.26	—	—	—	—	—	—
55	4.13	3.49	—	—	—	—	—	—	—
根据外界大气温度-机场气压高度得到的基准梯度进行重量修正									
基准梯度	0.00	1.00	2.00	3.00	4.00	5.00	6.00	7.00	7.16
重量/kg	↓	↓	↓	↓	↓	↓	↓	↓	↓
27 000	4.03	5.53	7.10	8.57	10.03	11.44	12.97	14.46	14.68
29 000	3.05	4.43	5.86	7.21	8.57	9.87	11.28	12.64	12.84
31 000	2.21	3.48	4.79	6.04	7.31	8.52	9.82	11.08	11.27
33 000	1.47	2.65	3.86	5.03	6.21	7.35	8.56	9.73	9.90
35 000	0.83	1.93	3.05	4.14	5.25	6.32	7.45	8.54	8.70
37 000	0.26	1.30	2.33	3.35	4.41	5.41	6.47	7.50	7.64
39 000	−0.25	0.73	1.69	2.65	3.65	4.60	5.60	6.57	6.70
41 000	−0.70	0.22	1.12	2.03	2.97	3.87	4.82	5.73	5.86
43 000	−1.11	−0.24	0.61	1.47	2.37	3.22	4.11	4.98	5.10
43 500	−1.20	−0.35	0.49	1.34	2.22	3.07	3.95	4.80	4.92

发动机短舱防冰打开,机翼防冰关闭,进近爬升梯度减小0.07%。
发动机短舱防冰打开,机翼防冰打开,进近爬升梯度减小1.59%。

4.3 着陆场长限制

飞机在目的地机场着陆时,需要综合考虑报告的气象条件、机场标高、飞机构型、进近速度等因素,确保目的地机场的可用着陆场地长度满足着陆所需距离的相关要求。

着陆距离是在飞机使用范围内的每一个重量、高度和风等条件下,以 V_{REF} 从高于着陆表面 15 m(50 ft)到飞机着陆至完全停止所需的水平距离。

在具体的性能分析中,为了更好地计算着陆距离,需要将着陆过程分为三段。空中段 S_A 从离地 15 m(50 ft),速度为 V_{REF} 到飞机接地为止。过渡段 S_T 从飞机接地到完成全部增阻减速措施为止。减速段 S_B 从 S_T 的终点到飞机完全停下为止。着陆距离分段见图 4-6。

$$S = S_A + S_T + S_B \tag{4-1}$$

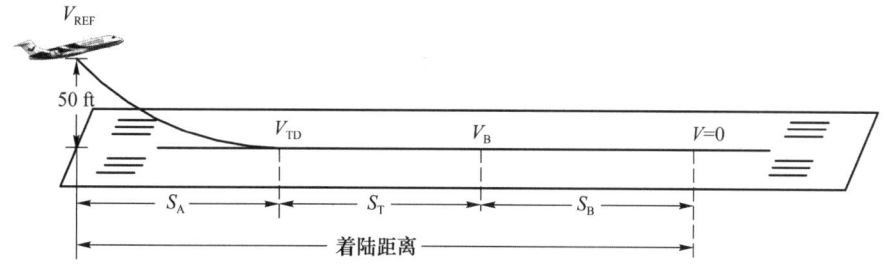

图 4-6 着陆距离分段图

4.3.1 着陆距离计算原理

1. 进近和拉平段

下面介绍两种计算进近和拉平段(空中段)距离 S_A 的方法。

(1) 方法一

计算进近和拉平段 S_A 时,认为飞机以 V_{REF} 定常下滑,即 V_{REF} 和下滑角均保持不变的直线下滑,而在拉平段飞机则近似在垂直平面内做平面圆周运动,如图 4-7 所示。

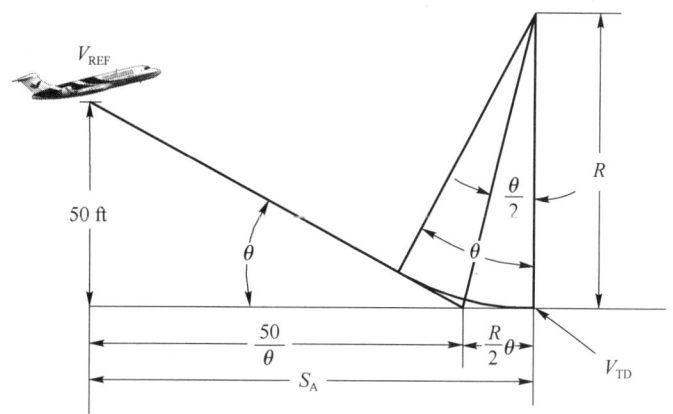

图 4-7 进近和拉平段

下滑段的下滑角很小,一般为 3°左右,这样可得 S_A 的计算公式为

$$S_A = \frac{50}{\theta} + \frac{R}{2}\theta \tag{4-2}$$

式中,θ 为以弧度表示的下滑角;R 为拉平段的圆周半径。

为了计算 S_A，首先要计算出 θ 和 R。由飞机下滑状态的运动方程得

$$\sin\theta = \frac{D - F_N}{W} \tag{4-3}$$

飞机做圆周运动时，向心加速度使飞机拉平，产生向心加速度的向心力是拉杆增大迎角使升力增大的结果，这时的升力系数用 C_L' 表示，升力用 L' 表示。

$$L' = C_L' \frac{\rho_o \sigma}{2} S_W V^2 \tag{4-4}$$

法向加速力

$$F_N = L' - W\cos\theta \tag{4-5}$$

因为 θ 很小，所示 $\cos\theta = 1.0$，故

$$F_N = L' - W \tag{4-6}$$

下滑时，

$$W \approx L = C_L \frac{\rho_o \sigma}{2} S_W V^2 \tag{4-7}$$

因此

$$\frac{L'}{W} = \frac{C_L'}{C_L} \tag{4-8}$$

$$F_N = W\frac{C_L'}{C_L} - W = W(n-1) \tag{4-9}$$

式中，$n = \dfrac{C_L'}{C_L}$，即过载因子，n 的最大值受失速或抖动的限制。

向心加速度

$$a_n = V\frac{\mathrm{d}\theta}{\mathrm{d}t}$$

$$V = R\frac{\mathrm{d}\theta}{\mathrm{d}t}$$

所以

$$a_n = \frac{V^2}{R}$$

$$F_N = \frac{W}{g}a_n = W(n-1) = \frac{W}{g}\frac{V^2}{R}$$

或

$$R = \frac{V^2}{g(n-1)}$$

由于

$$V^2 = \frac{L'}{S_W}\frac{2}{\sigma\rho_o C_L}$$

或

$$V^2 = \frac{nW}{S_W}\frac{2}{\sigma\rho_o C_L'}$$

得

$$R = \frac{W}{S_W}\frac{2n}{\sigma\rho_o C_L'}\frac{1}{g(n-1)} \tag{4-10}$$

将其代入式(4-2)可得

$$S_a = \frac{50}{\left(\dfrac{C_D}{C_L} - \dfrac{F_N}{W}\right)} + \frac{\dfrac{W}{S}\left(\dfrac{C_D}{C_L} - \dfrac{F_N}{W}\right)}{\sigma \rho_o g (n-1) C_L} \tag{4-11}$$

由上式可见下滑角$\left(\dfrac{C_D}{C_L} - \dfrac{F_N}{W}\right)$既影响直线下滑段,也影响拉平段,但作用相反,过载$n$则只影响拉平段,$n$的大小取决于飞机的气动特性,一般为1.2左右。

(2) 方法二

一种更简单的基于试飞结果的计算方法,也有同样的精确度,即S_A等于平均速度与飞过该段的平均时间的乘积,即

$$S_A = k\left(\frac{V_{REF} + V_{TD}}{2} - V_W\right)\Delta t_A = \frac{k}{2}\left[V_{REF}\left(1 + \frac{V_{TD}}{V_{REF}}\right) - 2V_W\right]\Delta t_A \tag{4-12}$$

式中,V_{REF}为进近速度;V_{TD}为接地速度,以海里/小时或公里/小时表示;S_A的单位为英尺或米;k为单位换算常数,英制单位为1.687 8,国际单位为0.277 78;Δt_A为给定襟翼偏度条件下从50 ft下降到接地时的平均时间。

过去假定V_{REF}等于V_{TD},为$1.3V_s$,但试飞结果表明,拉平时由于迎角增大,阻力系数增大,速度略有降低,约为5节。在试飞之后的计算和分析中,此差异通常以$\dfrac{V_{TD}}{V_{REF}}$的形式表示。

举例说明,机场标高为0 ft,温度为15 ℃,某机型着陆重量60 t,空中时间为5 s,计算可得$V_{REF}=132$节,$V_{TD}/V_{REF}=0.98$,$V_{TD}=130$ kt,因此可得空中距离约为338 m。

2. 地面减速滑跑段

如图4-8所示,过渡段和地面减速滑跑段由S_T和S_B两段组成。

(1) 过渡段

该段完成减油门、机轮刹车、打开阻流板等减速措施,与起飞过程中中断起飞过渡段相似,动作多,升、阻力变化大,且时间很短,一般约为2 s。该段距离计算式为

$$S_T = k\left(\frac{V_{TD} + V_B}{2} - V_W\right)\Delta t_T \tag{4-13}$$

式中,V_B为实现全部减速措施的速度;Δt_T为过渡段的时间。

Δt_T取决于刹车的方式。正常操作顺序要求主轮接地后,推杆使前轮接地,然后才能使用刹车,当手动刹车时,由于人的响应时间,使得Δt_T约为2 s,如果使用自动刹车系统,不同机型的Δt_T不同,有的只需0.54 s。

(2) 减速段

该段计算公式及方法与起飞的中断起飞过程中的减速段相同,数值积分计算如下:

$$S_B = k\int_{V_B}^{V_W} \frac{(V - V_W)}{a} dV \tag{4-14}$$

式中,V_W为逆风风速;a为减速度。由于式中速度是平方项,单位换算常数k用英制单位时为2.849,国际单位时为0.077 16。

减速度a的计算公式为

$$a = \frac{g}{W}\left[(F_N - \mu_B W) - (C_D - \mu_B C_L)\frac{\sigma V^2 S_W}{2/\rho_0} - W\varphi\right] \tag{4-15}$$

式中,C_L、C_D 均用已计入地面效应影响的试飞结果;μ_B 为刹车摩擦系数;φ 为以弧度表示的跑道坡度。

4.3.2 审定着陆距离

1. 审定着陆距离

审定着陆距离(ALD,Actual Landing Distance)也称为演示着陆距离。

根据 CCAR-25 部第 125 条规定,审定着陆距离按人工驾驶着陆、人工最大刹车、以入口速度(VREF)、50 ft 高进跑道、水平干跑道(不考虑坡度)、标准大气温度计算的从跑道入口到全停时用的距离。审定着陆距离未包含任何安全余量,也不使用自动刹车、自动着陆系统、平视引导(HUD)系统或反推。

审定着陆距离的计算,需满足:
① 飞机处于着陆形态;
② 按照已制定的着陆操作程序,不得要求特殊的驾驶技巧或机敏;
③ 着陆应避免过大的垂直加速度。

2. 影响因素分析

(1) 标准温度

审定着陆距离是基于标准大气温度来进行计算的。

在实际运行中,对于非标准大气温度的情况,如 ISA+ΔT 的情况,V_{REF} 对应的真空速和地速都会相应增大,因此实际的着陆距离会相应的增大。

(2) 跑道坡度

审定着陆距离计算中,跑道是水平无坡度的(坡度为 0)。机场跑道可能会有一定的坡度,对于下坡坡度,会使飞机增加等于重力沿跑道方向分量的推力,使实际着陆距离增长。

(3) 道面状况

审定着陆距离是基于干跑道的状况进行计算的。

(4) 刹 车

审定着陆距离是基于最大人工刹车条件审定试飞得出的,但运行中可以有人工刹车和自动刹车的选择。

4.3.3 所需着陆距离

所需着陆距离(RLD,Required Landing Distance)是在审定着陆距离基础上再加上飞行前的计划安全余量所得到的着陆距离,是在综合考虑实际的温度、坡度、操作技巧等偏差带来的影响之后,所确定的运行标准。

1. 干跑道

CCAR-121 部第 195 条中关于涡轮发动机驱动的飞机放行所要求的所需着陆距离为审定着陆距离除以 0.6,即着陆所需着陆距离将审定的着陆距离增长了 67%,如图 4-8 所示。

$$RLD_{DRY} = ALD/0.6 \tag{4-16}$$

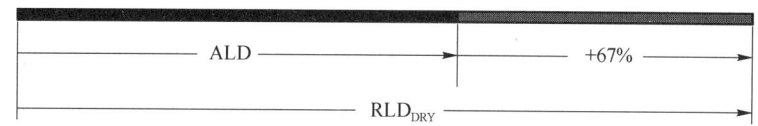

图 4-8 干跑道所需距离

2. 湿跑道

有效跑道长度应当至少为 CCAR-121 部 195 条(b)款所要求的跑道长度的 115%,如图 4-9 所示。

$$RLD_{WET} = RLD_{DRY} * 115\% \qquad (4-17)$$

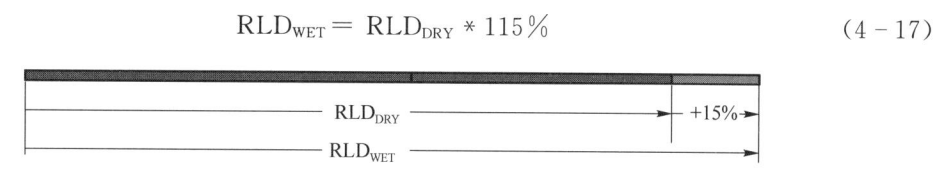

图 4-9 湿跑道所需距离

3. 污染跑道

对于污染跑道,该目的地机场的有效跑道长度应当至少为以下距离中的较大者:湿跑道所需着陆距离(即干跑道所需着陆的 115%),以及根据认可的污染跑道着陆距离数据确定的着陆距离的 115%,计算方式为

$$RLD_{CON} = \text{MAX OF } \{RLD_{DRY} * 115\%, ALD_{CON} * 115\%\} \qquad (4-18)$$

如果不能从飞机飞行手册(AFM)、飞行机组操作手册(FCOM/AOM)、快速检查单(QRH)、飞行计划与性能手册(FPPM)等手册或相关软件得到湿跑道或污染跑道运行着陆距离的数据,可以使用表 4-2 中的系数与符合相关运行规章的放行前干道面审定着陆距离的乘积来确定在湿跑道或污染跑道上的运行着陆距离。表 4-2 中的系数已包括了所要求的 15% 安全余量,并且也考虑了正常运行中着陆空中段距离的情况,因此,不必再对上述乘积所代表的距离进行修正。

表 4-2 指定道面条件的距离数据不可用时用于评估的距离换算表

跑道状况代码	6	5	5	4	3	2	1
刹车效应	干	好(沟槽/多孔摩擦材料处理的)	好	中好	中	中差	差
涡喷(无反推)	1.67	2.3	2.6	2.8	3.2	4.0	5.1
涡喷(带反推)	1.67	1.92	2.2	2.3	2.5	2.9	3.4
涡桨	1.67	1.92	2.0	2.2	2.4	2.7	2.9
活塞	1.67	2.3	2.6	2.8	3.2	4.0	5.1

注 1:本表来源于 FAA 的 SAFO19001。涡轮螺旋桨着陆距离系数仅用于 AFM 提供了地面慢车推力手柄位置条件下的着陆审定距离数据。没有审定数据的涡轮螺旋桨飞机使用涡轮喷气式飞机(无反推)的着陆距离系数。

注 2:跑道状况代码为 1 及以下时,禁止起降。

飞机制造厂商以手册或软件的形式提供了所需着陆距离的确定方法。以 C919 为例，着陆襟翼卡位＝FULL，重量＝60 000 kg，机场气压高度＝2 000 ft，道面状态为压实的雪，风速＝+10 kt，引气状态为空调引气打开，防冰打开，从所需着陆距离数据表 4-3 中查得，所需着陆距离＝2 029＋(−100)＋115＝2 044 m。

表 4-3 所需着陆距离数据表

FULL 卡位所需着陆距离/m							
重量(1 000 kg)	45	50	55	60	70	75.1	
干	1 547	1 623	1 694	1 764	1 832	1 911	2 019
湿	1 779	1 866	1 949	2 029	2 106	2 197	2 322
污染跑道 压实的雪	1 779	1 866	1 949	2 029	2 106	2 197	2 322
污染跑道 积水或雪浆	1 779	1 903	2 031	2 158	2 284	2 430	2 605
污染跑道 干雪或湿雪	1 823	1 923	2 018	2 110	2 201	2 303	2 426
污染跑道 冰	3 233	3 353	3 486	3 625	3 769	3 932	4 128

FULL 卡位所需着陆距离修正			
道面状态	高度修正 高于海平面每 1 000 ft	风速修正 每 5 kt 逆风/顺风	防冰修正 防冰打开
干	+40	−40/+145 1	+100
湿	+50	−50/+165	+115
污染跑道 压实的雪	+50	−50/+165	+115
污染跑道 积水或雪浆	+75	−85/+290	+178
污染跑道 干雪或湿雪	+55	−65/+215	+145
污染跑道 冰	+105	−150/+530	+126

4.4　放行前的着陆性能分析

为了更好地保证飞机的安全性，依据规章的要求，飞机起飞前，应当考虑在正常的燃油和滑油消耗的基础上，使飞机到达时的重量不超过着陆机场最大重量限制。

最大着陆重量通常是以下 4 种限制重量中的最小者：结构限制、着陆场地长度限制、进近爬升限制和着陆爬升限制的着陆重量。结构限制的最大着陆重量主要考虑飞机起落架和机体结构所能承受的着陆冲击载荷。

有时，最大着陆重量还需要综合考虑 ACN/PCN 和复飞障碍物的限制。

4.4.1　结构限制

结构限制的着陆重量是为了保证飞机着陆时的结构不受损伤的最大值，主要是防止起落架系统及其与机身连接的相关结构损伤。设计着陆重量（以最大下沉速度着陆情况中的最大重量）时的限制下沉速度为 3.05 m/s(10 ft/s)。

比如,B757-200 的结构限制最大允许着陆重量约为 198 klb;B737-800 的结构限制最大允许着陆重量约为 144 klb。

4.4.2 爬升(复飞)梯度限制

进近爬升限制和着陆爬升限制是由 CCAR25 规定的爬升梯度要求确定的,它们受飞机进近构形或着陆构型、大气温度和机场气压高度以及从发动机引气情况的影响,因为这些因素决定了飞机的推力和阻力,从而影响爬升梯度。

表 4-4 为某国产民机的爬升性能限制的最大允许着陆重量表,由表可以看出,当机场 OAT 为 32 ℃,机场气压高度为 4 000 ft,襟翼 2 卡位,空调开,防冰关时,爬升限制的最大允许着陆重量为 75.1 t,如果空调,防冰等条件发生变化,还需要进行相关修正。

表 4-4 爬升限制重量

进近爬升梯度限重							
一发停车 一发为复飞推力	梯度 2.1%,空调引气打开,防冰关闭 速度:1.28V_{SR}					襟翼 2 卡位	
OAT/℃	机场气压高度/ft						
	−2 000	−1 000	0	1 000	2 000	3 000	3 690
≤0	75.1	75.1	75.1	75.1	75.1	75.1	75.1
5	75.1	75.1	75.1	75.1	75.1	75.1	75.1
10	75.1	75.1	75.1	75.1	75.1	75.1	75.1
15	75.1	75.1	75.1	75.1	75.1	75.1	75.1
20	75.1	75.1	75.1	75.1	75.1	75.1	75.1
25	75.1	75.1	75.1	75.1	75.1	75.1	75.1
30	75.1	75.1	75.1	75.1	75.1	75.1	75.1
35	75.1	75.1	75.1	75.1	75.1	75.1	75.1
40	75.1	75.1	75.1	75.1	74.8	73.3	71.8
45	75.1	75.1	74.1	72.8	71.3	69.5	67.7
50	73.8	72.2	70.8	69.5	67.9	—	—
55	70.5	69.1	67.7	—	—	—	—
短舱防冰打开,机翼防冰关闭,限制重量减轻 4 200 kg; 短舱防冰打开,机翼防冰打开,限制重量减轻 4 400 kg。							
进近爬升梯度限重							
一发停车 一发为复飞推力	梯度 2.1%,空调引气打开,防冰关闭 速度:1.3V_{SR}					襟翼 3 卡位	
OAT/℃	机场气压高度/ft						
	−2 000	−1 000	0	1 000	2 000	3 000	3 690
≤0	75.1	75.1	75.1	75.1	75.1	75.1	75.1

续表 4-4

进近爬升梯度限重							
一发停车 一发为复飞推力	梯度 2.1%，空调引气打开，防冰关闭 速度：1.3V_{SR}					襟翼 3 卡位	
OAT/℃	机场气压高度/ft						
	-2 000	-1 000	0	1 000	2 000	3 000	3 690
5	75.1	75.1	75.1	75.1	75.1	75.1	75.1
10	75.1	75.1	75.1	75.1	75.1	75.1	75.1
15	75.1	75.1	75.1	75.1	75.1	75.1	75.1
20	75.1	75.1	75.1	75.1	75.1	75.1	75.1
25	75.1	75.1	75.1	75.1	75.1	75.1	75.1
30	75.1	75.1	75.1	75.1	75.1	75.1	75.1
35	75.1	75.1	75.1	75.1	75.1	74.1	73.0
40	75.1	75.1	75.0	73.6	72.2	70.7	69.3
45	74.5	73.0	71.6	70.2	68.9	67.1	65.4
50	71.3	69.8	68.4	67.1	65.6	—	—
55	68.1	66.7	65.1	—	—	—	—

短舱防冰打开，机翼防冰关闭，限制重量减轻 3 500 kg；
短舱防冰打开，机翼防冰打开，限制重量减轻 3 800 kg。

4.4.3 场长限制

场地长度是着陆重量的主要限制因素，超出限制重量着陆有可能会导致冲出跑道。场地长度的限制需要综合考虑着陆场地长度、机场气压高度、飞机着陆襟翼位置、刹车方式和跑道道面情况（干跑道、湿跑道）。其中，刹车方式是指飞机着陆接地后使用刹车的方式，手动刹车取决于驾驶员的判断和动作快慢，比自动刹车方式完成刹车动作要慢，因此着陆距离长些，反之对已知着陆场地长度，最大着陆重量小些。飞机在湿跑道上着陆时，着陆距离会增长，通常按 CCAR 干跑道着陆距离的 1.15 倍计算。

图 4-10 为某型飞机的场地长度限制的最大允许着陆重量图，通过图中的辅助线，可以确定在机场场地长度为 6 130 ft、逆风 20 kt、机场气压高度 4 000 ft、襟翼 40、防滞系统正常，自动刹车情况下，场长限制的最大允许着陆重量为 144 klb，如果人工刹车，还需要额外减重 9 600 lb。

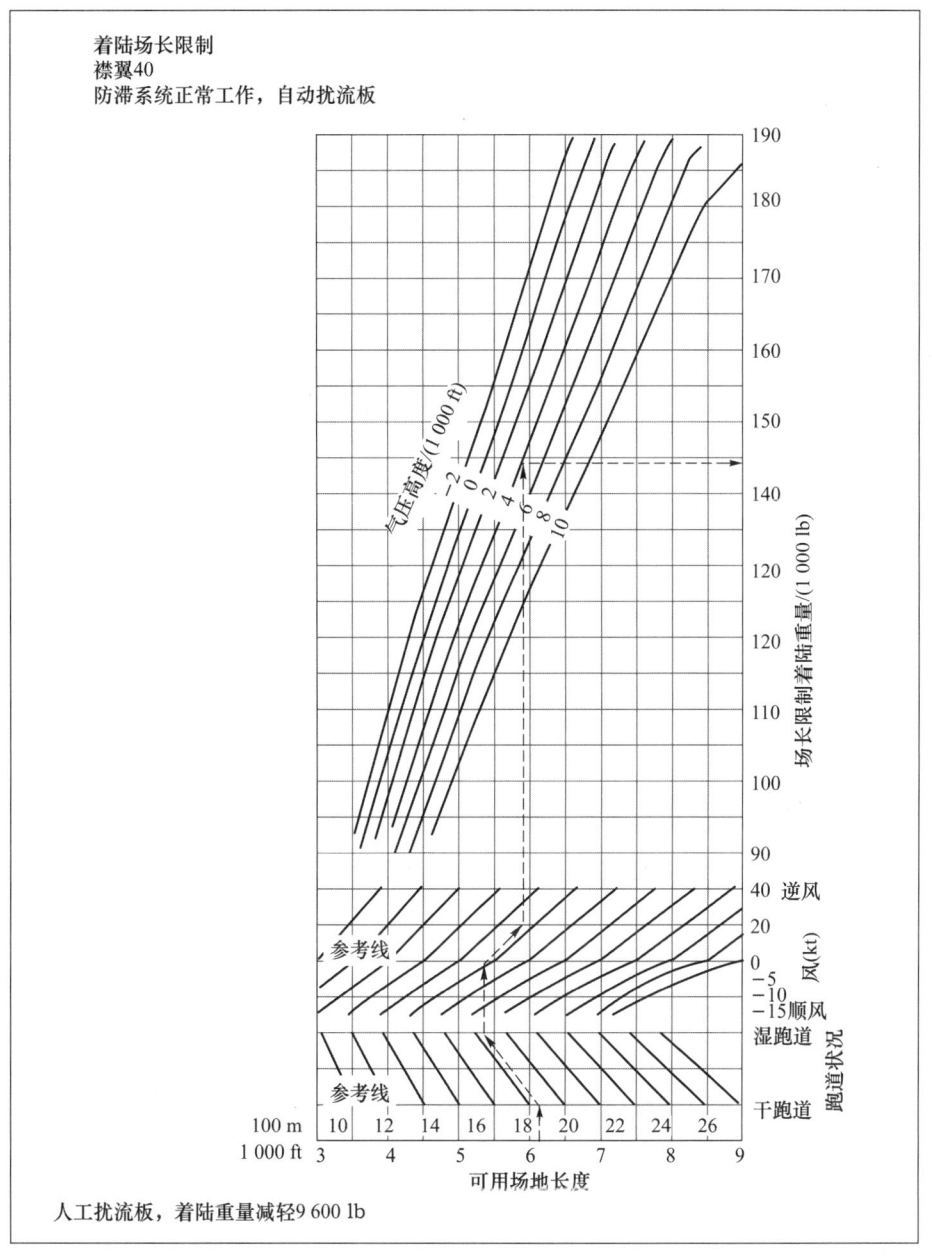

图 4-10 场长限制最大允许着陆重量

4.4.4 快速过站

在日常运行中,飞机着陆后,往往会在一段时间停留后,就继续开始执行下一飞行任务。在短暂停留后,当飞机再次起飞,有时会在重量明明符合限制的情况下,发生轮胎爆胎事件,造成财产损失,甚至人员伤亡等恶劣后果。经过研究发现,在这类机场短暂过站的情形中,爆胎的主要原因可能是忽略刹车的冷却问题。

飞机着陆时,在减速过程中使用刹车吸收能量,通过摩擦将动能转化为热能,虽然经过一段时间的停留,但仍有不少热量存留在机轮中,经过地面滑行以及中断起飞等,会使热能急剧增多,虽然还未到达警告界限,但实际上已导致保险塞熔化并使轮胎泄压,但并未被发现。起飞时未泄压的轮胎承受过大的负荷导致爆破。

为了及时确定刹车及泄压保险塞的温度,以便采取冷却措施,避免类似的事件发生,可以使用经批准的快速过站最大重量表,对前序着陆航班的落地重量进行限制。

1. 快速过站最大重量

在过站过程中,使刹车产生足以熔化保险塞的温度所对应的飞机重量,称为快速过站最大重量,此重量受机场气压高度、大气温度、风向、风速、襟翼位置和跑道坡度等因素影响。

如果实际飞机重量小于快速过站最大重量,则对在地面停留冷却时间没有要求。反之,则须遵守最短地面过站停留时间要求,评估刹车冷却时间,然后再检查保险塞情况。

2. 刹车冷却时间表

刹车冷却时间表最初是为了解决训练飞行中,不断发生保险塞熔化轮胎泄压问题而研究制定的,其可以协助驾驶员检查在中断起飞或者着陆后的刹车动能并查出适当的冷却时间。不过需要注意,此表只能够查出一次刹车的能量增加值,总刹车能量是原有热能剩余值加上此次刹车的能量增加值。

3. 注意事项

长距离飞行有足够时间使刹车装置在落地前冷却到相当低的程度,但短距离飞行和训练飞行由于没有足够的冷却时间,常遇到刹车过热的问题,而且短航程航线的地面过站停留时间也较短,由于刹车温度的积累升高,除非使用飞行中冷却等预防措施,否则刹车温度很容易达到或超过保险塞熔化点。

此外,高原机场在高温时,空气密度小,不利于刹车散热,刹车系统散热较慢。对于选装有刹车风扇装置的飞机,刹车风扇能有效加快刹车系统的散热,一般不考虑快速过站重量限制,而没有安装刹车风扇装置的飞机,在高原机场温度较高时着陆,重量易超过最大快速过站限制重量。

4.5 飞行中的着陆距离评估

依据相关规章和咨询通告,飞行机组应该在尽可能接近目的地机场的地方根据实际条件来进行到达时的着陆距离评估,这些实际条件包括气象条件(机场气压高度、风向和风速等)、跑道条件、进近速度、飞机重量和构型以及将要使用的减速设备等。

4.5.1 评估方法

据统计,湿跑道或污染跑道条件下,着陆冲出跑道已成为近年来发生的事故和事故征候的主要类型之一。经分析,冲出跑道的原因主要有:飞机高度在机场上方 1 000 ft/500 ft 时仍未进入稳定状态；不稳定进近（例如：速度过大、过跑道入口高度偏高等）导致接地距离过长；发动机反推选择时间太晚；自动刹车设置偏低；人工刹车太晚或力量太弱；机场海拔高导致相同表速条件下实际地速大、跑道长度偏短而余度偏小；跑道摩擦系数低于预期等。

为了保证飞机在湿跑道和污染跑道上着陆时的安全性，航空公司和飞行机组不仅需要在放行前完成着陆性能评估，还应该依据机场提供的跑道状况报告（RCR）中的跑道状况代码（RWYCC），基于对刹车效应和道面条件的综合考虑，在到达时进行实际着陆性能的评估。

1. 跑道状况评估

RWYCC是描述跑道表面状况的从6~0的一组整数，可以直接表示表面状况对飞机着陆和起飞滑跑性能的影响。RWYCC的评估过程非常明确，首先依据跑道状况评估矩阵（RCAM）中的评估标准，来确定必须报告的初始RWYCC，再按照民航规章的相关要求，结合所有其他可用信息，对初始RWYCC进行降级或者升级。飞行机组使用修订后的跑道状况评估矩阵（RCAM）中的"好""中好""中""中差""差"和"极差"来描述飞机在着陆滑跑期间所感知的刹车效应和横向控制。

跑道状况评估矩阵（RCAM）中将RWYCC 5~0与该术语一一对应，并相应描述了与飞机刹车性能和侧向控制受影响相一致的跑道表面状况，评估矩阵详见表4-5。报告中的刹车效应用于定义使用机轮刹车时飞机的刹车能力，与飞行机组报告的跑道刹车效应有关。在此之前，"刹车效应"一词也用来（但不再是）描述由跑道摩擦测试设备测量的道面摩擦，并直接作为飞机停止能力进行报告。国际民航组织SNOWTAM（雪情通告）格式使用"跑道状况代码"（RWYCC）一词，应理解为由受过训练的、合格的机场人员根据给定程序和所有可用的信息进行判断后，得出的对道面溜滑程度的总体评估。RWYCC和跑道刹车效应在RCAM中相互提供信息。

表4-5 跑道状况评估矩阵（RCAM）

评估标准		降级评估标准	
跑道状况代码（RWYCC）	跑道表面状况说明	对航空器减速或方向控制的观察	飞行机组报告的跑道刹车效应
6	干	—	—
5	霜 湿〔跑道表面覆盖有任何明显的湿气或深度不超过3 mm（含）的水〕 雪浆〔深度不超过3 mm（含）〕 干雪〔深度不超过3 mm（含）〕 湿雪〔深度不超过3 mm（含）〕	轮胎上施加的制动力所达到的减速效果正常，并且能正常控制方向	好
4	压实的雪（外界气温为—15℃及以下）	制动减速或方向控制能力在"好"与"中"之间	中好

续表 4-5

评估标准		降级评估标准	
跑道状况代码(RWYCC)	跑道表面状况说明	对航空器减速或方向控制的观察	飞行机组报告的跑道刹车效应
3	湿("湿滑"跑道) 压实的雪面上有干雪(任何深度) 压实的雪面上有湿雪(任何深度) 干雪(深度超过 3 mm) 湿雪(深度超过 3 mm) 压实的雪(外界气温高于 −15 ℃)	轮胎上施加的制动力所达到的减速效果明显降低或方向控制能力明显降低	中
2	积水(深度超过 3 mm) 雪浆(深度超过 3 mm)	制动减速或方向控制能力在"中"与"差"之间	中差
1	冰	轮胎上施加的制动力所达到的减速效果大幅度降低或方向控制困难	差
0	湿冰 压实的雪面上有水 冰面上有干雪 冰面上有湿雪	轮胎上施加的制动力所达到的减速效果几乎为零或无法控制方向能力	极差

注：① 如果三分之一段跑道不超过 25% 的道面潮湿或被污染物覆盖，应通报跑道状况代码 6，小于 10% 时，不通报污染物和深度。

② 如有可能，应当采用跑道表面温度。

③ 在空气温度 3 ℃ 及以下且露点温度差也在 3 ℃ 以内时，跑道表面状况将可能比本表"评估标准"部分对应的状况更加湿滑。

④ 跑道或其一部分是否湿滑应当单独或结合各种方法进行判定，包括跑道摩擦系数值（使用连续摩阻力测量装置）、机场场务人员观测、飞行机组的报告以及航空公司根据飞行机组的多次报告，所做的跑道刹车效应报告等。当跑道表面摩阻特性没有及时改善，多处存在跑道摩擦系数（累计长度大于 100 m）低于最小的摩阻值（使用连续摩阻力测量装置）时，且跑道表面覆盖有任何明显的湿气或深度不超过 3 mm（含）的水时，该跑道应当视为"湿滑"跑道。

"湿滑"跑道每三分之一段的跑道状况代码均应当为 3。

2. 飞行中的着陆距离评估方法

着陆距离的评估应该使用 RWYCC，采用飞机制造厂商提供的污染跑道条件下的飞机性能数据和计算方法完成。

表 4-6 为某机型手册中提供的方法。

举例说明：飞机着陆时的实际重量为 70 t，襟翼 30°，跑道刹车效应为"中好"，最大人工刹车，防冰开，着陆机场的气压高度为 2 000 ft，逆风 10 kt，跑道坡度为下坡 1%，温度为 ISA+10，不使用反推，人工扰流板，参考图 4-15，试确定飞机的实际着陆距离为多少？

（补充：该机型 ΔV_{APP} = 1/2 逆风 +（阵风 − 稳定风））

下面按照机型手册的使用说明，进行距离的计算和修正：

首先，基准重量为 67 t，最大人工刹车，着陆距离为 1 770 m，按照实际情况进行修正如下：

(1) 防冰开,修正+110 m
(2) 实际重量为 70 t,修正+3*20=60 m
(3) 机场气压高度 2 000 ft,修正+2*50=100 m
(4) 风速逆风 10 kt,修正-65 m
(5) 坡度下坡 1‰,修正+50 m
(6) 温度为 ISA+10,修正+55 m
(7) ΔV_{APP} 为 5 kt,修正:+80 m

修正后的着陆所需距离为 2 160 m。

表 4-6 运行着陆距离评估表

襟翼 FULL 卡位

跑道状况	刹车		运行着陆距离/m							
			基准距离	防冰修正	重量修正	高度修正	风速修正	坡度修正	温度修正	ΔVAPP 修正
			着陆重量 67 000 kg	防冰打开	每增加/减少 1 000 kg	高于海平面 1 000 ft	第 10 kt 逆风/顺风	每 1% 上坡/下坡	高于/低于 ISA 每 10℃	速度增加 5 kt
6-干跑道	最大人工		1 310	+70	+15/-5	+35	-40/+200	-10/+15	+35/-30	+65
	自动刹车	高	1 550	+100	+20/-10	+45	-50/+255	-5/+10	+45/-40	+95
		中	1 840	+110	+25/-15	+60	-60/+310	-5/+10	+55/-50	+110
		低	2 240	+130	+30/-15	+70	-80/+390	-15/+15	+70/-65	+125
5-好	最大人工		1 610	+110	+20/-10	+55	-65/+335	-25/+35	+55/-50	+90
	自动刹车	高	1 660	+110	+25/-15	+60	-60/+330	-20/+40	+60/-50	+95
		中	1 890	+120	+25/-15	+60	-65/+325	-15/+20	+60/-55	+115
		低	2 260	+140	+30/-20	+75	-80/+400	-25/+25	+75/-65	+130
4-中好	最大人工		1 770	+110	+20/-10	+50	-65/+325	-40/+50	+55/-45	+80
	自动刹车	高	1 780	+120	+20/-10	+55	-65/+325	-45/+60	+55/-50	+90
		中	1 910	+130	+25/-15	+60	-65/+340	-25/+40	+60/-55	+115
		低	2 260	+140	+30/-20	+75	-80/+400	-25/+25	+75/-65	+130
3-中	最大人工		1 950	+130	+25/-15	+55	-75/+375	-55/+75	+60/-50	+85
	自动刹车	高	1 960	+130	+25/-15	+60	-75/+375	-65/+85	+65/-55	+90
		中	2 020	+150	+25/-15	+65	-75/+385	-50/+70	+65/-55	+110
		低	2 280	+150	+30/15	+75	-85/+415	-35/+50	+75/-65	+125
2-中差	最大人工		2 190	+170	+30/-20	+85	-100/+535	-80/+105	+85/-75	+110
	自动刹车	高	2 240	+180	+35/-20	+90	-100/+540	-95/+120	+90/-80	+110
		中	2 240	+180	+35/-20	+90	-100/+540	-95/+120	+90/-80	+110
		低	2 330	+150	+30/-20	+80	-85/+480	-45/+80	+80/-65	+120

续表 4-6

跑道状况	刹车		基准距离	防冰修正	重量修正	高度修正	风速修正	坡度修正	温度修正	ΔVAPP修正
			运行着陆距离/米							
			着陆重量 67 000 kg	防冰打开	每增加/减少 1 000 kg	高于海平面 1 000 ft	第 10 kt 逆风/顺风	每 1% 上坡/下坡	高于/低于 ISA 每 10℃	速度增加 5 kt
1-差	最大人工		2 840	+100	+30/-20	+90	-130/+695	-190/+295	+110/-85	+105
	自动刹车	高	2 870	+110	+35/-20	+95	-135/+700	-205/+310	+115/-85	+105
		中	2 870	+110	+35/-20	+95	-135/+700	-205/+310	+115/-85	+105
		低	2 930	+120	+35/-20	+95	-135/+705	-190+295	+115/-90	+120

注：基准距离基于海平面、ISA、无风、无坡度、无反推、VAPP=VREF 没有考虑 ΔVAPP。

在可行的前提下，着陆距离的评估应该尽可能地在接近飞机到达时完成，并且利用当时最新的信息。考虑到飞行关键阶段的工作负荷，推荐的做法是：在收到自动天气通播（ATIS）或落地条件后，在下降顶点前作进近简令时计算并进行着陆距离评估。着陆距离评估完成后，如果相关条件发生了变化，飞行机组需要评估是否再次计算着陆距离，以确保着陆安全。

4.5.2 飞行中着陆距离影响因素

着陆距离的计算考虑多项影响因素，这些条件包括风、进近速度、进近高度、干跑道着陆规定的减阻措施，以及按规定不计使用反推力的影响。而实际着陆距离受外界条件以及本身构型的影响，与规章中规定的着陆距离不完全一致。

1. 风

按 CCAR25 的规定，对有利的逆风风速只考虑其风速的一半，而对不利的风，则按 1.5 倍顺风风速计算，这是为了考虑气象报告可能的误差和增加着陆的安全裕度。顺风时，相同表速，由于顺风风速，导致地速增大，飞机动能增大，要停下来所需的距离也增长，风速的影响很大，如 A320，当顺风风速为 10 mi/h 的时候，着陆距离可增长 20%，逆风显然使地速减小，缩短了着陆距离。波音机型手册中给出的着陆场长限重图线可计入逆风的影响，有的机型为了安全裕度更大则不计逆风带来的影响。

2. 进近速度

当进近速度 V_{REF} 大于规定值（$1.23V_{SR0}$）时，接地速度也相应增大，显然会使飞机动能增大，要求减速停下的距离也增长。速度对着陆距离的影响也可以用每增加 1 kt，着陆距离增长的具体长度表示，这样更便于估计速度的影响，具体可参考表 4-7。

要指出的是，当进近速度过大时，飞行员为了减速，在接地前会拉杆过多，常引起飘飞，占用更多的跑道长度。通常，接地前在空中每减小 1 kt 需要的飘飞距离约为 200 ft。在跑道上减速比在空中减速要快三倍，显然飘飞占用的跑道长度要长很多，因此要避免。

表 4-7　进近速度的影响

跑道状态	进近速度每增大 1 海里/时附加增长的着陆距离/ft			
	B767-300/PW4056		B737-300/CFM56-3-B1	
	刹车、自动减速板	刹车、自动减速板、反推	刹车、自动减速板	刹车、自动减速板、反推
干,ISA	32	28	30	25
湿,ISA	43	36	45	35
结冰,5℃	75	52	70	50

3. 进近高度

进近高度越高,保持一定下滑角时接地点离着陆进口的距离也越远,使可用着陆距离缩短。按 3°下滑角计算,进近高度增加 10 ft 将使接地点离着陆进口的距离增长约 200 ft。对于 2.5°的下滑角,则接地点离着陆进口的距离增长约 230 ft。

4. 减阻措施的影响

飞机接地后,为了增大阻力,使飞机迅速减速,会用到刹车、扰流板和反推装置,但在审定干跑道着陆距离时不包括反推作用。3 种减阻措施中,机轮刹车的作用最大,扰流板次之,反推作用最小。

扰流板打开不仅可以增大飞机的气动阻力,同时,由于从上翼面升起的扰流板破坏了气流的流动,大大减小了机翼升力,甚至产生负升力,使作用在机轮上的正应力大为增加,从而增大了机轮与道面的摩擦阻力。使用反推力除了缩短着陆距离外,还可因减小使用刹车的强度而有利于延长刹车片和轮胎的使用寿命。速度大的情况下反推减速效果更好。在低速时不应再使用反推,一方面低速时反推效果降低,减速作用不大,另一方面还可能造成发动机失速喘振和吸入地面异物,损伤发动机,通常在速度减小到 80~60 kt 后就不再使用反推。

减速措施在实施中是否都使用,使用是否完全到位,以及是否及时实施这些减速措施都会影响着陆距离。

5. 气压高度和温度

我国是世界上高原机场和高高原机场较多的国家,随着高原机场的机场气压高度增高,相同的表速对应的真空速和地速随气压高度增高而增大,从而使飞机动能增大,减速停下的所需距离随之增长,对于一定跑道长度的机场,场长限制的着陆重量减小。

对于某 737-800W/CFM56-7B26 飞机,FLAPS15,在干跑道情况下,采用最大人工刹车,气压高度每升高 1 000 ft,其所需着陆距离需要增加 65 ft。

相同的表速,其真空速和地速随气压高度增高而增大,从而使飞机动能增大,减速停下所需的距离随之增长;温度升高,使大气密度减小,与气压高度的影响相同,也使真空速和地速增大,因此对于高原高温机场,要求的着陆距离要长,反之对一定跑道长度的机场,场长限制的着陆重量减小。此外,高的气压高度和高温使复飞推力降低,也就减小了复飞的爬升梯度和其限制的着陆重量。

6. 重　心

对有些机型还要考虑重心对实际着陆距离的影响。

飞机重心前移，使飞机升力对重心产生的低头力矩增大，为了平衡该力矩，要通过配平偏转水平安定面产生的向下的力，形成克服低头力矩使飞机处于力矩平衡状态。随着重心前移，水平安定面产生的与升力相反的力也增大，同时也增加了由于水平安定面偏转引起的附加阻力，更重要的是使失速升力系数减小，失速速度增大，也就使等于 $1.23V_{SR0}$ 的 V_{REF} 增大，从而增长了着陆距离。

7. 跑道坡度

上坡消耗一部分飞机动能有利于着陆，使着陆距离缩短，反之下坡使着陆距离增长，不过在计算着落距离的图线和表格中没有考虑该影响参数，因为在计算需要的着陆场地长度时，规定的67%的安全裕度中包括了坡度的影响。

8. 人工刹车和自动刹车

着陆性能曲线和数据表给出的数据是基于最大人工刹车条件审定试飞的结果，但运行中可以有人工刹车和自动刹车的选择，因此了解它们的区别和特点是非常必要的。

人们做过这样的估计，使用人工刹车时，从主轮接地到踩脚蹬之间有 4~5 s 的延迟时间，特别是在实际情况需要更迅速的刹车的情况，这一延迟可以损失 800~1 000 ft 的跑道长度。当有侧风或低能见度需要控制飞行方向时，延迟的时间会更长。如果再发生故障，问题就更严重了。因此，只要跑道条件受到限制，道面太滑，侧风着陆或发生需要增加驾驶舱工作量的情况，如发动机失效、坏天气、污染跑道等，都要求使用自动刹车。

自动刹车与人工刹车相比，除了刹车是自动进行外，刹车力柔和并保持不变的减速度减速，可改善旅客的体验感。自动刹车一般分 4 个等级，从刹车力最小到最大，控制不同的刹车压力以达到不同的平均减速度。

飞行员根据跑道长度，飞机襟翼偏度和道面情况选择自动刹车的等级。

综上所述，自动刹车常用于以下 3 种情况：中断起飞；短跑道上着陆；低能见天气条件下着陆。在长的干跑道上不需要用自动刹车系统。另外，尽可能不要使用最大刹车等级。

9. 污染跑道

着陆与中断起飞过程类似，污染道面会使得飞机所需的着陆距离变长，有可能会出现滑水现象，对着陆距离的影响很大。

滑水有 3 种：黏性滑水，水起到润滑作用；动力滑水，在飞机轮胎和道面间形成一层水的隔离层；橡胶还原，滑跑时由于刹车刹住轮胎时机轮打滑产生的热和蒸汽使橡胶还原。不论哪种滑水都会使机轮与道面的摩擦系数大为降低，着陆距离增长。

分析实际着陆距离可以发现，某些污染物，如积水或融雪，厚度大的实际着陆距离反而可能比厚度小的着陆距离略短，这是因为污染道除了滑水使摩擦阻力减小的不利影响外，污染产生的排污阻力和溅射阻力却是有利于减速的，实际着陆距离是它们综合影响的结果。而对于压实的雪和冰等污染物，只会减小摩擦阻力，使着陆距离变长。其中冰面上的摩擦系数最小，实际着陆距离最长，约为干跑道着陆距离的 4 倍。

规章规定的污染跑道所需场地长度是考虑了较大安全余量的，大多数情况着陆都不会超出可用的跑道。但是上述影响着陆距离的因素中，如有几项同时存在，则可能导致冲出跑道的事故。

飞机在空中飞行时可以利用获取的跑道状况代码对实际着陆距离进行评估（参考表 4-6）。

第 5 章 爬升性能

本章介绍的爬升性能是飞机从起飞结束点爬升至规定的巡航高度和速度的阶段性能，是航路阶段爬升性能，属于高速飞行性能。研究爬升性能更多地关注飞机飞行的经济性，一般仅考虑全发飞行性能。在爬升性能中主要介绍爬升特性参数、爬升性能参数及其影响因素，爬升剖面和典型爬升速度，爬升性能图表的查询方法和爬升性能计算方法（爬升时间、爬升距离和爬升油量）。

5.1 爬升参数

航路爬升时可采用最大爬升推力（MCL），爬升阶段涉及的两个特性参数为爬升梯度和爬升率，涉及的三个性能参数为爬升时间、爬升距离和爬升油量。

5.1.1 爬升特性参数

航路爬升时的受力情况和飞行动力学方程详见第 1 章。

爬升梯度：单位距离内爬升的高度，即爬升高度与水平距离的比值。

爬升率：单位时间内爬升的高度（垂直速度、升降速度），即爬升高度与时间的比值，计算公式如下：

$$R_c = V\sin\theta = \frac{dh}{dt} \tag{5-1}$$

【例题 1】 已知某飞机的真空速为 300 kt，飞机相对于气流的爬升梯度为 2.4%，则飞机的爬升率是多少？

解： $R_c = V\sin\theta = 300 \text{ kt} \times 2.4\% = 728.5 \text{ ft/min}$

爬升梯度大代表爬升角大，通过同样的水平距离，飞机爬升的高度高，飞机的越障能力强。爬升率代表爬升高度随爬升时间的变化率。爬升率越大，飞机爬升到一定高度所需的爬升时间越短。爬升梯度和爬升率的对比见表 5-1。

表 5-1 爬升梯度和爬升率的对比

特性参数	描述	关系	内涵
爬升梯度	爬升角的正弦	正比于剩余推力	越障能力好坏
爬升率	垂直速度	正比于剩余功率	爬升时间长短

在同一飞行高度上，可用推力与平飞所需推力之差称为剩余推力。剩余推力将使飞机加速或爬升，剩余推力越大飞机的机动性能越好。根据图 1-39 可知，可用推力曲线和所需推力

曲线的间隔代表剩余推力大小，随着飞行速度增加，间隔先增大后减少，在阻力曲线最低点达到最大，此时为爬升梯度最大点。由此可以得到，在给定重量和相同高度下爬升梯度和爬升率随着飞行速度变化的关系曲线，如图5-1所示。

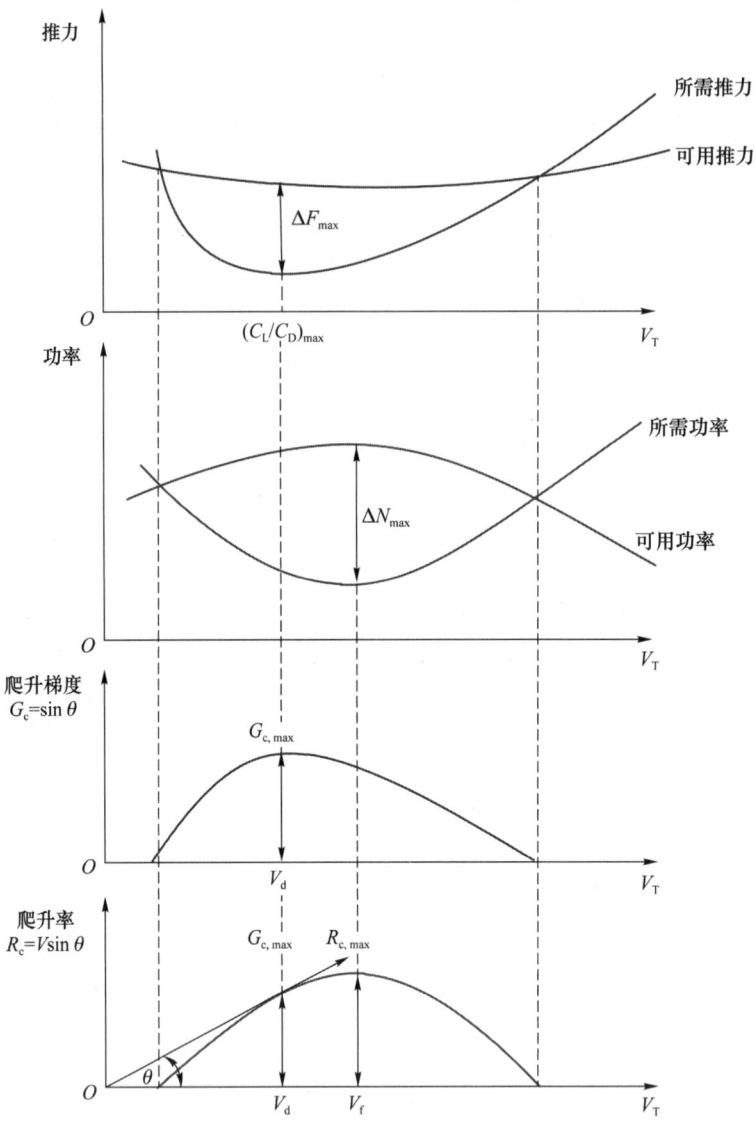

图5-1　爬升梯度和爬升率曲线

随着爬升速度的增加，爬升梯度G_c和爬升率R_c都是先增大后减少。在给定的重量和发动机额定推力下，当推力和阻力之差最大时，爬升梯度最大。陡升速度是爬升梯度最大的速度，快升速度是爬升率最大的速度，其对比关系见表5-2。

表 5-2 陡升速度和快升速度的对比

爬升特征速度	能量角度	代表关系	含 义	用 途
陡升速度	剩余推力 ΔF 最大	$\sin\theta$ 最大	爬升轨迹最陡，有利于越障	速度较小，单发失效越障
	爬升角最大	G_c 最大		
快升速度	剩余功率 ΔN 最大	$V\sin\theta$ 最大	爬升时间最短	速度较大，航路爬升
	爬升率最大	R_c 最大		

除飞行速度外，影响爬升梯度和爬升率的因素还有温度、重量、气压高度、风向、加速因子等，具体表现为：

① 温度。当外界温度小于参考温度时，发动机推力基本不变，爬升梯度和爬升率基本不变。当外界温度大于参考温度（平台温度）时，爬升梯度和爬升率减小。飞机爬升过程中使用防冰（A/I）和空调（A/C）引气时，可用推力降低，爬升梯度和爬升率也会减小。

② 重量。飞机重量越大，爬升梯度和爬升率越小；飞机重量越小，爬升梯度和爬升率越大。

③ 气压高度。气压高度越高，推力降低，爬升梯度和爬升率减小；气压高度越低，推力增加，爬升梯度和爬升率增大。

④ 航路风。水平风速影响飞机相对于地面的爬升梯度。顶风导致爬升梯度增大，顺风则导致爬升梯度减小，如图 5-2 所示。

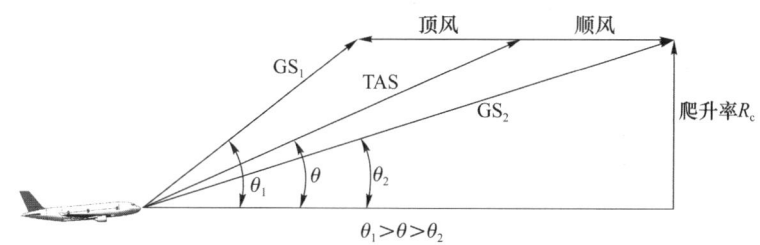

图 5-2 风对爬升梯度的影响

当飞机爬升速度、重量、推力等参数一定时，水平风速对爬升率没有影响。

⑤ 加速因子。加速爬升时的加速因子大于 0，爬升梯度和爬升率减小；减速爬升时的加速因子小于 0，爬升梯度和爬升率增大。

爬升梯度和爬升率的影响因素及变化规律见表 5-3。

表 5-3 爬升梯度和爬升率的影响因素及其变化规律

影响因素	爬升梯度 G_c	爬升率 R_c
温度升高	先基本不变后减小（先缓慢减小，后急剧减小）	先不变后减小
重量增加	减小	减小
高度增加	减小	减小
速度增加	先增大后减小*（极值靠左）	先增大后减小*（极值靠右）

续表 5-3

影响因素	爬升梯度 G_c	爬升率 R_c
风向	顶风增大 顺风减小	不变
加速性	加速爬升:G_c 减小 减速爬升:G_c 增大	加速爬升:R_c 减小 减速爬升:R_c 增大

注：*表示在实际飞行中航路爬升速度要比有利速度大，随着爬升速度的增加，爬升梯度和爬升率逐渐减小。

5.1.2 爬升性能参数

描述飞机爬升性能的主要性能参数是爬升时间、爬升距离和爬升油量。

1. 爬升时间

按照爬升率定义和公式，有

$$R_c = \frac{\mathrm{d}h}{\mathrm{d}t} \tag{5-2}$$

变换为微分形式，有

$$\mathrm{d}t = \frac{\mathrm{d}h}{R_c} \tag{5-3}$$

对式(5-3)积分可得爬升一小段高度的爬升时间：

$$\Delta t_c = \int_{t_1}^{t_2} \mathrm{d}t = \int_{h_1}^{h_2} \frac{\mathrm{d}h}{R_c} \tag{5-4}$$

在工程计算中可采用数值积分的方法计算，即

$$\Delta t_c = t_2 - t_1 = \frac{H_{g2} - H_{g1}}{(R_c)_{\text{avg}}} = \frac{\Delta H_g}{(R_c)_{\text{avg}}} \tag{5-5}$$

式中，Δt_c 为飞机爬升 ΔH_g 高度所用的爬升时间；$(R_c)_{\text{avg}}$ 为在 Δt_c 时间内从 H_{g1} 爬升到 H_{g2} 的平均爬升率。选择合适的高度步长 ΔH_g 可以保证足够的计算精度。

在非标准大气条件下，几何高度不等于气压高度，由几何高度和气压高度的换算关系式可知 Δt_c 的计算公式可以改为

$$\Delta t_c = \frac{H_{p2} - H_{p1}}{(R_c)_{\text{avg}}} \cdot \frac{T_a}{T_s} \tag{5-6}$$

式中，T_a 和 T_s 分别表示非标准大气和标准大气的温度。

因此，爬升时间为

$$T_c = \sum \Delta t_c \tag{5-7}$$

2. 爬升距离

爬升距离为爬升的水平距离，即地面水平距离。民航客机的爬升轨迹角 θ 很小，即 $\cos\theta \approx 1$，因此可得爬升一小段高度的水平距离为

$$\Delta D_c = V_{\text{avg}} \Delta t_c \tag{5-8}$$

式中，V_{avg} 表示指定的计算高度步长内的平均爬升速度。

因此，爬升的水平距离为

$$D_c = \sum \Delta D_c \qquad (5-9)$$

3. 爬升油量

爬升一小段高度的爬升油量为

$$\Delta F_c = C_{h,\text{avg}} \Delta t_c \qquad (5-10)$$

式中,$C_{h,\text{avg}}$ 表示指定计算高度步长内的平均燃油流量。

因此爬升油量为

$$F_c = \sum \Delta F_c \qquad (5-11)$$

已知爬升梯度、爬升率和爬升高度的情况下,爬升时间、爬升距离和爬升油量的计算流程如图 5-3 所示。

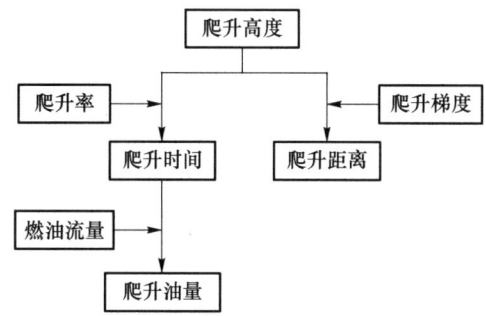

图 5-3　爬升时间、爬升距离和爬升油量计算流程

4. 爬升性能参数的影响因素

由爬升率定义可得,在爬升至相同高度时,爬升时间与爬升率成反比。由爬升梯度定义可得,在爬升至相同高度时,爬升距离与爬升梯度成反比。由式(5-10)可得,爬升油量与爬升时间成正比,与爬升率成反比。因此影响爬升梯度和爬升率的因素也会影响爬升时间、爬升距离和爬升油量。

描述爬升性能的参数为爬升时间、爬升距离和爬升油量,下面从气象因素(温度和风)、飞机因素(重量)、运行因素(高度、速度、加速性)三个方面对爬升性能参数进行分析。

影响爬升时间、爬升距离和爬升油量的因素有推重比(推力和重量)、风向、加速因子等,具体见表 5-4。

表 5-4　爬升时间、爬升油量和爬升距离的影响因素及其变化规律

影响因素	爬升时间、爬升油量	爬升距离
温度升高	先不变后增大	先不变后增大
重量增加	增大	增大
高度增加	增大	增大
速度增加 (当 $V > V_e$ 时)	先减少后增加	增大
风向	不变	顶风减小;顺风增大
加速性	加速爬升:爬升时间增大 减速爬升:爬升时间减少	加速爬升:爬升距离增大 减速爬升:爬升距离减小

5.2 常用爬升方式和爬升速度

考虑到操作难度和运行要求,民航中常用的爬升方式一般采用等表速/等马赫数爬升和经济爬升,在特定需求下会采用其他爬升方式。

5.2.1 爬升剖面

为了便于飞行员操纵,民航飞机典型爬升剖面为在中低空保持等表速爬升,在高空保持等马赫数爬升。典型爬升剖面如图 5-4 所示。

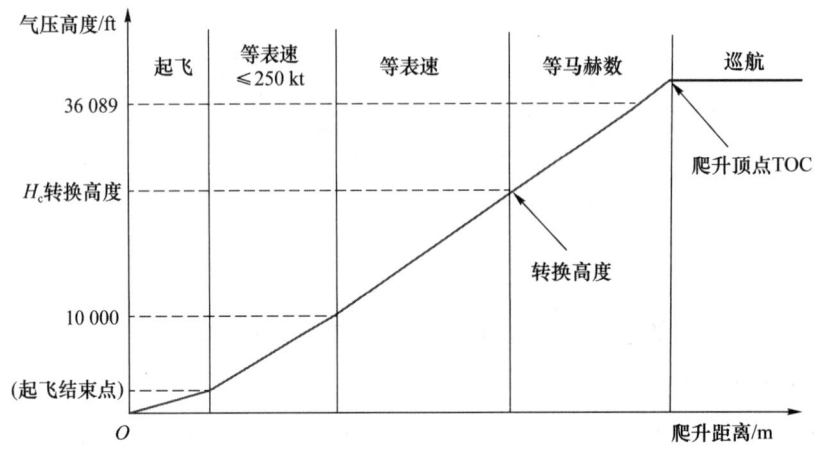

图 5-4 民航飞机典型爬升剖面

依据 CCAR-91 的有关规定,飞机在 3 000 m(10 000 ft)以下的表速不能超过 460 km/h(250 kt)。因此,在此阶段(除了起飞和进近着陆阶段)爬升或下降时,一般保持 250 kt 的表速。

5.2.2 等表速/等马赫数爬升

使用恒定的表速(IAS)和马赫数进行爬升称为等表速/等马赫数爬升,部分典型机型的爬升速度见表 5-5。

表 5-5 常见机型的典型爬升速度

机 型	典型爬升速度
E190	250kt/280kt/0.73
ARJ21-700	250kt/280kt/0.75
B737-800	250kt/280kt/0.78
B777-200	250kt/310kt/0.84
B747-400	250kt/340kt/0.84
B787	250kt/310kt/0.85

续表 5-5

机 型	典型爬升速度
A320	250kt/300kt/0.78
A330	250kt/300kt/0.8
A350	250kt/320kt/0.85
A380	250kt/320kt/0.84

等表速爬升转换为等马赫数爬升对应的气压高度称为转换高度(H_c)。转换高度只与表速和马赫数有关,典型爬升速度的转换高度如表 5-6 所列。

表 5-6 常见机型的转换高度

表速/kt	马赫数	压强比	转换高度/ft
280	0.73	0.308 280	29 175.39
280	0.75	0.289 966	30 522.35
280	0.78	0.265 124	32 464.09
310	0.84	0.276 469	31 559.82
340	0.84	0.336 248	27 238.41
310	0.85	0.268 907	32 159.18
300	0.78	0.306 356	29 313.81
300	0.8	0.289 013	30 594.32
320	0.85	0.287 557	30 704.62
320	0.84	0.295 643	30 097.59

等表速/等马赫数爬升时的表速、真空速、马赫数等参数的变化情况见表 5-7。

表 5-7 等表速/等马赫数爬升时的表速、真空速和马赫数的变化情况

爬升方式	爬升阶段	表 速	真空速	马赫数	爬升类型	加速因子
等马赫数爬升	H_{36}对流层顶以上	减小	不变	不变	等速爬升	$=0$
等马赫数爬升	转换高度 $H_c \sim H_{36}$	减小	减少	不变	减速爬升	<0
等表速爬升	10 000 ft～转换高度 H_c	不变	增大	增大	加速爬升	>0
等表速爬升	1 500～10 000 ft	250 kt	增大	增大	加速爬升	>0

某型飞机等表速爬升和等马赫数爬升的爬升真空速变化曲线如图 5-5 所示。

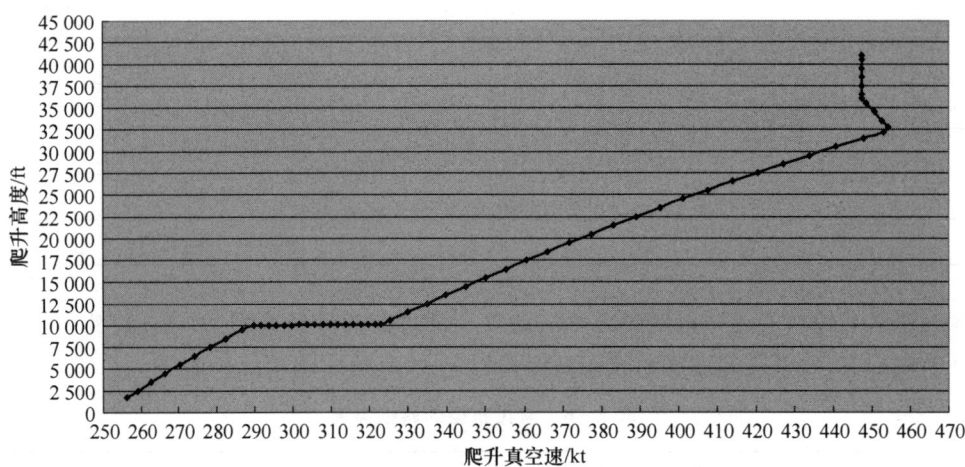

图 5-5　某型飞机等表速爬升和等马赫数爬升的爬升真空速变化曲线

5.2.3　经济爬升

1. 航空公司的成本构成

航空公司的主营业务成本由直接营运成本和间接营运成本构成。其中直接营运成本包括空地勤人员工资奖金津贴及补贴、福利费、制服费、航空油料消耗、航材消耗、飞机发动机折旧费、飞机发动机修理费、飞机发动机保险费、经营租赁费、国内外机场起降服务费、国内外餐饮供应品费、飞行训练费、客舱服务费、行李货物邮件赔偿及其他直接营运费等。间接营运成本主要是保证飞机安全正常飞行及维修管理部门发生的费用。

直接营运成本又分为由飞行时间确定的成本,由消耗燃油产生的燃油成本,以及所有与飞行时间和燃油无关的成本(固定成本)。由于固定成本在每次飞行过程中基本不变,此处只研究与飞行有关的成本,即运行成本,其包括燃油成本和时间成本。图 5-6 所示为某航空公司 A320-200 飞机飞行 2 000 海里时各项直接营运成本所占的比例,由图可以看出,固定成本占了总直接营运成本的 53%,与时间有关的成本占总直接营运成本的 32%,燃油成本占总直接营运成本的 15%,具体固定成本、时间成本与燃油成本所占的比例如图 5-7 所示。

飞机营运总成本可以用公式表示为

$$C_{total} = C_f F + C_t T + C_c \tag{5-12}$$

式中,C_{total} 为航班营运总成本;C_f 为单位燃油价格;F 为航程总油量;C_t 为每小时的时间成本;T 为飞行总时间;C_c 为固定成本。

2. 飞行成本指数

(1) 成本指数定义

飞行成本指数(Cost Index, CI)定义为小时成本与燃油成本的比值,即

$$CI = \frac{C_t}{C_f} \tag{5-13}$$

则运行成本为

$$C = C_t T + C_f F \tag{5-14}$$

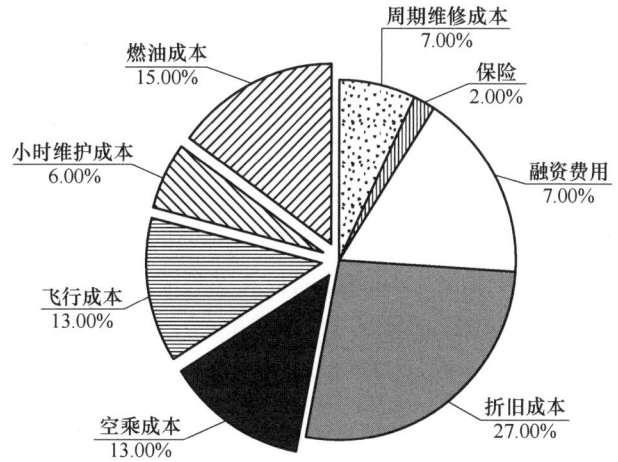

图 5-6 A320-200 飞行 2 000 海里时各项直接营运成本所占的比例

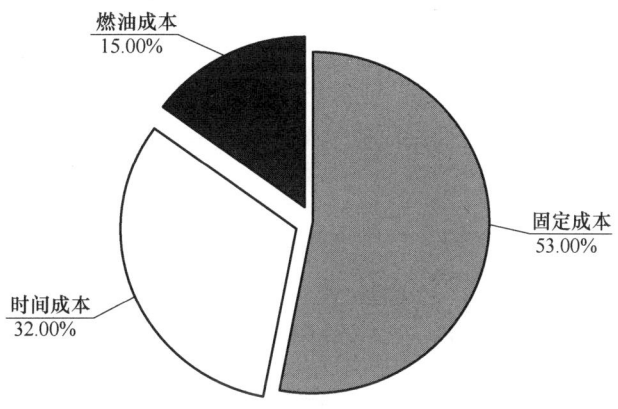

图 5-7 A320-200 飞行 2 000 海里时固定成本、时间成本和燃油成本所占的比例

出于飞机制造厂商自身的考虑,不同的飞机会采用不同的成本计量单位。有的厂商的飞机 C_f 的单位为美分/磅或美元/百磅,C_t 的单位为美元/小时;另外一些飞机,C_f 的单位为美元/公斤,C_t 的单位为美元/分钟,这就造成成本指数的实际计算的方法稍有差异。

比如,某厂商的飞机成本指数计算公式为

$$CI_1 = \frac{C_{t1}}{C_{f1}} = \frac{\dfrac{\$}{h}}{\dfrac{\$}{100\ \text{lb}}} = \frac{100\ \text{lb}}{h}$$

另外一些厂商的成本指数计算公式为

$$CI_2 = \frac{C_{t2}}{C_{f2}} = \frac{\dfrac{\$}{\min}}{\dfrac{\$}{\text{kg}}} = \frac{\text{kg}}{\min}$$

因此,某些飞机和另外一些飞机成本指数之间的关系为

$$\mathrm{CI}_2 = \frac{C_{t2}}{C_{f2}} = \frac{\dfrac{C_{t1}}{60}}{\dfrac{2.20462 C_{f1}}{100}} = \frac{100}{2.20462 \times 60} \cdot \frac{C_{t1}}{C_{f1}} = 0.756 \mathrm{CI}_1$$

（2）成本指数估算

【例题 2】 已知机组小时费为 4 000 元，单位小时维修成本为 6 000 元，航油成本为 7 000 元/吨，请计算成本指数。不同厂商的机型使用的单位不同，这里分别举例。

① 某厂商的飞机成本指数单位为 100 lb/h，计算过程如下：

$$C_{t1} = 4\,000 + 6\,000 = 10\,000 \text{ 元/h}$$

$C_{f1} = 7\,000$ 元/吨 $= 7\,000$ 元/1 000 kg $= 7\,000$ 元/2 205 lb $= 7\,000$ 元/(22.05×100 lb)
$= 317.46$ 元/100 lb

$$\mathrm{CI}_1 = C_{t1}/C_{f1} = (10\,000 \text{ 元/h})/(317.46 \text{ 元/100 lb}) = 31.5(100 \text{ lb/h})$$

② 另外一些厂商的飞机成本指数单位为 kg/min，计算过程如下：

$$C_{t2} = 4\,000 + 6\,000 = 10\,000 \text{ 元/h} = 166.67 \text{ 元/min}$$

$$C_{f2} = 7\,000 \text{ 元/吨} = 7\,000 \text{ 元/1 000 kg} = 7 \text{ 元/kg}$$

$$\mathrm{CI}_2 = C_{t2}/C_{f2} = (166.67 \text{ 元/min})/(7 \text{ 元/kg}) = 23.81(\text{kg/min})$$

图 5-8 所示为空客飞机在不同时间成本和燃油成本情况下的成本指数实用曲线。

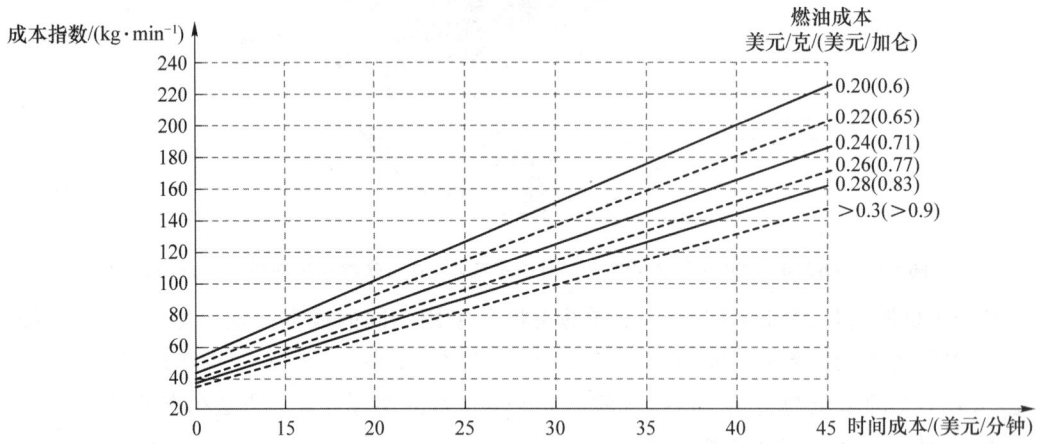

图 5-8 空客飞机的成本指数实用曲线

通常在 MCDU 的 INIT 页面中输入成本指数，如图 5-9 所示。

3. 经济爬升速度

爬升航段运营成本最低的爬升方式为最小成本爬升方式，即经济爬升。经济爬升对应的速度为经济爬升速度。CI 越大，时间成本重要性增加，从经济角度出发，增大爬升速度，缩短爬升时间；CI 越小，燃油成本重要性增加，从经济角度出发，减小爬升速度，降低燃油消耗。对于给定的成本指数 CI，FMS 会根据飞机的重量计算出经济爬升速度和经济爬升马赫数。经济爬升过程为通过 10 000 ft 时，VNAV 垂直导航指令增速到经济爬升速度，保持经济爬升速度直到开始进入巡航阶段。某型飞机 FMC 中存储的经济爬升速度曲线如图 5-10 所示。

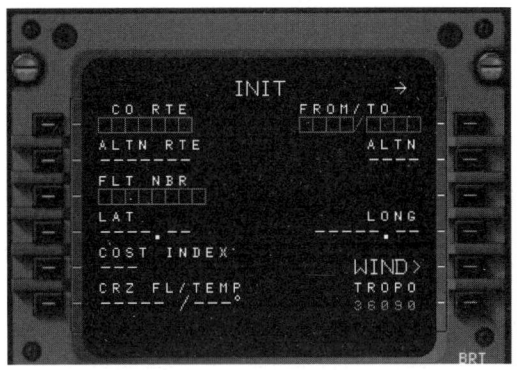

图 5-9 在 MCDU 的 INIT 页面中输入成本指数

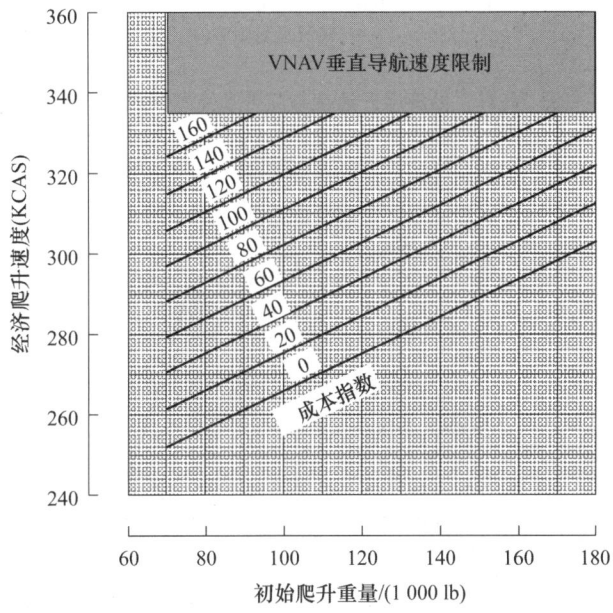

图 5-10 经济爬升速度与初始爬升重量和成本指数的关系

从图 5-10 中可以看出,初始爬升重量越大,经济爬升速度越大;成本指数越大,经济爬升速度也越大。同时,风速对经济爬升速度还有一定影响,顶风时经济爬升速度增大,顺风时经济爬升速度减小,如图 5-11 所示。

经济爬升速度与爬升顶点温度偏差成反比。TOC 点温度偏差越大,经济爬升速度越小;TOC 点温度偏差越小,经济爬升速度越大,如图 5-12 所示。

在经济爬升模式下,高空所使用的马赫数通常等于飞机的经济巡航马赫数,即在爬升顶点从爬升转入巡航时,不需要大幅度调整飞机的飞行马赫数。

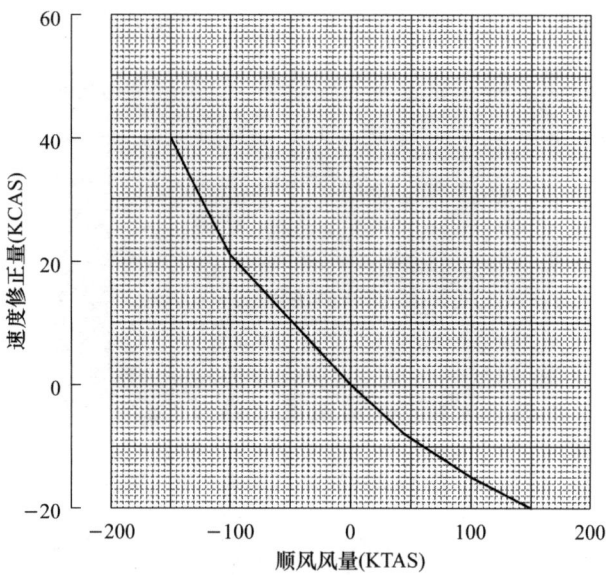

图 5-11 经济爬升速度与爬升顶点预测风的关系

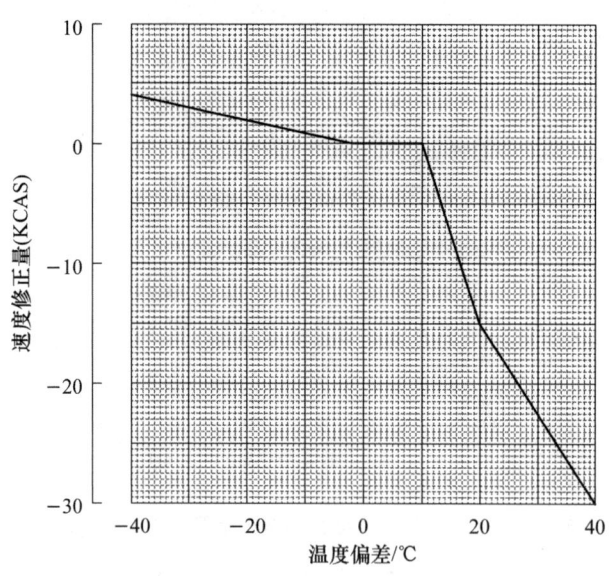

图 5-12 经济爬升速度与爬升顶点预测温度偏差的关系

5.2.4 其他爬升方式

1. 陡升爬升

飞机以陡升速度爬升的方式为陡升爬升方式,此时爬升梯度最大,即爬升相同高度时所飞过的地面距离最短。该方式通常用于越障或在最短距离内达到指定的高度。陡升速度接近于最小阻力速度(有利速度),随着飞机重量的增大而增大。某型飞机的陡升速度与飞机重量的关系如图 5-13 所示。

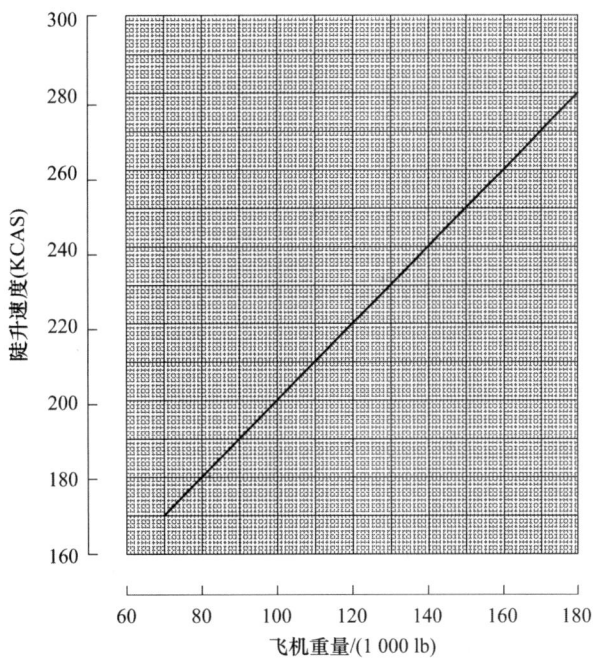

图 5-13 陡升速度与飞机重量的关系

2. 快升爬升

飞机以快升速度(V_f)爬升的方式为快升爬升方式,此时爬升率最大,即爬升相同高度所需时间最短。某型飞机的快升速度与飞机重量的关系如图 5-14 所示。

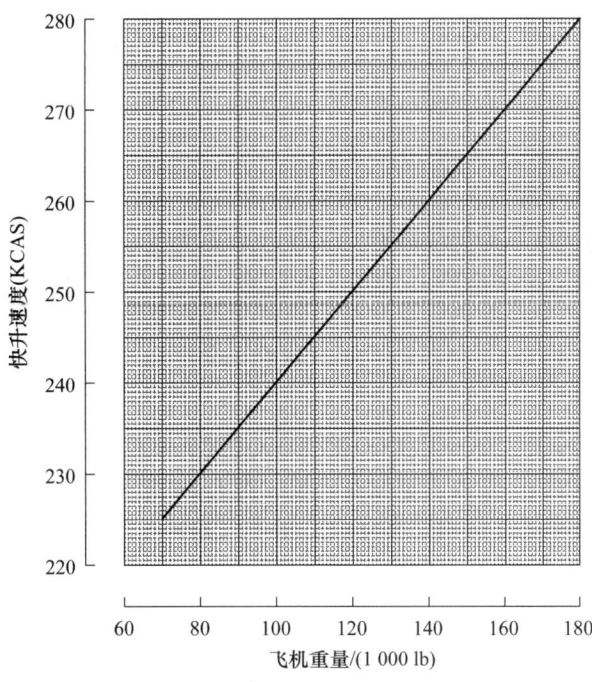

图 5-14 快升速度与飞机重量的关系

3. 单发失效爬升

爬升时一台发动机失效,正常工作的发动机推力改为最大连续推力(MCT),单发失效爬升速度接近于陡升速度,并随着重量和高度而变化,如图 5-15 所示。

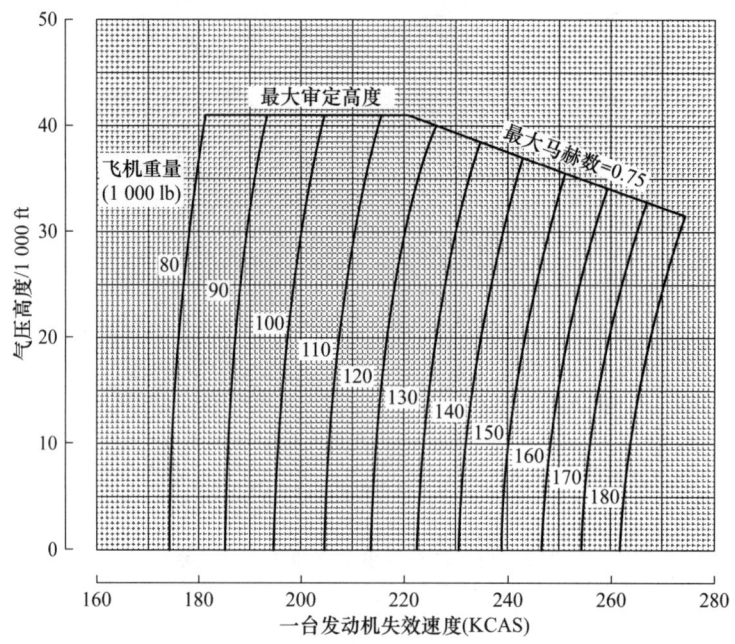

图 5-15　一台发动机失效时,爬升速度与飞机重量、飞行高度的关系

4. 减推力爬升

减推力爬升一般在减推力起飞之后使用,其目的与减推力起飞类似,也是为了降低发动机损耗,延长发动机寿命,降低维修成本。某型飞机的 CDU 在 N1 LIMIT 页面上提供了两种减推力爬升：

① CLB1 为爬升推力减小大约 10%（降低 3%N1）；
② CLB2 为爬升推力减小大约 20%（降低 6%N1）。

起飞时,如果根据降低额定值法或者假设温度方式选定了减推力起飞模式,那么 FMC 会自动选择为减推力爬升。如果选择了 CLB1 或 CLB2 减功率爬升,则在爬升开始阶段保持这个减推力。飞机爬升时,会渐渐消除爬升推力的减小量直至恢复最大爬升推力。通常在飞机到达 15 000 ft 时,爬升推力即可从减推力爬升状态逐渐增加到最大爬升推力状态。

5. 固定爬升率爬升

当飞行员在 MCP 板上选择垂直速度(V/S)模式或者高度层改变(LVL CHG),且选择的目标高度大于当前高度时,会采取固定爬升率模式爬升,在爬升过程中通过变化推力来达到要求的爬升率。固定爬升率通常适用于高度改变量不大的爬升。此时的水平速度通常保持在原来选定的模式下(如等表速/等马赫数或者经济爬升模式)。

6. 阶梯爬升与连续爬升运行

由于飞行程序设计缺陷、飞行冲突调配需要或其他原因,飞机在一些机场起飞后通常采用阶梯爬升(也叫梯级爬升)方式,即首先爬升到一个许可高度后保持平飞,然后当得到许可后再上升到新的高度层继续平飞,直至上升到最终的巡航高度。此种方式由于存在比较多的低空平飞段,飞机的油耗与 CO_2 排放较多。同时,飞行操纵的难度也较大、舒适性也比较差。

连续爬升运行(Continuous Climb Operation,CCO)则是在优化空域管理、飞行程序设计和冲突解脱技术的基础上,允许飞机从起飞后一直爬升到最终巡航高度。该运行方式能够减少碳排放、提高经济性、降低噪声、提升运行效率、减少管制员和飞行员工作负荷等。传统爬升与连续爬升见图 5-16。

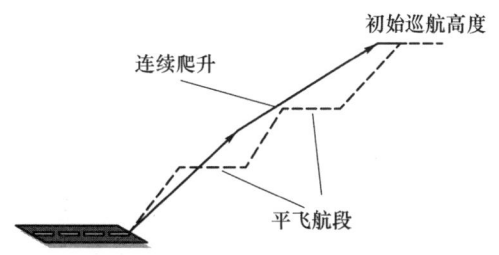

图 5-16 传统爬升和连续爬升

在实施 CCO 时,相关空域通常采用进离场分离的方式,以尽可能减小航空器交叉穿越高度。实际运行中,由于空中其他航空器活动、空域限制、天气状况等因素影响,CCO 的应用可能会受到限制。目前在一些机场主要用于航班较少的时段(如凌晨)。

5.3 爬升性能计算与应用

5.3.1 爬升性能参数的软件计算

对于典型等表速/等马赫数爬升方式,波音飞机性能 PET 软件的 Speed 选项 Climb Speed Option 设置为 Airspeed/Mach 爬升方式,如图 5-17 所示。

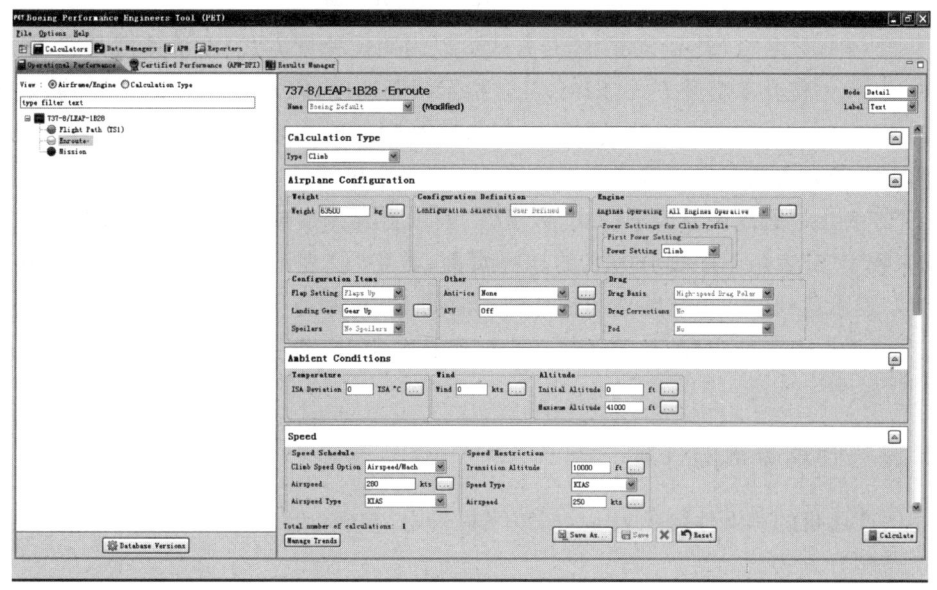

图 5-17 波音 PET 软件爬升性能计算页面(等表速/等马赫数爬升)

5.3.2 FMC 爬升页面

FMC 可以提供等表速/等马赫数爬升、经济爬升、最大爬升角爬升和最大爬升率爬升。等表速/等马赫数爬升和经济爬升为典型爬升速度,最大爬升角速度通常用于越障、最低穿越高度或在最短距离内达到指定高度。最大爬升率爬升提供大爬升率并在最短时间内到达巡航高度。FMC 典型爬升页面如图 5-18 所示。

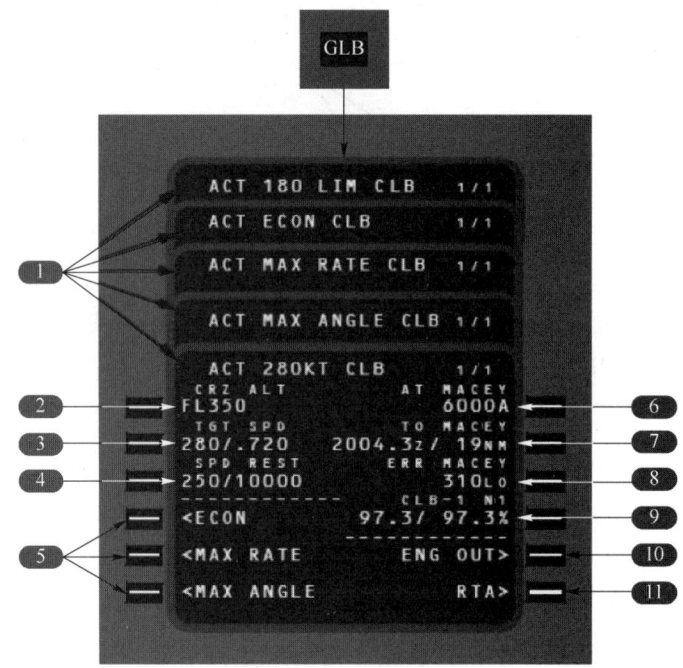

图 5-18 FMC 典型爬升页面

图 5-18 中,数字"1"表示 FMC 爬升方式可以为固定速度方式、经济速度方式、最大爬升角爬升方式、最大爬升率爬升方式,LIM CLB 指示限制速度,ECON 表示根据成本指数确定的经济爬升速度,MAX RATE 表示在最短时间内爬升到巡航高度的速度,MAX ANGLE 表示在最短的水平距离内爬升到巡航高度的速度,ACT 表示生效。

数字"2"表示巡航高度层为 FL330,数字"3"表示目标速度或者目标马赫数,数字"4"表示速度限制,数字"5"表示不同爬升方式的选择页面,数字"6"表示下一个具有高度限制的航路点,数字"7"表示达到下一个航路点的预计到达时间 ETA 和待飞距离,数字"8"表示预计高度偏差,数字"9"表示减推力爬升,数字"10"表示单发爬升,数字"11"表示要求到达的时间(RTA)。

5.3.3 爬升性能参数的计算

某型国产民机的爬升性能见表 5-8,该飞机采用 250 kt/280 kt/M0.75 等表速/等马赫数的全发航路爬升方式。

表 5-8 某机型 ISA 条件下的爬升性能数值表

最大爬升推力、空调引气打开、防冰关闭	爬升-250 kt/280 kt/M0.75			自松刹车起 时间/min 油耗/kg 距离/n mile 真空速/kt	
	ISA				
飞行高度层/(100 ft)	松刹车时的重量/(1 000 kg)				
	37	39	41	43	43.5
390	20　1 067 131　430	—　— —　—	—　— —　—	—　— —　—	—　— —　—
370	17　960 109　430	19　1 053 121　430	21　1 162 135　430	24　1 300 155　430	—　— —　—
350	15　883 94　432	16　961 104　432	18　1 048 114　432	20　1 147 126　432	20　1 174 129　432
330	14　819 83　436	15　888 91　436	16　963 99　436	17　1 045 108　436	18　1 067 111　436
310	12　760 74　440	13　822 80　440	14　888 87　440	15　960 94　440	16　979 96　440
290	11　691 63　430	12　745 68　430	13　803 74　430	14　865 80　430	14　881 82　430
270	9　627 54　417	10　674 58　417	11　725 63　417	12　779 68　417	12　793 69　417
250	8　568 47　404	9　610 50　404	10　655 54　404	10　702 58　404	11　714 59　404
240	8　540 43　398	8　580 46　398	9　622 50　398	10　666 53　398	10　678 54　398
220	7　487 37　386	7　522 40　386	8　559 43　386	8　598 46　386	9　608 46　386
200	6　436 32　375	6　467 34　375	7　500 36　375	7　534 39　375	8　543 39　375
180	5　388 27　363	6　416 29　363	6　444 31　363	6　474 33　363	7　482 33　363
160	5　342 22　353	5　366 24　353	5　391 26　353	6　417 27　353	6　424 28　353
140	4　297 19　342	4　318 20　342	4　340 21　342	5　362 23　342	5　368 23　342
120	3　254 15　332	3　272 16　332	4　290 17　332	4　309 18　332	4　314 19　332
100	2　196 11　289	3　209 12　289	3　223 12　289	9　238 13　289	3　241 13　289
50	1　97 5　268	1　104 5　268	1　111 6　268	1　118 6　268	1　120 6　268
15	0　29 1　255	0　31 1　255	0　33 2　255	0　35 2　255	0　36 2　255

注:发动机短舱防冰打开、机翼防冰关闭,$\Delta_{时间}=+7.2\%$,$\Delta_{距离}=+7.2\%$,$\Delta_{油耗}=+4.5\%$;
发动机短舱防冰打开、机翼防冰打开,$\Delta_{时间}=+7.6\%$,$\Delta_{距离}=+8.2\%$,$\Delta_{油耗}=+6.2\%$

表 5-8 中，松刹车时的重量(Brake Release Weight)即实际起飞重量，重量单位为 kg。爬升数据为从海平面零高度，以爬升构型爬至某个高度层，得到的爬升时间、爬升油量、爬升距离和爬升速度。爬升距离不考虑实际风的影响。

【例题 3】 某型飞机松刹车重量为 37 000 kg，机场标高 3 500 ft，巡航高度为 FL290，空调引气打开，防冰关闭，航路 60 kt 顺风，温度为 ISA，求以 280 kt/M0.75 爬升时，爬升到巡航高度所用的时间、油量和飞过的空中距离。

解：① 松刹车重量 $W_{BR} = 37\,000$ kg；

② 查爬升性能数值表 5-8，进行插值计算；

③ 从爬升性能数值表中查得从海平面爬升到飞行高度层 FL290：

爬升所用时间　　　　　　$T_{c_1} = 11$ min

爬升所用油耗　　　　　　$F_{c_1} = 691$ kg

爬升所用距离　　　　　　$D_{c_1} = 63$ n mile

④ 从爬升性能数值表 5-8 中查得从海平面爬升到飞行高度层 FL50(3 500 ft＋高于机场标高 1 500 ft)：

爬升所用时间　　　　　　$T_{c_2} = 1$ min

爬升所用油耗　　　　　　$F_{c_2} = 97$ kg

爬升所用距离　　　　　　$D_{c_2} = 5$ n mile

由于防冰关闭，不使用防冰引气状态修正。

⑤ 从飞行高度层 FL50 爬升到 FL290：

爬升所用时间　　　$T_c = T_{c_1} - T_{c_2} = 11$ min -1 min $=10$ min

爬升所用油耗　　　$F_c = F_{c_1} - F_{c_2} = 691$ kg -97 kg $=594$ kg

爬升所用距离　　　$D_c = D_{c_1} - D_{c_2} = 63$ n mile -5 n mile $=58$ n mile

【例题 4】 B737-800(CFM56-7B26)的爬升性能见表 5-9 和表 5-10，已知飞机的起飞重量为 64 640 kg，机场标高 3 500 ft，巡航高度为 FL330，航路 60 kt 顺风，温度为 ISA，求以 280 kt/M0.78 爬升时，爬升到巡航高度所用的时间、油量和飞过的地面距离。

表5-9 B737-800 ISA条件下的爬升性能数值表

气压高度/ft	单位/①(分钟/磅)②(海里/节)	190	180	170	160	150	140	130	120	110	100	90
41 000	时间/燃油 距离/速度							21/3 600 131/406	18/3 200 114/404	16/2 900 100/402	14/2 600 88/401	13/2 300 77/400
40 000	时间/燃油 距离/速度					26/4 500 164/408	25/4 100 154/409	20/3 500 120/402	17/3 100 105/401	15/2 800 93/399	14/2 500 82/398	12/2 200 72/397
39 000	时间/燃油 距离/速度				28/4 800 174/407	23/4 200 144/403	22/3 900 137/404	18/3 400 111/399	16/3 000 98/398	15/2 700 87/397	13/2 400 77/396	12/2 100 68/395
38 000	时间/燃油 距离/速度			30/5 200 186/406	25/4 500 151/401	22/4 000 131/399	21/3 700 126/401	17/3 200 103/396	16/2 900 92/395	14/2 600 82/394	12/2 300 73/393	11/2 100 64/392
37 000	时间/燃油 距离/速度		32/5 600 198/406	26/4 800 158/400	23/4 200 137/397	20/3 800 121/395	19/3 500 108/394	16/3 100 96/393	15/2 800 86/392	13/2 500 77/391	12/2 300 69/390	11/2 000 61/389
36 000	时间/燃油 距离/速度	34/6 000 21/405	27/5 000 165/403	24/4 500 143/395	21/4 100 126/393	19/3 700 112/392	17/3 400 101/391	16/3 000 90/390	14/2 700 81/389	13/2 500 73/388	11/2 200 65/387	10/2 000 57/386
35 000	时间/燃油 距离/速度	29/5 400 174/397	25/4 800 150/394	22/4 300 132/392	20/3 900 118/390	18/3 600 106/389	17/3 300 95/388	15/3 000 85/387	14/2 700 77/386	12/2 400 69/385	11/2 200 61/384	10/1 900 54/383
34 000	时间/燃油 距离/速度	26/5 100 157/392	24/4 600 138/390	21/4 200 123/388	19/3 800 110/387	17/3 500 99/385	16/3 200 90/384	14/2 900 81/384	13/2 600 73/383	13/2 300 65/382	10/2 100 58/381	9/1 900 52/380
33 000	时间/燃油 距离/速度	25/4 900 145/387	22/4 400 128/386	20/4 000 115/384	18/3 700 103/383	17/3 400 93/382	15/3 100 84/381	14/2 800 76/380	12/2 500 69/379	11/2 300 62/379	10/2 100 55/378	9/1 800 49/377
32 000	时间/燃油 距离/速度	23/4 600 133/382	21/4 200 118/381	19/3 900 106/379	17/3 500 96/378	16/3 300 87/378	14/3 000 79/377	13/2 700 71/376	12/2 400 64/375	11/2 200 58/375	10/2 000 52/374	9/1 800 46/373
31 000	时间/燃油 距离/速度	22/4 400 120/377	20/4 000 108/375	18/3 700 98/374	16/3 400 88/373	15/3 100 80/373	14/2 900 73/372	12/2 600 66/371	11/2 400 60/371	10/2 100 54/370	9/1 900 48/369	8/1 700 43/368

续表 5-9

气压高度/ft	单位/①(分钟/海里)②(磅/节)	190	180	170	160	150	140	130	120	110	100	90
30 000	时间/燃油 距离/速度	20/4 200 110/371	18/3 800 99/370	17/3 500 90/369	15/3 300 81/369	14/3 000 74/368	13/2 700 67/367	12/2 500 61/367	11/2 300 55/366	10/2 100 50/365	9/1 800 45/365	8/1 700 40/364
29 000	时间/燃油 距离/速度	19/4 000 100/366	17/3 700 91/365	16/3 400 83/365	15/3 100 75/364	13/2 900 69/363	12/2 600 62/363	11/2 400 57/362	10/2 200 51/362	9/2 000 46/361	8/1 800 42/360	7/1 600 37/360
28 000	时间/燃油 距离/速度	18/3 800 92/362	16/3 500 83/361	15/3 200 76/360	14/3 000 69/360	13/2 800 63/359	12/2 500 58/359	11/2 300 53/358	10/2 100 48/357	9/1 900 43/357	8/1 700 39/356	7/1 500 34/356
27 000	时间/燃油 距离/速度	17/3 600 84/357	15/3 400 77/357	14/3 100 70/356	13/2 900 64/355	12/2 700 59/355	11/2 400 54/354	10/2 200 49/354	9/2 000 44/353	8/1 800 40/353	7/1 700 36/352	7/1 500 34/351
26 000	时间/燃油 距离/速度	16/3 500 77/353	14/3 200 71/352	13/3 000 65/352	12/2 800 59/351	11/2 600 54/351	10/2 300 50/350	9/2 100 45/350	9/2 000 41/350	8/1 800 37/349	7/1 600 33/348	6/1 400 30/348
25 000	时间/燃油 距离/速度	15/3 300 71/349	14/3 100 65/348	13/3 000 60/348	12/2 700 55/348	11/2 500 50/347	10/2 300 46/347	9/2 100 42/346	8/1 900 38/346	7/1 700 35/345	6/1 500 31/345	6/1 400 28/344
24 000	时间/燃油 距离/速度	14/3 200 66/345	13/3 000 60/345	12/2 700 55/344	11/2 500 51/344	10/2 400 47/343	9/2 200 43/343	9/2 000 39/343	8/1 800 35/342	7/1 600 32/342	6/1 500 29/341	6/1 300 26/340
23 000	时间/燃油 距离/速度	13/3 000 60/341	12/2 800 56/341	11/2 600 51/341	10/2 400 47/340	10/2 300 43/340	9/2 100 40/339	8/1 900 36/339	7/1 700 33/339	7/1 600 30/338	6/1 400 27/337	5/1 300 24/337
22 000	时间/燃油 距离/速度	12/2 900 56/338	11/2 700 51/337	11/2 500 47/337	10/2 300 43/337	9/2 200 40/336	8/2 000 37/336	8/1 800 33/336	7/1 700 30/335	7/1 600 28/335	6/1 400 25/334	5/1 200 22/333
21 000	时间/燃油 距离/速度	12/2 800 51/334	11/2 600 47/334	10/2 400 44/334	9/2 200 40/333	9/2 100 37/333	8/1 900 34/333	8/1 800 31/332	7/1 600 28/332	6/1 500 26/331	5/1 300 23/331	5/1 200 20/330
20 000	时间/燃油 距离/速度	11/2 700 47/331	10/2 500 43/331	9/2 300 40/330	9/2 200 37/330	8/2 000 34/330	8/1 800 31/330	7/1 700 29/329	6/1 500 26/329	6/1 400 24/328	5/1 300 21/327	5/1 100 19/327

起飞重量/(1 000 lb)

续表 5-9

气压高度/ft	单位/ ①(分钟/磅) ②(海里/节)		起飞重量/(1 000 lb)										
			190	180	170	160	150	140	130	120	110	100	90
18 000	时间/燃油		10/2 400	9/2 300	8/2 100	8/2 000	7/1 800	7/1 700	6/1 500	6/1 400	5/1 300	5/1 200	4/1 000
	距离/速度		40/325	37/325	34/324	31/324	29/324	26/323	24/323	22/323	20/322	18/321	16/320
16 000	时间/燃油		9/2 200	8/2 100	8/1 900	7/1 800	7/1 700	6/1 500	6/1 400	5/1 300	5/1 200	4/1 100	4/1 000
	距离/速度		33/319	31/319	28/319	26/318	24/318	22/318	20/317	19/317	17/316	15/315	13/314
14 000	时间/燃油		8/2 000	7/1 800	7/1 700	6/1 600	6/1 500	5/1 400	5/1 300	5/1 200	4/1 100	4/1 000	3/900
	距离/速度		27/313	25/313	23/313	22/313	20/313	18/312	17/312	15/311	14/311	13/310	11/309
10 000	时间/燃油		6/1 500	5/1 500	5/1 400	5/1 300	5/1 200	4/1 100	4/1 000	3/900	3/800	3/800	3/700
	距离/速度		17/303	16/303	15/303	14/303	12/302	12/302	11/302	10/301	9/300	8/300	7/298
1 500	时间/燃油		2/700	2/600	2/600	2/600	2/600	2/500	2/500	2/400	1/400	1/400	1/300
	距离/速度												
高海拔机场对燃油的修正		机场标高						2 000	4 000	6 000	8 000	10 000	12 000
		燃油调整						−100	−300	−400	−600	−700	−800

表 5-10 B737-800 飞机爬升性能计算修正

高海拔机场对时间和距离的修正可以忽略	机场标高/ft	2 000	4 000	6 000	8 000	10 000	12 000
	燃油调整/lb	-100	-300	-400	-600	-700	-800

解：① 松刹车重量 $W_{BR}=64\,640$ kg$=64\,640\times2.204\,6=142\,505$ lb

② 查爬升性能数值表见表 5-9，进行线性插值计算。查询结果见表 5-11。

表 5-11 爬升性能查询结果

重量/lb		150 000	142 505	140 000
高度/ft	33 000	17/3 400 93	T1=? /F1=? D1=?	15/3 100 84

爬升时间 $T_{c_1}=\dfrac{17-15}{150\,000-140\,000}(142\,505-140\,000)+15=15.5$ (min)

爬升油量 $F_{c_1}=\dfrac{3\,400-3\,100}{150\,000-140\,000}(142\,505-140\,000)+3\,100=3\,175.15$ (lb)

爬升距离 $D_{c_1}=\dfrac{93-84}{150\,000-140\,000}(142\,505-140\,000)+84=86.25$ (n mile)

③ 根据表 5-10，对爬升油量进行机场标高修正，见表 5-12。

表 5-12 机场标高对爬升油量的修正

机场标高/ft	2 000	3 500	4 000
爬升油量/lb	-100	ΔFUEL	-300

$$\Delta \text{FUEL}=\dfrac{(-300)-(-100)}{4\,000-2\,000}\times(3\,500-2\,000)+(-100)=-250 \text{ (lb)}$$

④ 爬升性能计算结果汇总：

爬升时间 $T_c=15.5$ min

爬升空中距离 $D_c=86.25$ n mile

爬升地面距离 $D_{cg}=86.25+2/3\times60\times15.5/60=86.25+10.33=96.58$ (n mile)

爬升油量 $F_c=F_{c_1}-\Delta\text{FUEL}=3\,175.15-250=2\,925.15$ (lb)

【例题 5】 A320 飞机的爬升性能见表 5-13，已知起飞松刹车重量为 64 640 kg，机场标高为 3 500 ft，巡航高度为 FL330，航路 60 kt 顺风，温度为 ISA，求以 300 kt/M0.78 爬升时，爬升到巡航高度所用的时间、油量和飞过的地面距离。

表 5-13 A320-214 机型 ISA 条件下的爬升性能数值表

爬升-250 kt/300 kt/M0.78　　ISA　　CG=33.0%

最大爬升推力 空调打开 防冰关闭		从松刹车点 时间/min　油量/kg 距离/n mile　真空速/kt							
FL	52	54	56	58	60	62	64		
松刹车重量/(1 000 kg)									
390	18 1326 118 387	19 1400 126 388	21 1478 134 389	22 1563 143 390	23 1657 153 392	25 1763 165 393	27 1884 179 396		
370	16 1240 104 380	17 1304 110 381	18 1371 116 381	19 1442 122 382	20 1517 129 383	21 1598 137 384	23 1685 146 385		
350	15 1168 93 373	16 1226 98 374	16 1287 103 375	17 1351 103 375	18 1417 114 376	19 1487 120 377	20 1560 127 377		
330	14 1102 84 366	14 1156 88 367	15 1212 92 367	16 1270 97 368	17 1331 102 368	17 1394 107 369	18 1459 112 370		
310	13 1038 75 358	13 1088 79 359	14 1140 83 359	14 1193 87 360	15 1249 91 360	16 1306 95 361	17 1366 100 361		
290	11 970 66 348	12 1016 70 349	13 1063 73 349	13 1112 77 350	14 1163 80 350	14 1215 84 351	15 1270 88 351		
270	10 887 57 335	11 928 59 336	11 971 62 336	12 1015 65 336	12 1060 68 337	13 1107 71 337	13 1155 74 337		
250	9 811 48 322	9 849 51 323	10 887 53 323	10 927 56 323	11 968 58 324	11 1010 61 324	12 1053 63 324		
240	9 776 45 316	9 811 47 316	9 848 49 317	10 886 51 317	10 925 54 317	11 965 56 318	11 1006 58 318		

爬升-250 kt/300 kt/M0.78　　ISA　　CG=33.0%

最大爬升推力 空调打开 防冰关闭		从松刹车点 时间/min　油量/kg 距离/n mile　真空速/kt						
FL	66	68	70	72	74	76	78	
松刹车重量/(1 000 kg)								
390								
370	24 1779 155 387	26 1884 166 388	27 2003 179 391					
350	21 1638 134 378	22 1721 141 380	24 1811 150 381	25 1910 159 383	27 2019 170 384	28 2142 183 387	30 2282 197 389	
330	19 1528 118 371	20 1600 124 371	21 1677 131 373	22 1759 138 374	23 1847 146 375	25 1942 154 377	26 2045 164 378	
310	17 1428 105 362	18 1492 110 363	19 1560 115 364	20 1632 121 365	21 1708 127 366	22 1788 134 367	23 1874 141 368	
290	16 1326 92 352	16 1384 96 352	17 1445 101 353	18 1509 106 354	19 1576 111 355	20 1646 116 356	20 1720 122 357	
270	14 1205 78 338	14 1256 81 339	15 1310 85 339	16 1365 89 340	16 1423 93 341	17 1484 97 342	18 1547 101 343	
250	12 1098 66 325	13 1143 69 325	13 1191 72 326	14 1240 75 327	14 1291 78 327	15 1344 82 328	16 1399 85 329	
240	11 1048 61 318	12 1091 64 319	12 1136 66 319	13 1182 69 320	13 1230 72 321	14 1280 75 322	15 1331 78 322	

续表 5-13

爬升-250 kt/300 kt/M0.78　　ISA　　CG=33.0%

最大爬升推力　空调打开　防冰关闭

从松刹车点：时间/min，距离/n mile，油量/kg，真空速/kt

松刹车重量/(1 000 kg)

FL	52	54	56	58	60	62	64
220	8 709 38 303	8 741 40 304	8 774 42 304	9 808 44 304	9 843 46 305	9 879 48 305	10 916 50 305
200	7 645 33 291	7 674 34 291	7 704 36 291	8 735 37 292	8 767 39 292	8 799 41 292	9 833 42 292
180	6 585 28 278	6 611 29 278	6 638 30 278	7 666 32 279	7 695 33 279	7 724 34 279	8 754 36 279
160	5 528 23 264	6 551 24 264	6 576 25 265	6 601 27 265	6 626 28 265	7 653 29 265	7 679 30 266
140	5 473 19 250	5 494 20 250	5 516 21 251	5 538 22 251	6 561 23 251	6 585 24 251	6 609 25 251
120	4 421 16 234	4 440 17 235	4 459 17 235	5 479 18 236	5 499 19 236	5 520 20 236	5 542 21 236
100	3 336 11 207	3 351 12 207	3 367 12 208	4 383 13 208	4 399 13 208	4 416 14 208	4 433 14 209
50	2 220 6 169	2 229 6 169	2 239 6 169	2 250 7 170	2 260 7 170	2 271 7 170	3 282 8 171
15	1 138 3 120	1 144 3 120	1 150 3 120	2 156 3 120	2 163 3 121	2 170 3 121	2 177 3 121

低空调引气 ΔFUEL=-0.6%　　高空调引气 ΔFUEL=+0.6%　　发动机防冰打开 ΔFUEL=+2.5%　　全部防冰打开 ΔFUEL=+5%

爬升-250 kt/300 kt/M0.78　　ISA　　CG=33.0%

最大爬升推力　空调打开　防冰关闭

从松刹车点：时间/min，距离/n mile，油量/kg，真空速/kt

松刹车重量/(1 000 kg)

FL	66	68	70	72	74	76	78
220	10 954 52 306	11 993 54 306	11 1033 56 307	11 1074 59 307	12 1117 61 308	12 1161 64 309	13 1207 66 309
200	9 866 44 293	9 901 46 293	10 937 48 294	10 974 50 294	11 1012 52 295	11 1052 54 296	11 1092 56 296
180	8 784 37 280	8 816 39 280	9 848 40 281	9 881 42 281	9 915 44 282	10 950 45 283	10 986 47 283
160	7 707 31 266	7 735 33 267	8 764 34 267	8 793 35 268	8 823 37 268	8 855 38 269	9 887 40 270
140	6 633 26 252	6 658 27 252	7 684 28 253	7 710 29 254	7 737 31 254	7 765 32 255	8 794 33 256
120	5 563 22 237	6 586 22 237	6 608 23 238	6 632 24 239	6 656 25 239	7 680 26 240	7 705 27 241
100	4 450 15 209	4 468 16 210	5 486 16 211	5 505 17 211	5 524 17 212	5 544 18 213	5 564 19 214
50	3 293 8 171	3 304 8 172	3 316 8 173	3 328 9 174	3 340 9 174	3 352 9 176	3 364 10 177
15	2 184 4 122	2 191 4 122	2 198 4 123	2 205 4 124	2 212 4 125	2 219 4 126	2 227 4 127

低空调引气 ΔFUEL=-0.6%　　高空调引气 ΔFUEL=+0.6%　　发动机防冰打开 ΔFUEL=+2.5%　　全部防冰打开 ΔFUEL=+5%

解:计算方法如下:

① 松刹车重量 $W_{BR}=64640$ kg;

② 查爬升性能数值表见表 5-13,进行插值计算,查询结果见表 5-14。

表 5-14 爬升性能查询结果

重量/kg		64 000	64 640	66 000
高度/ft	33 000	18/1 459 112	T1=? /F1=? D1=?	19/1 528 118

③ 插值计算爬升时间 $\quad T_{c_1}=\dfrac{19-18}{66\,000-64\,000}(64\,640-64\,000)+18=18.32$ (min)

爬升时间 $\quad T_c=T_{c_1}=18.32$ (min)

④ 插值计算爬升油量 $\quad F_{c_1}=\dfrac{1\,528-1\,459}{66\,000-64\,000}(64\,640-64\,000)+1\,459=1\,481.08$ (kg)

爬升油量 $\quad F_c=F_{c_1}=1\,481.08$ (kg)

⑤ 插值计算爬升距离 $\quad D_{c_1}=\dfrac{118-112}{66\,000-64\,000}(64\,640-64\,000)+112=113.92$ (n mile)

爬升空中距离 $\quad D_c=D_{c_1}=113.92$ (n mile)

爬升地面距离 $\quad D_{cg}=113.92+2/3\times60\times18.32/60=113.92+12.21=126.13$ (n mile)

第 6 章　下降性能

本章的下降性能特指飞机的航路下降性能。航路下降为从巡航终点(下降开始点 TOD)到进近开始点(1 500 ft)的下降过程,通常采用慢车推力(IDLE)。下降阶段涉及的两个特性参数是下降梯度和下降率,涉及的 3 个性能参数是下降距离、下降时间和下降油量。本章主要讨论下降参数、下降方式的特点、下降性能的影响因素、下降性能图表的查询方式和下降性能参数的计算方法。

6.1　下降参数

1. 下降特性参数

① 下降梯度:单位距离内下降的高度等于下降高度与水平距离的比值。

② 下降率:单位时间内下降的高度(即垂直速度、升降速度)等于下降高度与时间的比值,计算公式为

$$R_D = V\sin\theta = \frac{\mathrm{d}h}{\mathrm{d}t} \tag{6-1}$$

【例题 1】 某飞机下降时的真空速为 164 kt,飞机相对于气流的下降梯度为 2.8%,求飞机的下降率为多少?

$$R_D = V\sin\theta = 164 \text{ kt} \times 2.8\% = 465 \text{ ft/min}$$

下降梯度代表着下降轨迹,下降轨迹与下降角的大小有关。下降梯度(下降角)小,说明通过同样的水平距离,飞机下降的高度高,飞机的越障能力强。下降梯度越大,下降轨迹越陡;下降梯度越小,下降轨迹越平缓。下降率代表下降高度随下降时间的变化率,代表的是飞机速度的垂直分量,下降率越大,飞机下降到一定高度所需的下降时间越短,飞机的下降性能越好。下降梯度和下降率的对比见表 6-1。

表 6-1　下降梯度和下降率的对比

下降特性参数	描　述	关　系	内　涵
下降梯度	下降角的正弦	正比于 1/K	下降轨迹平缓,下降越障能力
下降率	垂直速度	正比于所需功率	下降时间长短,下降性能好坏

飞行速度对飞机的下降梯度和下降率有重要影响。在给定重量和高度的情况下,以不同真空速下降时,下降梯度和下降率的变化关系曲线如图 6-1 所示,下降梯度和下降率都是随着速度增大先减少后增大。

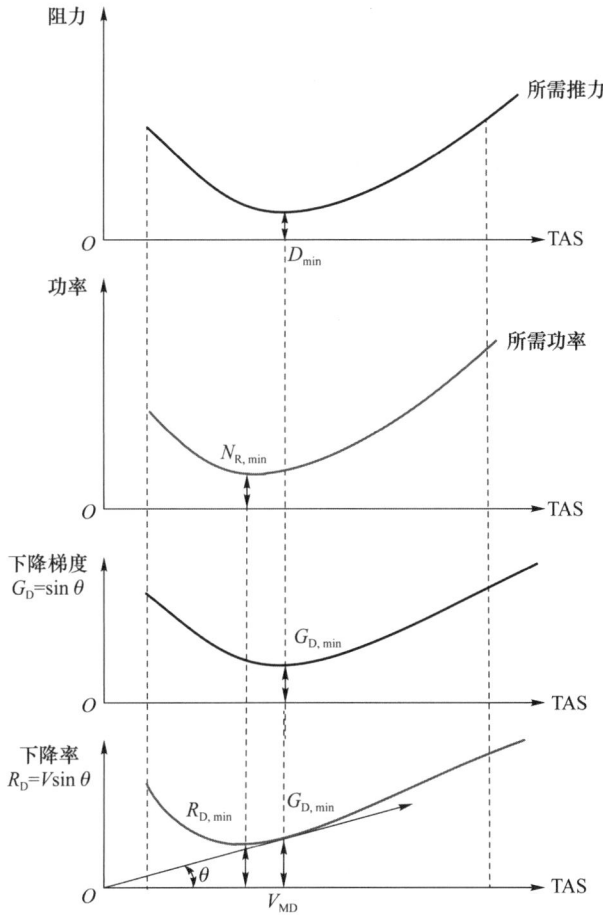

图 6-1 下降梯度和下降率随速度变化曲线

图 6-1 表明,在给定的重量下,当阻力最小或者升阻比最大时,下降梯度最小,最佳升阻比速度(最小阻力速度)被称为最小下降角速度。为了保持最小下降角,下降速度应随飞机重量的增加而增大。以最大升阻比速度下降,下降同样高度,下降距离最大。当飞机遇到单发失效等故障时,以有利速度下降,可以飞到更远的备降场。

下降梯度与下降率与气象因素(温度和风)、飞机因素(重量)、运行因素(高度、速度、加速性)等有关。

① 温度。下降梯度和下降率基本与温度无关。给定高度下,随着温度上升,密度降低,但是 TAS 增加,阻力 D 变化不显著,下降梯度和下降率变化不明显。

② 重量。在速度大于有利速度的情况下,下降梯度和下降率随重量的增大而减小;在速度小于有利速度的情况下,下降梯度和下降率随重量的增大而增大。

③ 气压高度。气压高度越高,密度减小,阻力越小,下降梯度和下降率减小;气压高度越低,密度增大,阻力越大,下降梯度和下降率增大。

④ 航路风。水平风速影响下降梯度(下降角),会改变下降轨迹。顶风时,下降梯度增大;

顺风时,下降梯度减小。水平风对下降梯度的影响见图6-2。

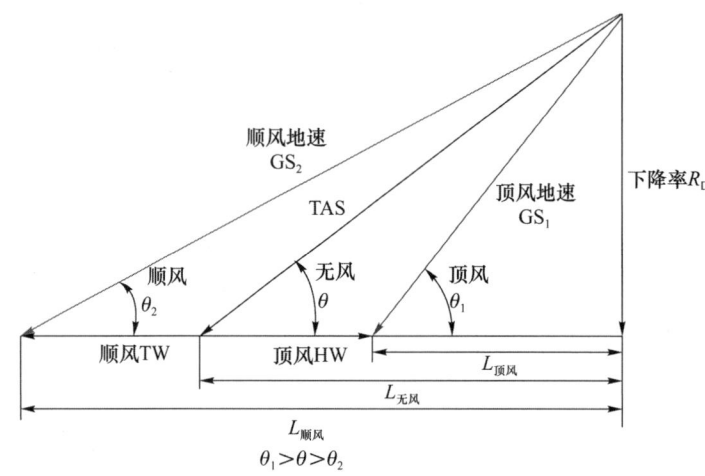

图6-2 水平风对下降梯度的影响

在飞机下降速度、重量、推力等参数一定时,水平风速对下降率没有影响。

⑤ 加速因子。加速下降,加速因子小于0,下降梯度和下降率的绝对值增大;减速下降,加速因子大于0,下降梯度和下降率的绝对值减小。

下降梯度和下降率的影响因素见表6-2。

表6-2 下降梯度和下降率的影响因素

影响因素	下降梯度 G_D	下降率 R_D
温度	温度升高 变化不明显	温度升高 变化不明显
高度	高度降低 同温层 $-h_{36}$:减小 $h_{36}-hc$:增大 $hc-1\,500$:增大	高度降低 同温层 $-h_{36}$:减小 $h_{36}-hc$:增大 $hc-1\,500$:减小
重量	重量增加 $V<V_{MD}$,W 增大,G_D 增大 $V>V_{MD}$,W 增大,G_D 减小	重量增加 $V<V_{MD}$,W 增大,R_D 增大 $V>V_{MD}$,W 增大,R_D 减小
速度	速度增加 先减少后增大 (极值靠右)	速度增加 先减小后增大 (极值靠左)
风向	顶风增大 顺风减小	不变
加速性	加速下降:G_D 增大 减速下降:G_D 减小	加速下降:R_D 增大 减速下降:R_D 减小

2. 下降性能参数

描述飞机下降性能的主要参数有下降时间、下降所经过的水平距离和下降燃油消耗量。

(1) 下降时间

按照下降率定义和计算公式,有

$$R_D = \frac{dh}{dt} \tag{6-2}$$

变换为微分形式为

$$dt = \frac{dh}{R_D} \tag{6-3}$$

对式(6-3)积分,得到下降一小段高度的下降时间:

$$\Delta t_d = \int_{t_1}^{t_2} dt = \int_{h_1}^{h_2} \frac{dh}{R_D} \tag{6-4}$$

在工程计算中,可采用数值积分的方法,即

$$\Delta t_d = t_2 - t_1 = \frac{H_{g2} - H_{g1}}{(R_D)_{avg}} = \frac{\Delta H_g}{(R_D)_{avg}} \tag{6-5}$$

式中,Δt_d 即为飞机下降 ΔH_g 高度所用的下降时间;$(R_D)_{avg}$ 为在 Δt_d 时间内从 H_{g1} 下降到 H_{g2} 的平均下降率。选择合适的高度步长 ΔH_g 可以保证足够的计算精度。

在非标准大气条件下,几何高度不等于气压高度,由几何高度和气压高度的换算关系式可知,Δt_d 的计算公式可以改为

$$\Delta t_d = \frac{H_{p2} - H_{p1}}{(R_D)_{avg}} \cdot \frac{T_a}{T_s} \tag{6-6}$$

式中,T_a 和 T_s 分别表示非标准大气和标准大气的温度。则下降时间为

$$T_d = \sum \Delta t_d \tag{6-7}$$

(2) 下降距离

下降距离为飞机下降一定高度后所前进的水平距离,即地面水平距离。民航客机的下降轨迹角 θ 很小,即有 $\cos\theta \approx 1$,因此可得下降一小段高度的水平距离:

$$\Delta D_d = V_{avg} \Delta t_d \tag{6-8}$$

式中,V_{avg} 表示指定的计算高度步长内的平均下降速度。则下降的水平距离为

$$D_d = \sum \Delta D_d \tag{6-9}$$

(3) 下降油量

下降一小段高度的下降油量为

$$\Delta F_d = C_{h,avg} \Delta t_d \tag{6-10}$$

式中,$C_{h_{avg}}$ 表示指定的计算高度步长内的平均燃油流量。则下降油量为

$$F_d = \sum \Delta F_d \tag{6-11}$$

已知下降梯度、下降率和下降高度,求解下降时间、下降距离和下降油量的计算流程如图 6-3 所示。

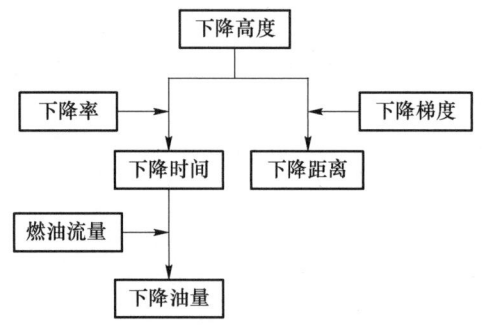

图 6-3 下降时间、下降距离和下降油量计算流程

（4）下降性能参数的影响因素

由下降率定义可知，在下降至相同高度时，下降时间与下降率成反比。由下降梯度定义可知，在下降至相同高度时，下降距离与下降梯度成反比。由式（6-10）可得，下降油量与下降时间成正比，与下降率成反比。因此影响下降梯度和下降率的因素也会影响下降时间、下降距离和下降油量。

描述下降性能的参数有下降时间、下降距离和下降油量。下面从气象因素（温度和风）、飞机因素（重量）、运行因素（高度、速度、加速性）3个方面对下降性能参数进行分析。下降时间、下降油量和下降距离的影响因素见表 6-3。

表 6-3 下降时间、下降油量和下降距离的影响因素

影响因素	下降时间 （下降油量）	下降距离
温度升高	不确定	不确定
高度降低	不确定	不确定
重量增加	增加	增大
速度增加	先增加后减少	先增大后减小
风向	不变	顶风减小 顺风增大
加速性	加速下降：下降时间增加 减速下降：下降时间减少	加速下降：下降距离增大 减速下降：下降距离减小

风对等马赫数/等表速下降性能的影响见表 6-4。

表 6-4 风对等马赫数/等表速下降性能的影响

风对下降参数影响	水平风只影响下降梯度，不影响下降率；
对下降梯度影响	逆风：下降梯度增大，下降角增大，下降轨迹变陡，下降距离减小 顺风：下降梯度减小，下降角减小，下降轨迹平缓，下降距离增大
对下降率影响	逆风时，下降率不变，下降油量和下降时间不变 顺风时，下降率不变，下降油量和下降时间不变

6.2 常用下降方式和下降速度

1. 下降剖面

为了便于飞行员操纵,民航飞机典型下降时采用等马赫数/等表速下降,在高空考虑压缩性的影响,按固定马赫数下降,在低空保持等表速下降。等马赫数/等表速下降方式默认的速度限制是 10 000 ft 以下 250 kt。典型下降剖面如图 6-4 所示。

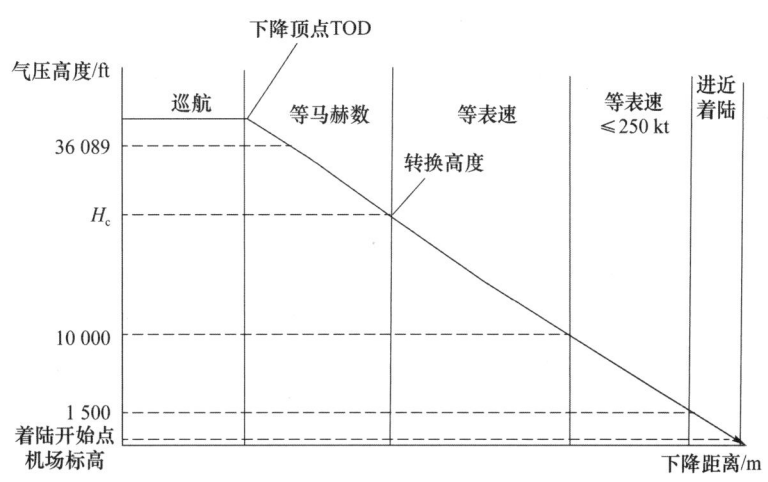

图 6-4 民航飞机典型下降剖面

与爬升阶段类似,飞机在 3 000 m(10 000 ft)及以下高度下降时的表速通常保持在 250 kt 或以下。

2. 典型下降速度

民航飞机通常使用恒定的马赫数和指示空速(IAS)来下降,即高空等马赫数下降,低空等表速下降,部分典型机型的下降速度如表 6-5 所列。

表 6-5 常见机型的典型下降速度

机 型	典型下降速度
E190	0.73/280kt/250kt
ARJ21-700	0.75/280kt/250kt
B737-800	0.78/280kt/250kt
B777-200	0.84/310kt/250kt
B747-400	0.84/340kt/250kt
B787	0.85/310kt/250kt
A320	0.78/300kt/250kt
A330	0.8/300kt/250kt
A350	0.85/320kt/250kt
A380	0.84/320kt/250kt

等马赫数/等表速下降的特点如下:

① 同温层至对流层顶 36 089 ft：同温层至对流层顶之间温度恒定，声速不变，等马赫数下降，真空速不变（定常下降），为等速下降过程，加速因子等于零。

② 高高度：对流层顶高度至转换高度 H_c：高空等马赫数下降时，H_p 减小，T 增大，a 增加，V_T 增加，为加速下降过程，加速因子小于零。

③ 低高度：转换高度 H_c 至 1 500 ft：低空等表速下降时，即 V_I 为常数，H_p 减小，ρ 增加，V_T 减小，为减速下降过程，加速因子大于零，部分剩余推力用来增加动能。

等马赫数/等表速下降时 IAS、TAS、马赫数的变换关系见表 6-6。

表 6-6 等马赫数/等表速下降时 IAS、TAS、马赫数的变换关系

下降方式	下降阶段	表速 IAS	真空速 TAS	马赫数	下降类型
等马赫数下降	同温层至对流层顶 H_{36}	增大	不变	不变	等速下降
等马赫数下降	H_{36}～转换高度 H_c	增大	增大	不变	加速下降
等表速下降	转换高度 H_c～10 000 ft	不变	减小	减小	减速下降
等表速下降	10 000～1 500 ft	250 kt	减小	减小	减速下降

某型飞机等马赫数下降/等表速下降的下降真空速变化曲线见图 6-5。

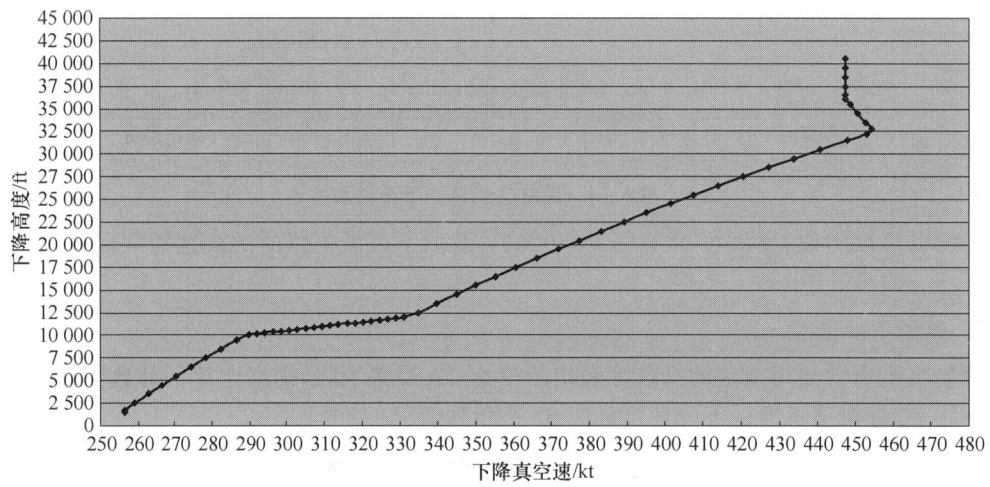

图 6-5 某型飞机等马赫数下降/等表速下降的下降真空速变化曲线

3. 经济下降

经济下降也称最小成本下降。经济下降速度与成本指数 CI 成正比。CI 越大，下降速度就越大；CI 越小，下降速度就越小。与经济爬升类似，高空所使用的经济下降马赫数通常等于飞机的经济巡航马赫数。

4. 紧急下降

紧急下降也称为应急下降，是为了应对客舱失压、失火等紧急情况。此时，飞机会打开减速板，使用 MMO/VMO（或考虑到结构破损的可能性会略小于此速度）进行下降。

5. VNAV 下降

FMC 中 VNAV 下降可以选择两种方式：轨迹下降（PATH）和速度下降（SPD）。在轨迹下降过程中，FMC 使用慢车推力和俯仰控制来保持垂直轨迹，类似于三维中的下滑道；在速度

下降过程中,FMC 使用慢车推力和俯仰控制来保持目标下降速度,类似于高度层改变下降。轨迹方式控制下降,以便飞出符合飞行计划中的高度和速度限制的垂直轨迹。速度方式以固定的速度控制下降,且遵守飞行计划中的高度和速度限制。默认的 VNAV 下降方式为 ECON PATH。

6. 固定下降率下降

当飞行员在 MCP 板上选择垂直速度(V/S)模式或者高度层改变(LVL CHG)模式,且选择的目标高度小于当前高度时,会采取固定下降率模式下降。下降过程中通过变化推力来达到要求的下降率(此时的下降推力一般会大于慢车推力),通常适用于高度改变量不大时的下降。此时的水平速度通常保持在原来选定的模式下(如等表速/等马赫数或者经济爬升模式)。

7. 固定下降梯度下降

固定下降梯度方式为下降过程中保持固定的下降梯度,如某些机场的连续下降运行(CDO)程序会要求飞机在下降时保持固定下降梯度角(即固定下降梯度)。同时,在飞机截获下滑道后的最后进近阶段,一般也是保持固定下降梯度角下降。此时,在下降过程中通过调整推力来达到要求的下降梯度。

8. 阶梯下降与连续下降运行

由于飞行程序设计缺陷、飞行冲突调配需要或其他原因,飞机到一些机场落地时,从下降开始点(TOD)到最后进近开始点(FAF)通常采用阶梯下降方式(也称梯级下降),即首先下降到一个许可高度后保持平飞,然后当得到许可后再下降到新的高度层继续平飞,直至达到 FAF 点(或之前结束,具体与管制员指挥有关)。此种方式下,由于存在比较多的低空平飞段,飞机的油耗较高、CO_2 排放较多。同时,飞行操纵的难度也较大、旅客舒适性也比较差。

与传统的阶梯下降相比,连续下降运行(Continuous Descent Operations,CDO)是一种尽可能保持航空器在高高度飞行直至最佳下降点的运行方式。从下降顶点 TOD 开始,一直保持一种连续的下降运行方式,直到航空器衔接到常规 ILS 进近、RNP 进近或其他进近程序。航空器在 CDO 过程中,发动机处于慢车(Idle)或小推力状态,燃油消耗率较低。图 6-6 为传统下降和连续下降示意图。

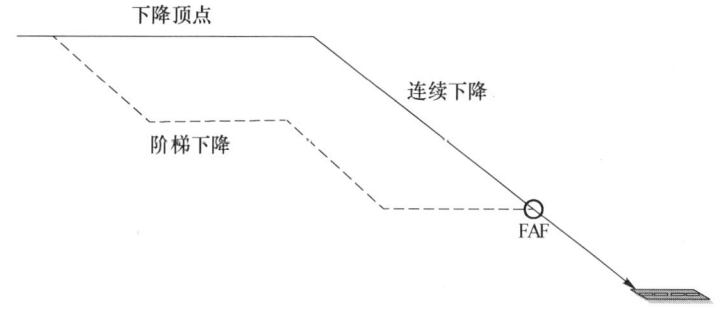

图 6-6 传统下降和连续下降示意图

CDO 运行期间,进场航空器在到达最后进近定位点或最后进近点之前,尽量延长高高度飞行时间,在下降顶点(TOD)之后利用慢车推力,以一种低阻力形态连续下降。CDO 运行可以涵盖整个下降阶段,也可能是下降中的局部阶段。按照 CDO 程序飞行时,飞行员通常会尽量保持高高度飞行,到达飞行管理计算机(FMC/FMGC)提示的下降顶点 TOD 后才开始根据管制员指定的目标高度慢车连续下降,并向管制员报告"开始下降"或者至少在到达下降顶点前 1 min,主动向管制员申请下降高度。

CDO 的运行优势主要体现在：

① 提升安全水平。航空器在下降的关键阶段,减少了改平频次和出错概率,提高了飞行稳定性与连贯性。

② 实现节能减排。CDO 运行不但能够节省燃油消耗和缩短飞行时间,还可以缓解噪声的影响范围,减少 CO_2 排放。

③ 降低工作负荷。航空器飞行员拥有更多的自主权和预判力,同时飞行操作和检查校对工作也大大减少,大幅降低陆空通话和操作互检导致的出错概率。

④ 提升乘机舒适度。航空器可以较长时间保持在云层上方巡航飞行,缩短通过结冰区、湍流区等气象条件较为恶劣空域的时间,进而提升旅客乘机的舒适感。

在实施 CDO 运行时,相关空域通常采用进离场分离的方式,尽可能减少航空器交叉穿越相同高度。实际运行中,由于受空中其他航空器活动、空域限制、天气状况等因素影响,CDO 的应用可能会受到限制,目前在一些机场主要用于航班较少的时段(如凌晨)。

6.3 下降性能计算与应用

1. 下降性能参数的软件计算

对于典型等马赫数/等表速下降方式,波音飞机性能 PET 软件的 Speed 选项 Descent Speed Option 设置为 Airspeed/Mach 下降方式,如图 6-7 所示。

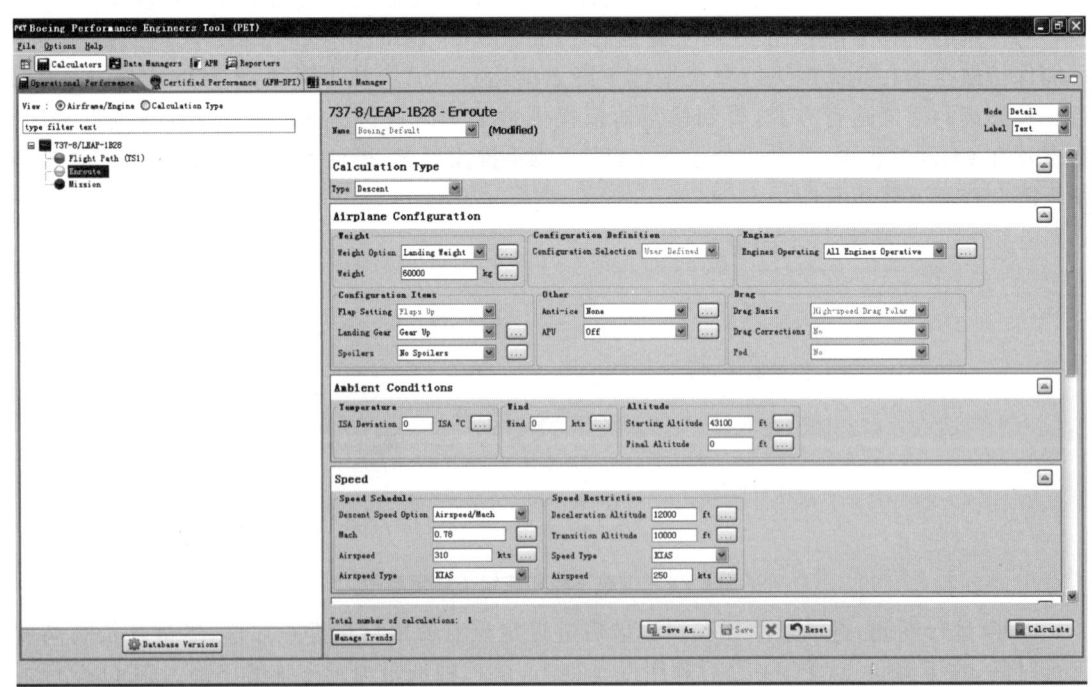

图 6-7 波音 PET 软件下降性能计算页面(等马赫数/等表速下降)

2. FMC 下降页面

FMC 可以提供等马赫数/等表速下降、经济下降。等马赫数/等表速下降和经济下降为典型下降速度。波音飞机 FMC 下降页面如图 6-8 所示，FMC 中巡航下降的设置如图 6-9 所示。

图 6-8 波音飞机 FMC 下降页面

图 6-8 中，数字"1"表示下降方式为经济轨迹下降，固定速度下降，经济下降。数字"2"表示下降高度终点，数字"3"表示目标速度，数字"4"表示速度限制，数字"5"表示经济下降，数字"6"表示下降预报，数字"7"表示轨迹下降，数字"8"表示现在下降。

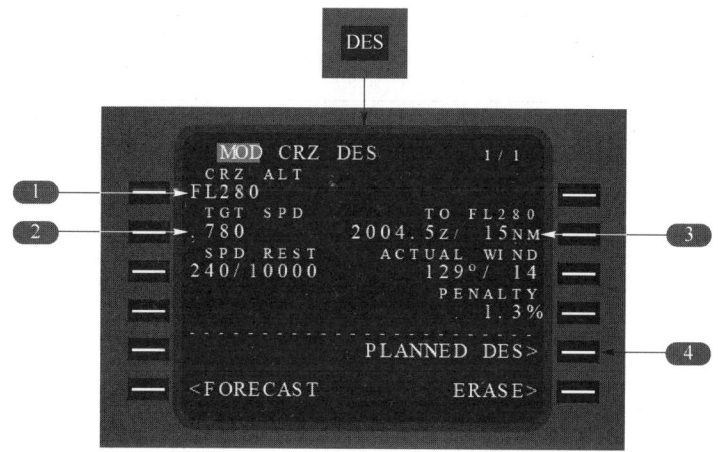

图 6-9 FMC 中巡航下降的设置

图 6-9 中，数字"1"表示新的较低巡航高度层，数字"2"表示目标巡航速度，数字"3"表示到达新的巡航高度层的预计时间 ETA 和至该高度的距离，数字"4"表示计划下降。

3. 下降性能参数计算

某型国产民机下降性能数值见表 6-7，该下降性能表是在空调引气打开、防冰关闭、空中慢车推力的条件下制定的，采用 M0.75/280 kt/250 kt 等马赫数/等表速的全发航路正常下降方式。

表 6-7　某型 ISA 条件下的下降性能数值表

正常下降 - M0.75/280 kt/250 kt										
空中慢车推力 空调引气打开 防冰关闭				ISA						
	重量/(1 000 kg)									IAS /kt
飞行高度层/ (100 ft)	27			35			43			
	时间/ min	油耗/ kg	距离/ n mile	时间/ min	油耗/ kg	距离/ n mile	时间/ min	油耗/ kg	距离/ n mile	
390	13.3	131	78	15.5	153	91	—	—	—	231
370	12.6	126	73	14.8	147	86	—	—	—	242
350	12.0	121	69	14.1	142	81	15.6	157	89	253
330	11.5	117	65	13.5	137	77	15.0	152	85	265
310	11.1	114	62	13.0	133	73	14.4	147	81	277
290	10.5	109	58	12.4	128	68	13.6	141	75	280
270	9.9	104	53	11.6	122	63	12.8	135	70	280
250	9.3	99	49	10.9	116	58	12.0	128	64	280
240	9.0	96	47	10.5	113	55	11.6	124	61	280
220	8.3	91	43	9.8	106	51	10.8	117	56	280
200	7.7	85	39	9.1	99	46	10.0	109	51	280
180	7.1	79	35	8.3	93	41	9.1	101	46	280
160	6.5	73	32	7.6	85	37	8.3	93	41	280
140	5.8	67	28	6.8	78	32	7.4	84	36	280
120	5.2	60	24	6.0	70	28	6.5	75	31	280
100	4.5	53	20	5.2	61	24	5.6	66	26	280
100	4.2	49	19	4.8	57	22	5.2	61	23	250
50	1.8	23	8	2.1	26	9	2.2	28	10	250
15	0.0	0	0	0.0	0	0	0.0	0	0	250
发动机短舱防冰打开，机翼防冰关闭，Δ时间 = -0.2%，Δ油耗 = +0.5%，Δ距离 = -0.2% 发动机短舱防冰打开，机翼防冰打开，Δ时间 = +5.3%，Δ油耗 = +29%，Δ距离 = +5.2% 每高于 ISA 1 ℃，Δ时间 = -0.17%，Δ油耗 = 0%，Δ距离 = +0.01%										

表 6-7 上部的横行为下降重量，即下降开始重量，不是着陆重量，单位为 kg。

【例题 2】：某型飞机下降重量为 35 000 kg，机场标高 3 500 ft，巡航高度为 FL350，空调引气打开，防冰关闭，航路 60 kt 顺风，温度为 ISA。求以 M 0.75/280 kt/250 kt 下降时下降到机场标高所用的时间、油量和飞过的空中距离。

解：

① 下降重量 $W_d = 35000$ kg。

② 查下降性能数值表 6-7，进行插值计算。

③ 从下降性能数值表中查得从飞行高度 35 000 ft 下降到 1 500 ft：

下降所用时间 $T_{d_1} = 14.1$ min；

下降所用油耗 $F_{d_1} = 142$ kg；

下降所用距离 $D_{d_1} = 81$ n mile。

④ 从下降数据表中查得：从 5 000 ft（3 500 ft＋高于机场标高 1 500 ft）下降到 1 500 ft：

下降所用时间 $T_{d_2} = 2.1$ min；

下降所用油耗 $F_{d_2} = 26$ kg；

下降所用距离 $D_{d_2} = 9$ n mile。

由于防冰关闭，不使用防冰引气状态修正。

⑤ 从飞行高度层 FL350 下降到 FL50：

下降所用时间 $T_d = T_{d_1} - T_{d_2} = 14.1 - 2.1 = 12$ min；

下降所用油耗 $F_d = F_{d_1} - F_{d_2} = 142 - 26 = 116$ kg；

下降所用距离 $D_d = D_{d_1} - D_{d_2} = 81 - 9 = 72$ n mile。

【例题 3】 B737-800（CFM56-7B26）飞机的下降性能见表 6-8，已知飞机着陆重量为 53 000 kg，飞机由 FL330 按 M0.78/280 kt/250 kt 下降，机场标高 6 000 ft，航路 60 kt 顺风。求下降到接地所用的时间、油量、飞过的地面距离。

表 6-8 B737-800 飞机下降性能数值表

气压高度/ft	时间/min	油量/lb	距离/n mile			
			着陆重量/(1 000 lb)			
			90	110	130	150
41 000	26	750	103	119	132	141
39 000	26	740	98	113	126	135
37 000	25	730	93	108	120	129
35 000	24	720	89	103	115	123
33 000	23	710	86	99	110	118
31 000	22	690	81	94	104	112
29 000	21	680	76	88	97	105
27 000	20	660	72	82	91	98
25 000	19	640	67	77	85	91
23 000	18	620	62	71	79	84
21 000	17	600	58	66	73	78
19 000	16	580	53	61	67	71
17 000	15	550	49	55	61	64
15 000	14	530	44	50	55	58
10 000	11	440	31	34	37	38
5 000	7	330	18	19	20	21
1 500	4	250	9	9	9	9

解:

① 着陆重量 LDW = 53 000 kg = 53 000 × 2.204 6 = 116 843.8 lb;

② 查下降性能数值表 6-8,列出表 6-9,进行插值计算。

表 6-9 下降性能查询结果

高度/ft	时间/min	油量/lb	距离/n mile		
			110 klb	116 843.8 klb	130 klb
33 000	23	710	99	D_1 = ?	110

③ 插值计算。

下降距离 $D_{d_1} = \dfrac{110-99}{130\,000-110\,000}(116\,843.8-110\,000) + 99 = 3.76 + 99 = 102.76\,(\text{n mile})$。

④ 下降性能计算结果汇总。

下降时间 $T_d = 23$ min;

下降空中距离 $D_d = 102.76$ n mile;

下降油量 $F_d = 710$ lb;

下降的地面距离 $D_{dg} = 102.76 + 2/3 \times 60 \times 23/60 = 102.76 + 15.33 = 118.09$ n mile。

【例题 4】 A320 飞机的下降性能见表 6-10,已知飞机着陆重量为 53 000 kg,飞机由 FL330 按 M0.78/300 kt/250 kt 下降,机场标高 6 000 ft,航路 60 kt 顺风。求下降到接地所用的时间、油量、飞过的地面距离。

表 6-10 A320 ISA 条件下的下降性能数值表

	下降-M0.78/300 kt/250 kt									
慢车推力 空调打开 防冰关闭	标准大气 重心=33%				最大客舱下降率 350 ft/min					
	重量/(1 000 kg)									表速/kt
飞行高度层/(100 ft)	45				65					
	时间/min	油量/kg	距离/n mile	转速 N_1	时间/min	油量/kg	距离/n mile	转速 N_1		
390	16.1	204	101	68.8	17.4	165	106	IDLE		241
370	14.6	174	89	69.9	16.7	160	100	IDLE		252
350	12.9	134	77	72.1	16.0	156	95	IDLE		264
330	12.0	119	70	IDLE	15.4	153	91	IDLE		277
310	11.6	117	67	IDLE	14.8	149	86	IDLE		289
290	11.1	114	64	IDLE	14.2	145	82	IDLE		300
270	10.6	110	59	IDLE	13.4	141	76	IDLE		300
250	10.0	107	55	IDLE	12.7	136	71	IDLE		300
240	9.7	105	53	IDLE	12.3	133	68	IDLE		300
220	9.1	100	49	IDLE	11.5	127	62	IDLE		300

续表 6-10

下降- M0.78/300 kt/250 kt											
慢车推力 空调打开 防冰关闭			标准大气 重心=33%				最大客舱下降率 350 ft/min				
飞行高度层/ (100 ft)	重量/(1 000 kg)										表速/ kt
	45					65					
	时间/ min	油量/ kg	距离/ n mile	转速 N_1		时间/ min	油量/ kg	距离/ n mile	转速 N_1	
200	8.5	94	45	IDLE		10.6	119	56	IDLE		300
180	7.8	86	40	IDLE		9.8	109	51	IDLE		300
160	7.1	78	36	IDLE		8.8	97	45	IDLE		300
140	6.3	67	31	IDLE		7.9	83	39	IDLE		300
120	5.6	57	27	IDLE		6.9	70	33	IDLE		300
100	4.9	48	23	IDLE		6.0	58	28	IDLE		300
50	1.7	15	7	IDLE		2.1	18	9	IDLE		250
15	.0	0	0	IDLE		.0	0	0	IDLE		250
修正		低空调引气			发动机防冰开		全部防冰开		高于标准温度每1度		
时间		—			+6%		+6%		—		
油量		-2%			+28%		+44%		+0.2%		
距离					+3%		+4%		+0.3%		

解：计算方法如下：
① 着陆重量 LDW=53 000 kg。
② 查下降性能表 6-10,列出表 6-11,然后进行插值计算。

表 6-11 下降性能查询结果

重量/kg		45 000	53 000	65 000
高度/ft	33 000	12/119 70	T1=? /F1=? D1=?	15.4/153 91

③ 插值计算。
$$T_{d_1}=\frac{15.4-12}{65\,000-45\,000}(53\,000-45\,000)+12=13.36\,(\text{min})$$
下降时间 $T_d=T_{d_1}=13.36$ min
④ 插值计算。
$$F_{d_1}=\frac{153-119}{65\,000-45\,000}(53\,000-45\,000)+119=132.6\,(\text{kg})$$
下降油量 $F_d=F_{d_1}=132.6$ kg
⑤ 插值计算。
下降距离 $D_1=\dfrac{91-70}{65\,000-45\,000}(53\,000-45\,000)+70=8.4+70=78.4\,(\text{n mile})$
下降空中距离 $D_d=D_{d_1}=78.4$ nm
下降的地面距离 $D_{dg}=78.4+2/3\times60\times13.36/60=78.4+8.9=87.3\,(\text{n mile})$

第7章 平飞性能

飞机的平飞性能主要包括巡航和等待。巡航是指从飞机爬升阶段结束点(TOC)到开始下降点(TOD)之间的飞行过程,通常保持升力和重力相等,推力和阻力相等,接近于定常直线飞行状态。等待是指飞机在目的机场或备降机场上空因空中交通管制或气象原因所做的跑马场型的机动飞行。对于涡轮喷气式民用运输机,能否发挥飞机的最佳巡航性能是评价飞机好坏的主要指标之一,其关系到飞机运行的经济性。

本章主要介绍巡航段巡航参数(巡航时间、巡航距离、燃油消耗量)的计算,巡航的高度、速度特性,一台或两台发动机停车时的巡航性能及航路释压后的供氧性能。

7.1 巡航参数的计算

7.1.1 燃油里程

由燃油里程、燃油流量和燃油消耗率的关系可知

$$R_S = V \cdot \frac{1}{C_h} = V \cdot \frac{1}{C_S \cdot F_N} \tag{7-1}$$

定常巡航飞行时,飞机的推力等于阻力,升力等于重力,因此有

$$R_S = \frac{V}{C_S} \cdot \frac{L}{D} \cdot \frac{1}{W} = \frac{a_0 \sqrt{\theta} \cdot Ma}{C_S} \cdot \frac{L}{D} \cdot \frac{1}{W} = \frac{a_0 \cdot Ma \cdot \frac{L}{D}}{\frac{C_S}{\sqrt{\theta}} \cdot W} \tag{7-2}$$

由式(7-2)可以看出,飞机的航程与飞机的气动特性(马赫数和升阻比)、发动机特性(燃油消耗率)、飞机重量有关。一般认为,涡轮喷气运输机在最大航程巡航时燃油消耗率近似为常数,在飞机重量一定的情况下,飞机要想获得最大航程,就必须使马赫数与升阻比的乘积为最大值。通过飞机的高速极曲线可以得到不同马赫数情况下的升阻比,B737-800飞机不同马赫数情况下的高速极曲线如图7-1所示,$Ma=0.79$时的极曲线如图7-2所示,由图7-2可以看出,当飞行马赫数一定时,迎角不同,升阻比不同,马赫数与升阻比乘积的最大值在升阻比取得最大时获得,此时的迎角为有利迎角,即极曲线与过原点的切线相交点所对应的迎角。由图7-1可以看出,对于不同的马赫数,最大升阻比不同。表7-1给出了B737-800飞机不同马赫数情况下的最大升阻比,由表可以看出,马赫数较小时,最大升阻比较大,但是马赫数与最大升阻比的乘积并不是最大;而马赫数较大时,由于压缩性影响,阻力增大,使得最大升阻比减小,马赫数与升阻比的乘积也减小。因此,马赫数与升阻比乘积的最大值并不是出现在较小或最大马赫数情况下,而一般是出现在较大的飞行马赫数情况下。

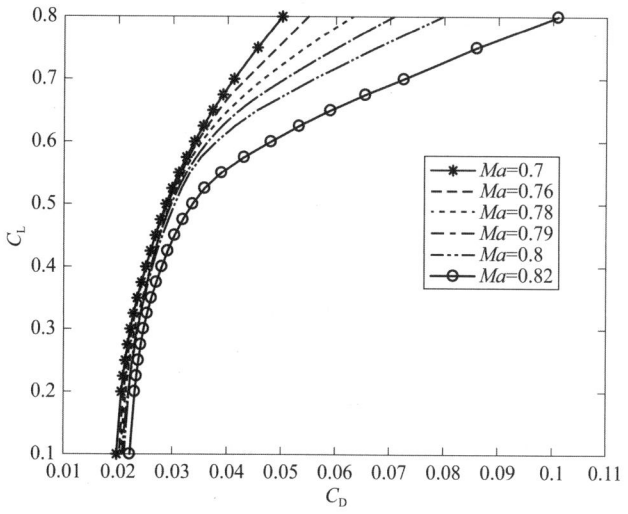

图 7-1 B737-800 飞机的高速极曲线

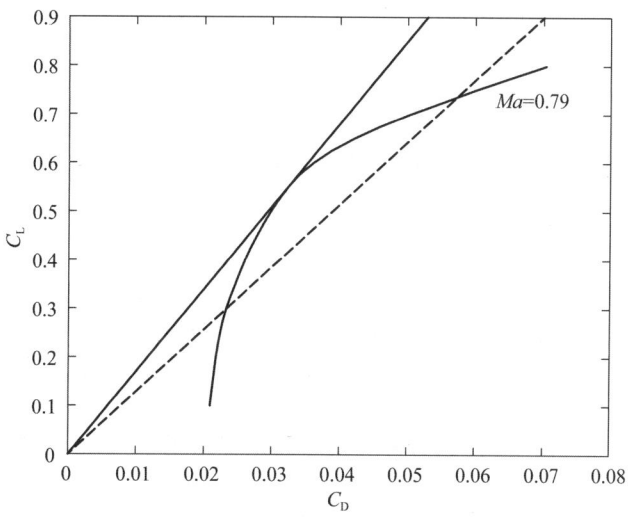

图 7-2 B737-800 飞机 $Ma=0.79$ 时的极曲线

表 7-1 B737-800 飞机不同马赫数情况下的最大升阻比

马赫数	0.45	0.5	0.6	0.7	0.76	0.78	0.79	0.80	0.82
最大升阻比	18.435	18.260	18.031	17.692	17.408	17.2	17.019	16.606	14.9
马赫数与最大升阻比的乘积	8.296	9.131	10.818	12.385	13.23	13.416	13.445	13.284	12.218

在飞机初步设计中,式(7-2)多用于分析、确定翼载和巡航需用推力。为了得到较大的航程,飞机的马赫数与升阻比的乘积要大,燃油消耗率要低,载油量要大。如图 7-3 所示,B737-700 型飞机与 B737-300 相比,由于改进了气动效率,马赫数与升阻比乘积的最大值增大了 15%,极大地改善了飞机的巡航性能。

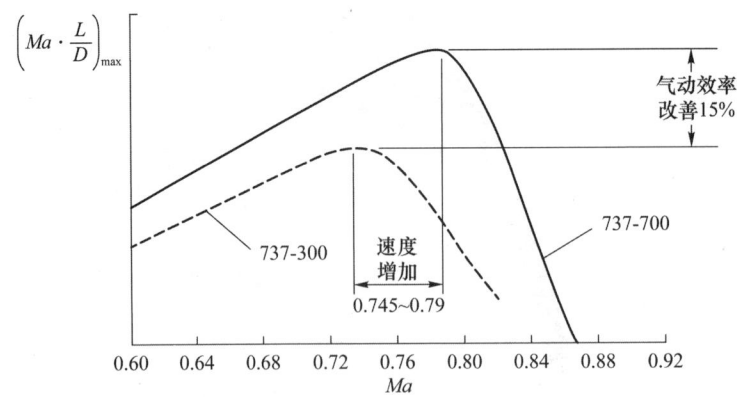

图 7-3　B737-700、B737-300 气动效率对比

7.1.2　影响航程的运行因素分析

定常巡航飞行时,式(7-2)可以改写为

$$R_S = \frac{1}{C_S} \cdot \frac{1}{\sqrt{\rho}} \cdot \sqrt{\frac{2}{S_W}} \cdot \frac{1}{\sqrt{W}} \cdot \frac{\sqrt{C_L}}{C_D} \tag{7-3}$$

消耗相同可用燃油量,燃油里程越大,则航程越长,因此影响燃油里程的因素也就是影响航程的因素。由式(7-3)可见,影响航程的因素有

(1) 飞机重量

飞机重量越大,燃油里程越小。由平飞运动方程可知,飞机的需用推力与飞机重量成正比。飞机重量增大,保持巡航飞行的所需用推力越大,飞过相同距离所做的功越多,需要消耗更多的燃料,即燃油里程减小。同理,在飞机加载一定燃油量的情况下,飞机越重,航程越短。

(2) 气动特性

对于已知重量和飞行高度的飞机,为了使燃油里程取得最大值,需要 $\dfrac{\sqrt{C_L}}{C_D}$ 最大,即要求在 $\dfrac{\sqrt{C_L}}{C_D}$ 最大时所对应的迎角飞行,按平飞条件 $\dfrac{\sqrt{C_L}}{C_D}$ 可写成

$$\frac{\sqrt{C_L}}{C_D} = \frac{V}{F_N} \cdot \frac{\sqrt{W \rho S_W}}{\sqrt{2}} \tag{7-4}$$

$\dfrac{\sqrt{C_L}}{C_D}$ 最大,要求在 $\dfrac{V}{F_N}$ 最大所对应的迎角飞行。图 7-4 为飞机的所需推力曲线,作一条过坐标原点的所需推力曲线的切线,若燃油消耗率不变,则在该点处,$\dfrac{V}{F_N}$ 取最大值,即以该点的速度平飞时,燃油里程最大。在燃油量一定的情况下,飞机可以平飞的航程最长,所以称这个速度为远航速度,记为 V_{MRC}。

由图 7-4 可以看出,推力曲线上最小所需推力所对应的速度记为 V_E,此时迎角为有利迎角,飞机的升阻比最大。由喷气式发动机燃油流量与发动机燃油消耗率及可用推力之间的关

系可知,如果发动机燃油消耗率为常数,则飞机以有利速度平飞时,发动机燃油流量最小,因此,在燃油量一定的情况下,飞机可以平飞的航时最大。可见,如果发动机燃油消耗率不变,有利速度就是飞机的久航速度。

由图 7-4 可以看出,远航速度大于久航速度,远航速度所对应的迎角稍小于有利迎角。

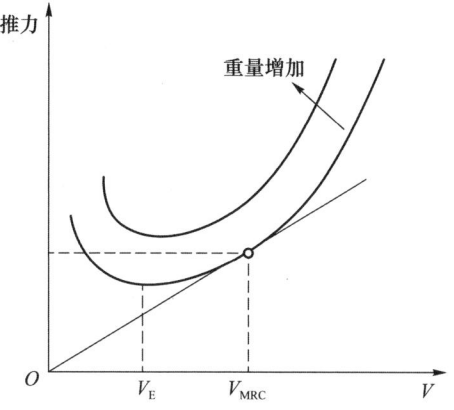

图 7-4 飞机的所需推力曲线

下面推导远航速度和久航速度的关系:

假定阻力系数为升力系数的二次函数,则阻力系数可近似表示为

$$C_D = C_{D_0} + AC_L^2$$

则有

$$\frac{\sqrt{C_L}}{C_D} = \frac{\sqrt{C_L}}{C_{D_0} + AC_L^2}$$

求该函数的最大值,有

$$\left(\frac{\sqrt{C_L}}{C_D}\right)_{max} = \frac{3}{4}\left(\frac{C_{D_0}^3}{3A}\right)^{\frac{1}{4}}$$

其对应的升力系数为

$$C_L = \sqrt{\frac{C_{D_0}}{3A}} \tag{7-5}$$

升阻比为

$$\frac{C_L}{C_D} = \frac{C_L}{C_{D_0} + AC_L^2}$$

其最大值为

$$\left(\frac{C_L}{C_D}\right)_{max} = \frac{1}{2\sqrt{C_{D_0} \times A}}$$

其对应的升力系数为

$$C_L = \sqrt{\frac{C_{D_0}}{A}} \tag{7-6}$$

由此可以得出,取得最大航程时对应的升力系数比最大升阻比时(即阻力最小点)的升力系数要小,也表明该迎角要小于最大升阻比的迎角。基于以上分析,可以确定远航速度和有利速度的关系式,即理论上讲,飞机的远航速度约为其久航速度的1.316倍,即

$$V_{MRC} = \sqrt[4]{3} V_E = 1.316 V_E \tag{7-7}$$

(3) 发动机燃油特性

燃油消耗率越小,燃油里程越大,航程越长,燃油里程与燃油消耗率成反比。

(4) 飞行高度

燃油里程与大气密度成反比,可见飞行高度越高,大气密度越低,燃油里程越大。但是超过一定高度后,高度的增加会使燃油消耗率增大,因此最有利的巡航高度是低于升限的较高高度,由具体发动机特性确定。

7.2 常见的巡航类型

民用喷气运输机巡航参数的选定,在遵守空中交通管制规定的前提下,主要考虑节省燃油,缩短飞行时间,降低成本,以取得最大的经济效益,同时还要便于驾驶员操纵。下面从理论上取得最大航程的分析开始,结合以上要求,分析常见的几种巡航方式。在实际运行中根据不同情况可采用不同的巡航方式。

基于前面的假设,飞机在静止大气中巡航时保持平飞状态,则在巡航时飞机的升力与重力相平衡,即

$$L = W = \frac{1}{2} \rho V^2 C_L S_W = \frac{1}{2} \rho_0 Ma^2 a_0^2 \delta C_L S_W \tag{7-8}$$

在巡航过程中,随着飞机重量不断减轻,Ma、C_L 和 δ 这3个变量必须进行相应调节。

7.2.1 远程巡航(LRC)

在所需推力曲线图上,切点所对应的速度燃油里程最大,所以航程最长,该点即为 MRC 速度。以该速度飞行时,虽然最省燃油,但是时间成本较大。通常采用损失1%最大燃油里程对应的速度作为巡航速度,该方式为远程巡航方式(Long Range Cruise),通常用 LRC 表示。采用 LRC 巡航,燃油成本增加不明显,而时间成本显著下降,整体经济性更好。图7-5为给定飞机重量、飞行高度情况下的燃油里程曲线,燃油里程随速度先增大后减小,曲线顶点所对应的速度为 MRC 速度,损失1%最大燃油里程对应的速度为 LRC 速度。

LRC 巡航以燃油里程降低为代价,换取速度的增加,该方式是民航飞机常用的巡航方式之一,例如 A330-323 飞机在 FL350 高度巡航,假设巡航重量为200 t,重心位置为37%,标准大气情况下,飞机的最大燃油里程为80.97 n mile/t,MRC 马赫数为0.799。损失1%最大燃油里程时的燃油里程为80.16 n mile,LRC 马赫数为0.812,可以看出虽然损失了部分燃油里程,却换取了较大的飞行速度,节约了飞行时间,当时间成本占比较大时,可以节约总飞行成本。

等高度巡航时,随着燃油的消耗,飞机重量减轻,所需升力也相应减小,在其他条件不变的情况下,MRC 速度和 LRC 速度也相应减小,如图7-6所示。对于不同的巡航高度,如果巡航

高度增加,由于空气密度减小,在保持同样重量所需升力不变的情况下,MRC 速度和 LRC 速度增大,如图 7-7 所示。A300-600GE 型飞机在不同重量、不同高度情况下的 LRC 速度如图 7-8 所示,可以看出,随着飞机巡航重量的增加、飞行高度的增大,LRC 速度也在增大。

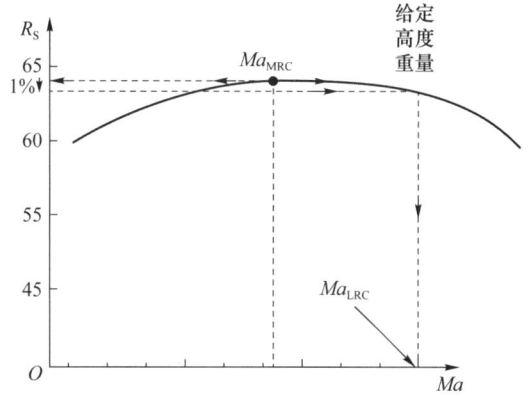

图 7-5　给定飞机重量飞行高度情况下的燃油里程曲线

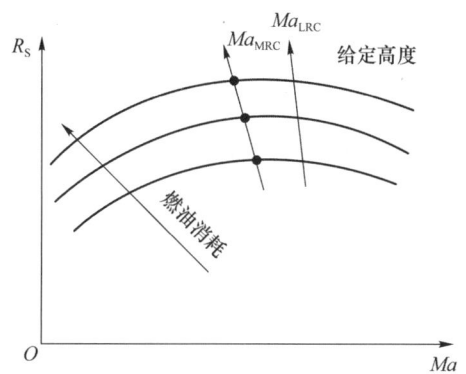

图 7-6　给定高度的燃油里程曲线

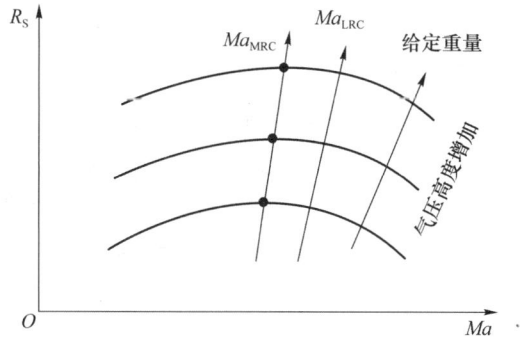

图 7-7　给定重量的燃油里程曲线

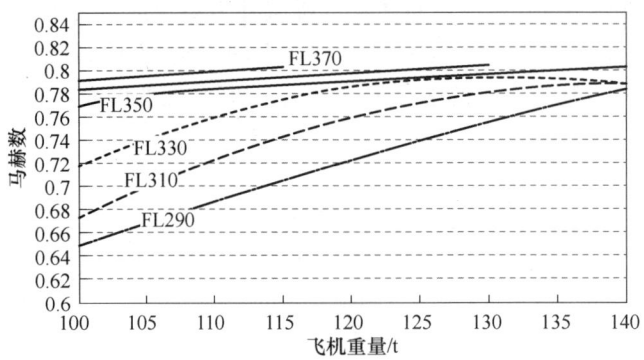

图 7-8　A300-600 GE 型飞机在不同重量、
不同高度情况下的 LRC 速度

为了研究风对 LRC 速度的影响,选取由地速和燃油流量确定的地面燃油里程来讨论,地面燃油里程的计算公式为

$$R_{SG}=\frac{V_T}{C_h}\left(1+\frac{V_w}{V_T}\right)=\frac{V_T+V_w}{C_S\times F_N}=\frac{V_T+V_w}{C_S\times D} \quad (7-9)$$

式中,R_{SG} 为地面燃油里程;V_w 为风速,与起飞性能计算的规定不同,巡航时对有利的顺风取正值,不利的逆风取负值。根据式(7-9)可以推出,当

$$\frac{\partial D}{\partial V_T}=\frac{D}{V_T+V_w} \quad (7-10)$$

成立时,燃油里程取得最大值。

当燃油消耗率为常数时,由式(7-10)可以看出,阻力-速度梯度(燃油流量-速度梯度)在顺风时变小,顶风时变大,这意味着顺风中获得最大航程要减小速度,而顶风中则要增加速度,如图 7-9 所示。表 7-2 给出了波音性能软件计算的 B737-800(CFM56-7B26)飞机在 ISA 温度、不同风速情况下的 LRC 速度。计算 LRC 速度时,选用 SEARCH 方式,由表 7-2 可以看出,顶风使得 LRC 速度增大,顺风使得 LRC 速度减小。同时还可以看出,随着飞机重量的增加,LRC 速度增大;随着飞行高度的增加,LRC 速度增大。

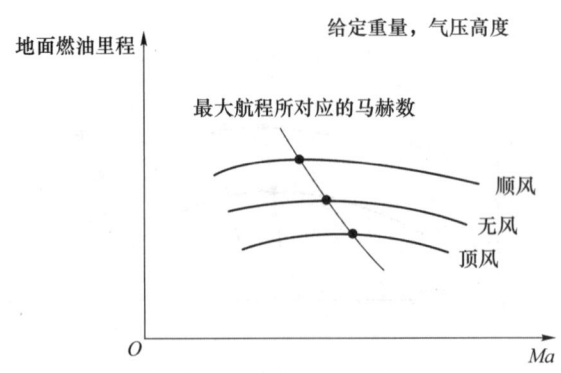

图 7-9　风对 LRC 速度的影响

表 7-2　B737-800(CFM56-7B26)在 ISA、不同风速情况下的 LRC 速度(SEARCH 方式)

飞行高度	风速/kt	飞机重量/(1 000 kg)				
		50	55	60	65	68
FL250	−100	0.667	0.683	0.708	0.736	0.747
	0	0.606	0.621	0.633	0.652	0.668
	100	0.565	0.588	0.607	0.628	0.642
FL310	−100	0.741	0.758	0.772	0.782	0.785
	0	0.657	0.693	0.729	0.751	0.761
	100	0.630	0.662	0.694	0.726	0.740
FL370	−100	0.780	0.788	0.794	0.798	0.797
	0	0.751	0.772	0.786	0.794	0.795
	100	0.730	0.757	0.777	0.789	0.792

7.2.2　固定马赫数巡航

当油价在营运成本中不再占主导地位时,为了实现最低成本巡航还要降低与飞行时间有关的成本,民用喷气运输机通常采用马赫数固定不变的巡航方式,如图 7-10 所示。这种巡航方式一方面便于飞行员操纵,另一方面增大了巡航马赫数,使飞行时间缩短,虽然降低了燃油里程,但也使得飞行总成本降低,因此也是民用喷气运输机通常采用的一种巡航方式。

马赫数和飞行高度保持不变的巡航,由于巡航过程中飞机重量不断减轻,升力要相应减小并保持高度不变,由升力公式知,这时只有减小迎角来减小升力系数,同时也减小了飞机的阻力系数,推力也要随之减小。通常飞机的使用手册中会给出几种不同马赫数固定高度巡航的性能数据,供不同情况时选用。对于 FMS 不支持变速巡航的飞机而言,通常按照固定马赫数巡航。

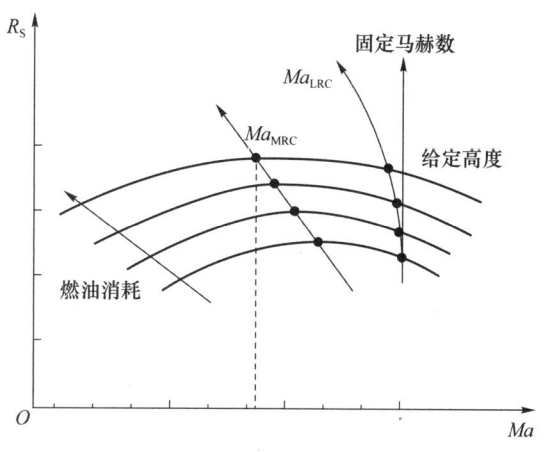

图 7-10　固定马赫数巡航方式

7.2.3 经济巡航

前面两种巡航方式中,LRC 是为了节省燃油,固定马赫数是为了节省时间,而确定巡航方式的一个重要准则是经济性,即要求直接营运成本最低。

把飞行时间和燃油的公式代入成本计算公式,则有

$$C = C_t \frac{R}{a \cdot Ma} + C_f \frac{R}{R_S} \tag{7-11}$$

式中,R 为巡航段航程;a 为当地声速;Ma 为飞行马赫数;R_S 为燃油里程。

最低成本巡航马赫数是使成本 C 最低的巡航马赫数,对于已知飞行高度和飞行重量,最低成本巡航发生在 $\dfrac{dC}{dMa}=0$ 的条件,即

$$\frac{dC}{dMa} = -R\left(\frac{C_t}{a \cdot Ma^2} + \frac{C_f}{R_S^2}\frac{dR_S}{dMa}\right) = 0 \tag{7-12}$$

因此

$$\frac{C_t}{a \cdot Ma^2} = -\frac{C_f}{R_S^2}\frac{dR_S}{dMa} \tag{7-13}$$

由此可以确定最低成本巡航时的成本指数为

$$CI = \frac{C_t}{C_f} = \frac{a_0\sqrt{\theta} \cdot Ma^2}{R_S^2}\frac{dR_S}{dMa} \tag{7-14}$$

在给定飞行高度的燃油里程曲线上,对于任一飞机重量都可得到每一个马赫数对应的燃油里程,由式(7-14)可以算出给定高度、重量、飞行马赫数情况下的最小成本巡航时的飞行成本指数。给定飞行高度,计算出每一个重量下不同马赫数的成本指数,即可作出一条 $CI-Ma$ 曲线,对不同重量重复上述计算就可得到图 7-11,由该图可知,飞行成本指数增大,表明小时成本增加或燃油成本降低,为经济起见要缩短飞行时间,因此飞行马赫数增大。当 $CI=0$ 时,完全从燃油价格考虑确定巡航马赫数,这时 $\dfrac{dR_S}{dMa}=0$,即燃油里程为最大值。现代客机大都装有飞行性能计算机或飞行管理系统,该系统根据航空公司确定的并由飞行员输入的飞行成本指数,通过导航、制导和性能管理计算机自动、连续地计算出最低成本巡航马赫数,并引导飞机按该马赫数飞行。

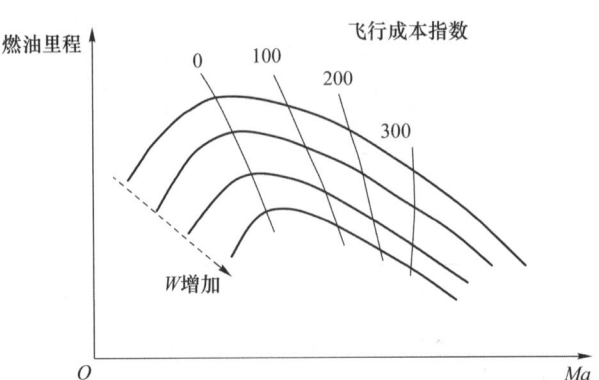

图 7-11 给定高度的飞行成本指数-燃油里程曲线

经济巡航马赫数的值取决于成本指数 CI。CI 增大，表明时间成本重要性增加，飞行时间更为重要，所以巡航马赫数增大；反之，表明燃油成本更重要，巡航马赫数减小。图 7-12 为 MCDU 巡航页面不同成本指数对飞行的影响，可以看出，成本指数从 30 增加到 90，经济巡航马赫数从 0.79 增加到 0.8，预计飞行时间减小 5 min。图 7-13 为巡航马赫数与成本曲线示意图，由图可以看出，考虑到时间成本，经济巡航马赫数要大于最大航程巡航马赫数。若 CI=0，则经济巡航马赫数取 Ma_{MRC}；若 CI=CI_{max}，则经济巡航马赫数为最大巡航马赫数，如空客飞机通常取 $Ma_{MO}-0.02$ 或 $V_{MO}-10$kt。CI 的范围为 0~CI_{max}（因为 MCDU 中只可以输入 3 位数，所以一般认为 $CI_{max}=999$），但飞行实践中，CI 值在 0~200 范围内。图 7-14 是波音飞机的典型成本指数图。

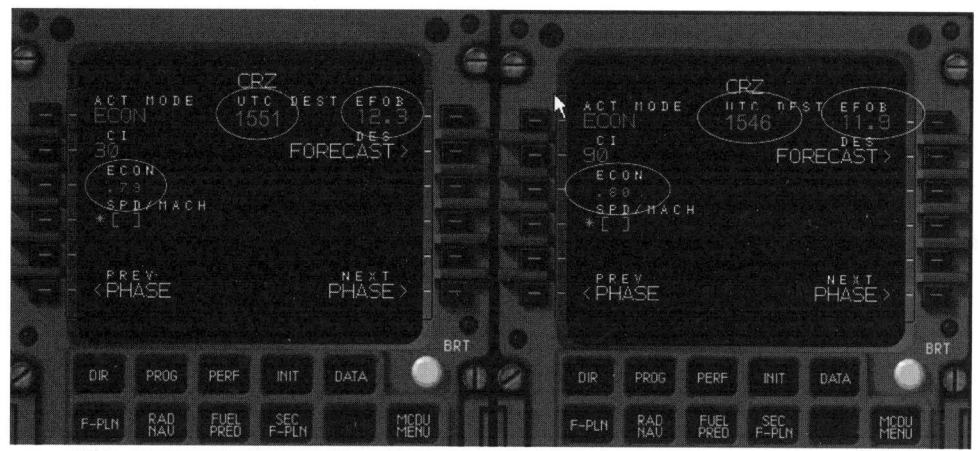

图 7-12 MCDU 巡航页面不同成本指数对飞行的影响

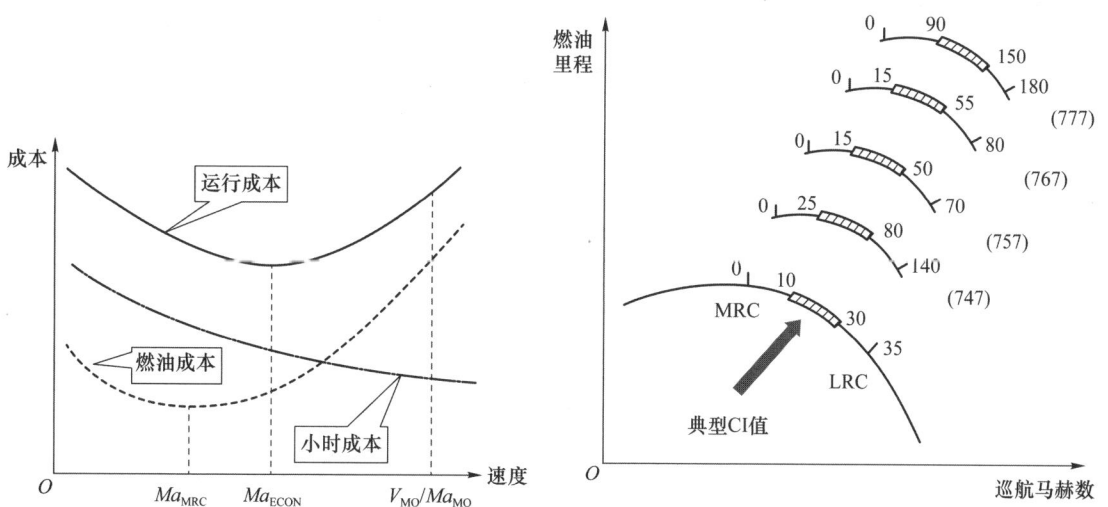

图 7-13 巡航马赫数与成本曲线示意图　　图 7-14 波音机型的典型成本指数

由于经济巡航马赫数取决于成本指数，而成本指数中的时间成本计算可能存在误差，这是否会影响到经济巡航马赫数的精确程度，下面的算例表明成本指数的偏差影响不大。

算例：B767-200 飞机，航程 750 n mile，巡航高度 39 000 ft（最佳高度），设选用的成本指数为 80，实际成本指数为 40（时间成本为 444.40 美元/小时，燃油成本为 0.75 美元/加仑），在不同成本指数情况下计算的运行成本及差值如表 7-3 所列，可以看出不精确的成本指数对运行成本的影响较小。但是即使飞机选取了精确的成本指数，飞机若偏离最佳高度，其对运行成本的影响较大，例如该飞机若在 31 000 ft 高度巡航，其偏离最佳高度的代价是使得运行成本增加 $(2\,434-2\,277)/2\,277=6.9\%$。

表 7-3 B767-200 飞机不同成本指数巡航的成本计算

高度/ft	成本指数	成本/美元			运行成本差值百分比
		燃油成本	时间成本	运行成本	
39 000	40	1 543	734	2 277	0.2%
	80	1 555	726	2 281	
31 000	40	1 673	761	2 434	0.4%
	80	1 711	732	2 443	

随着飞行高度的增加，空气密度减小，同样的条件下飞机应该增大飞行速度。图 7-15 给出了 A310-324 飞机在 ISA、巡航重量为 130 t 时不同飞行高度处的经济巡航马赫数，可以看出经济马赫数随着飞行高度的增加而增大，但是这个规律对于低成本指数比较明显，对于高成本指数变化幅度相对较小。由图还可以看出，当飞行高度在最佳高度以下时，成本指数对经济巡航马赫数非常敏感。图 7-16 给出了 A310-324 在 FL350 高度上经济巡航马赫数随飞机重量的变化规律，可以看出对于低成本指数，经济巡航马赫数随重量的减轻而显著减小，因为低成本指数有利于以牺牲时间为代价来换取较小的燃油消耗，对于高成本指数，经济马赫数在整个飞行过程中保持不变。因此可以看出，以非常低的成本指数飞行并不是真正有利的，因为与时间损失相比，节省的燃料并不显著；稍大的成本指数，虽然消耗了较多的燃油，但是带来了显著的时间效益。例如，对于 A319 飞机，将成本指数从 0 增加到 20，在 2 000 海里（n mile）的航段上，燃油消耗量仅增加 200 kg（2%），可将轮挡时间缩短 15 min（5%）。

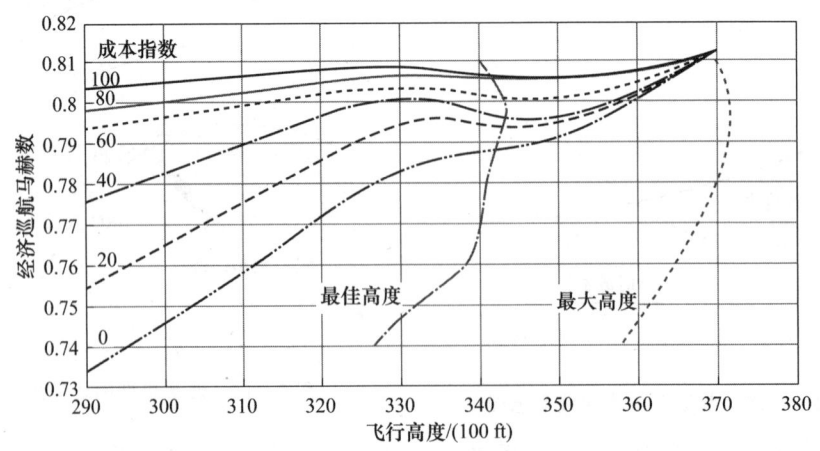

图 7-15 A310-324 不同飞行高度时的经济巡航马赫数

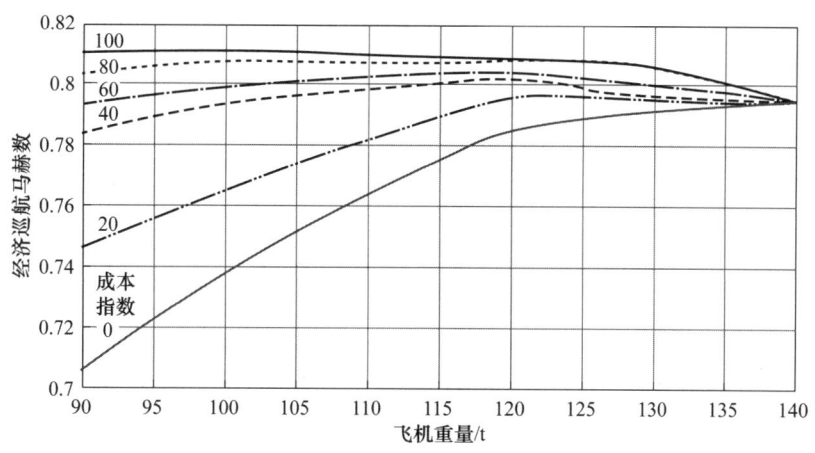

图 7-16　A310-324 在 FL350 高度上经济巡航马赫数随飞机重量的变化规律

7.2.4　等待飞行

等待是指飞机在目的机场或备降机场上空因空中交通管制或气象原因所做的跑马场型的机动飞行。飞机耗尽其可用燃油所能持续飞行的时间叫续航时间或航时。民用客机在等待飞行时须选择合适的飞行速度以便获取最大航时。对于给定燃油的情况下，要想使飞机留空时间最长，即获得最长航时，需要保持燃油流量最小。燃油流量用消耗单位质量的燃油所飞行的时间来表示，即

$$C_h = \frac{1}{C_S \cdot F_N} = \frac{1}{C_S} \times \frac{C_L}{C_D} \times \frac{1}{W} \tag{7-15}$$

由式(7-15)可以看出，最大航时与飞机重量、升阻比和燃油消耗率有关。飞机越重，耗尽一定量的可用燃油所能留空的时间越短；升阻比越大，燃油消耗率越低，航时越长。在燃油消耗率和飞机重量一定的情况下，当升阻比取最大值时，即要求飞机保持有利迎角飞行时，燃油流量最小，可以获得最大航时，它对应的速度即为久航速度，该速度也是等待飞行的速度。

图 7-17 给出了 A330-343 飞机在 1 500 ft 高度、重量为 170 t 时最小燃油流量速度、最大升阻比（绿点）速度和最小阻力速度所对应的燃油流量。可以看出最小燃油流量速度是比最小阻力速度和最大升阻比（绿点）速度稍小一些的速度，但三者非常接近，因此空客飞机在光洁构型时，通常选取稍大一些的绿点速度作为等待速度。但是如果等待程序受地形限制或需要较大的转弯坡度时，绿点速度就会太大，规定选取 CONF1 构型下的 S 速度作为等待速度。空客为航空公司提供了 4 种不同的等待速度，如表 7-4 所列。图 7-18 为 A319 飞机在不同等待模式下不同等待高度的燃油流量曲线，可以看出等待燃油流量随等待高度增大先减小后增大，最小燃油流量所对应的高度就是等待最佳高度。

绿点速度和 S 速度很容易在选定模式下飞行，并且会在主飞行显示器（PFD）上显示。在飞行过程中，FMCS 可在选定的航路点对等待模式进行管理，其需要在 MCDU 的飞行计划页面输入等待参数，如图 7-19 所示。

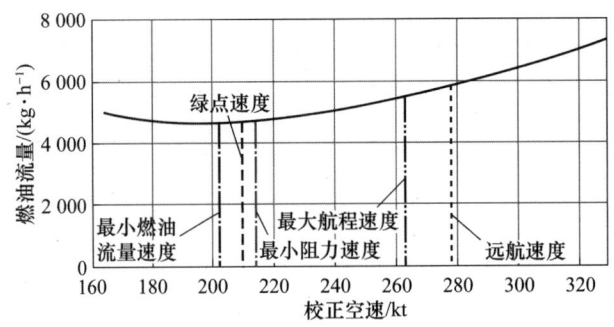

图 7-17 A330-343 在 1 500 ft 处不同速度所对应的燃油流量

表 7-4 空客飞机不同等待模式

机 型	襟翼/缝翼构型		光洁构型	
A300-600	210 kt	S 速度	240 kt	绿点速度
A310	170 kt	S 速度	210 kt	绿点速度
A320 Family(CFM)	170 kt	S 速度	210 kt	绿点速度
A320 Family(IAE)	170 kt	S 速度	210 kt	绿点速度+20
A330	170 kt	S 速度	210 kt	绿点速度
A340-200/300	210 kt	S 速度	240 kt	绿点速度
A340-500/600	240 kt	S 速度	—	绿点速度

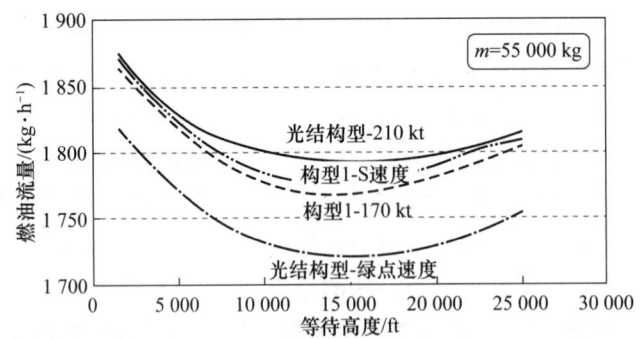

图 7-18 A319 飞机在不同等待模式不同等待高度下的燃油流量

7.3 巡航高度特性

7.3.1 最佳巡航高度

所谓的最佳巡航高度,就是在一定的巡航方式下,使目标值最优的高度。常见巡航方式有 4 种,即 LRC 巡航、固定马赫数巡航、经济巡航和等待飞行。对于 LRC 巡航,最佳高度就是燃

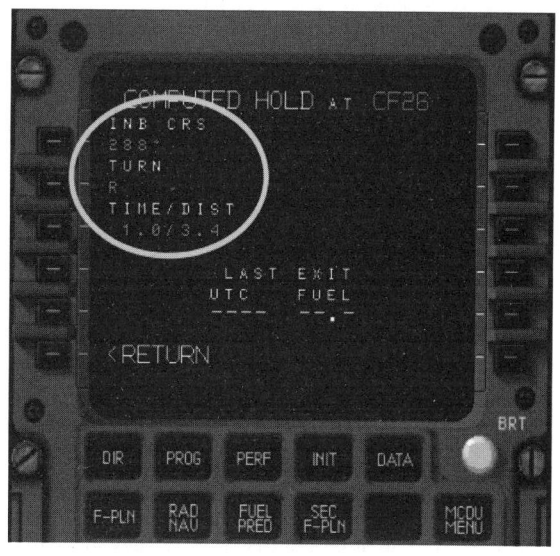

图 7-19 等待程序的输入参数

油里程最大的高度。对于固定马赫数巡航,在一定飞行条件下马赫的选择是要使得飞机的气动特性最佳,从而获得最大的航程,所以对于固定马赫数巡航,最佳高度就是航程最大的高度。综合考虑 LRC 巡航和固定马赫数巡航,最佳高度就是燃油里程或航程最大的高度。在性能手册中,对于最佳高度的研究,通常将 LRC 和固定马赫数巡航看作类似情况来处理。对于经济巡航,最佳高度就是总飞行成本最小的高度。对于等待飞行,最佳高度就是燃油流量最小的高度。本节主要针对 LRC 巡航和固定马赫数巡航进行讨论。最佳高度由飞行管理系统计算并显示在 MCDU 的 PROG 页面中,如图 7-20 所示。

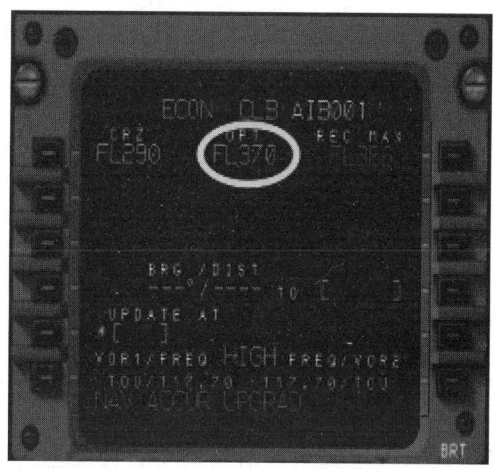

图 7-20 MCDU 中最佳高度显示页面

随着飞行高度的增加,燃油里程先增大后减小,如图 7-21 所示,燃油里程最大的高度就是最佳高度。在飞行过程中,随着燃油的消耗,飞机重量逐渐减小,由公式(7-3)可以看出,重量越小,同样条件下燃油里程越大,因此随着燃油的消耗,最佳高度逐渐增大。图 7-22 为

FPPM 手册中给出的 B737-800 飞机的最佳高度曲线。

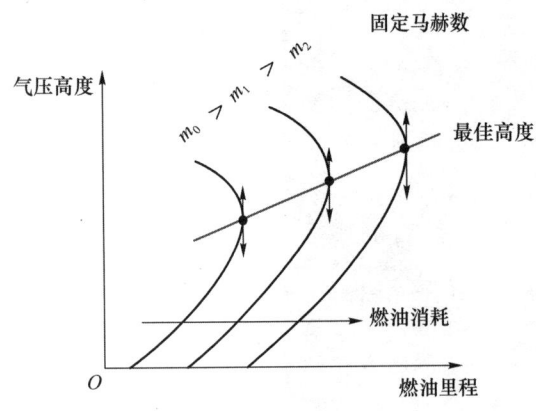

图 7-21 燃油里程随飞行高度的变化

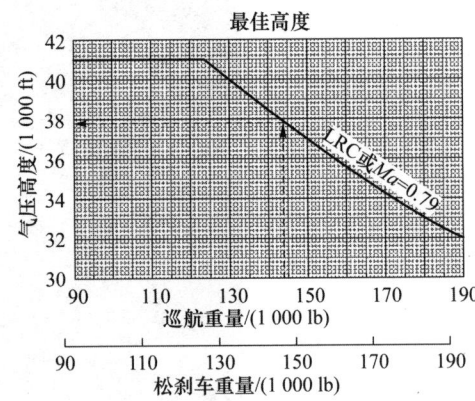

图 7-22 B737-800 飞机的最佳高度曲线

巡航时，飞机的升力等于重力。如果巡航过程中保持速度和迎角不变，根据公式(7-16)，则换算重量不变。在性能手册、性能软件中，最佳高度就是基于换算重量来确定的。在相同重量情况下，且巡航时保持迎角不变，根据公式(7-16)，则 $Ma^2\delta$ 为常数，即不同巡航马赫数情况下的最佳高度曲线都是准平行的，如图 7-23 所示；在相同的重量情况下，马赫数越大，δ 越小，即最佳高度越高。

$$\frac{W}{\delta} = \frac{k}{2} P_0 Ma^2 S_W C_L \tag{7-16}$$

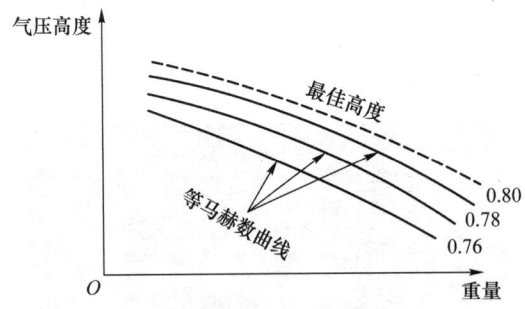

图 7-23 不同马赫数情况下的最佳高度曲线

7.3.2 推力限制的高度

随着飞机高度的增加或者外界温度的升高，空气密度减小，发动机的可用推力减小。飞机稳定平飞时，升力等于重力，推力等于阻力，一般情况下飞机的可用推力是大于阻力的，巡航时飞机需要多大推力，发动机就输出多大推力。但是当飞机在高温、高高度条件下飞行时，发动机提供的最大可用推力有可能小于飞机的阻力，这时飞机想要保持稳定飞行，就需要采取一定的措施：一种是减小飞行马赫数，减小飞机的阻力，让可用推力等于阻力，如图 7-24 所示；另一种降低飞行高度，增大可用推力来平衡阻力，这个较低的高度就是推力限制的高度，如图 7-25 所示。

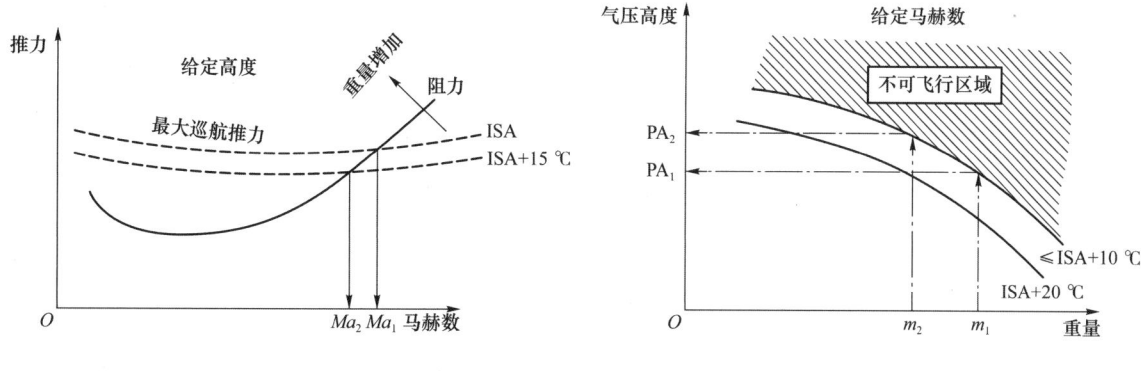

图 7-24 温度对最大马赫数的影响　　　图 7-25 推力限制的高度

巡航重量增大,则飞机的所需升力增加,如果保持巡航速度和迎角不变,则根据公式 $L=\dfrac{k}{2}P_0\delta Ma^2 S_w C_L$ 可知,推力限制的高度减小;温度升高,空气密度减小,发动机的可用推力减小,飞机只有降低高度获得更大的推力来平衡飞机的阻力,因此温度升高,推力限制的高度减小;马赫数增大,飞机的所需推力增大,飞机只有降低高度获得更大的推力来满足速度增大的推力要求,因此马赫数增大,推力限制的高度减小。

7.3.3　机动能力限制的高度

飞机在某高度上巡航,需要具有足够的机动能力来应对航路上的颠簸气流或做必要的机动动作飞行,如转弯等。过载是衡量机动能力的指标,其计算公式为

$$n_y = \dfrac{1}{\cos\varphi} \tag{7-17}$$

式中,φ 为飞机转弯时的坡度角。

图 7-26 给出了飞机过载与坡度角的关系,例如飞机在某巡航高度上要有 $1.3g$ 的过载能力,则飞机在该高度上应该具有做坡度角约为 $40°$ 转弯飞行的能力。

对于给定的飞机重量、马赫数、迎角,如果巡航时要求飞机有一定的机动能力,即限制飞机的最小过载值,则根据式(7-18)可知,压强比存在最小值,即飞行高度存在最大值,这个最大的高度就是过载限制的高度。

$$n_y \geqslant \dfrac{L}{W} = \dfrac{1}{W} \cdot \dfrac{k}{2} P_0 \delta Ma^2 S_w C_L \tag{7-18}$$

对于给定的重量和高度,可以画出过载随马赫数的变化曲线,如图 7-27 所示,可以看出,在所要求的过载下,飞机的速度存在一个范围,其中最小马赫数一般受大迎角的失速抖动限制,最大马赫数一般受小迎角的高速抖动限制。如对于空客 A320-212 飞机,当巡航重量为 72 t,飞行高度为 FL370 时,最小飞行马赫数为 0.745,最大飞行马赫数为 0.804。图 7-28(a)给出了 A330 飞机在等马赫数情况下的最大高度、最佳高度和机动能力限制高度,图 7-28(b)给出了 A330 飞机在 LRC 巡航方式下的最大高度、最佳高度和机动能力限制高度。表 7-5 列出了 ARJ21 飞机以飞行马赫数 0.76 飞行时的最大高度、最佳高度和机动能力限制高度。

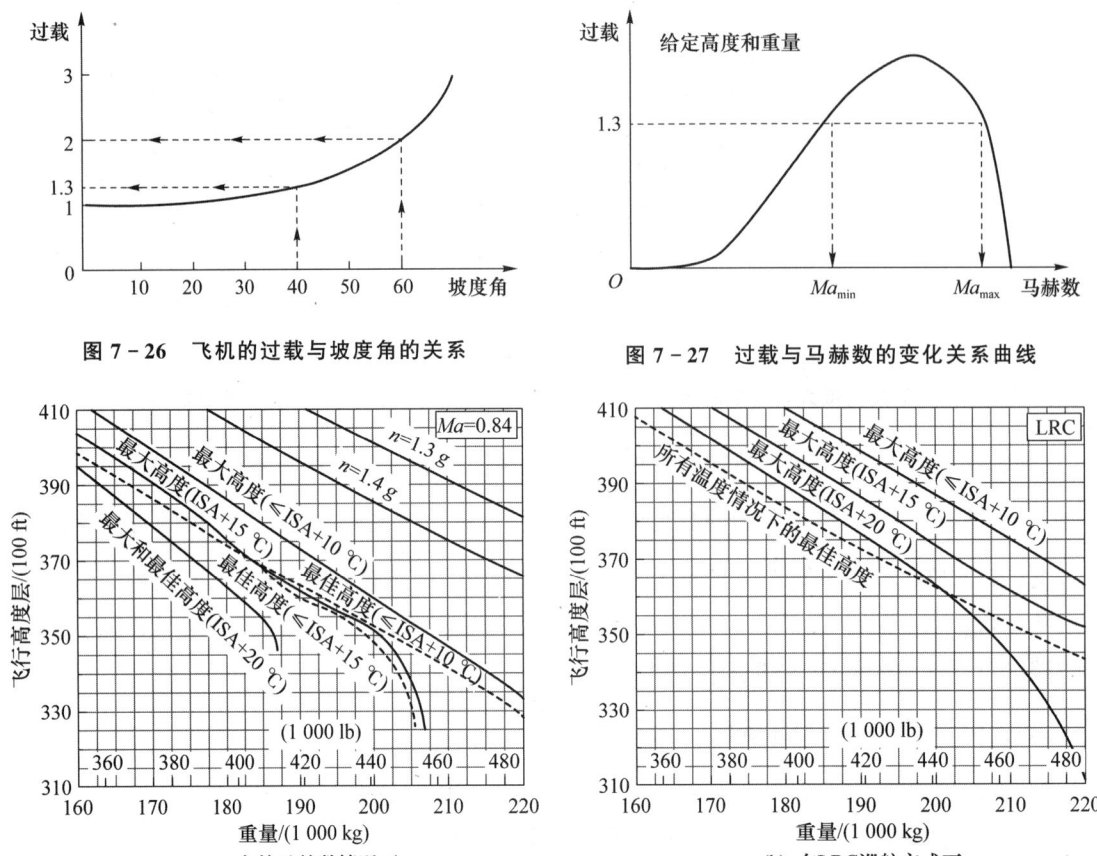

图 7-26 飞机的过载与坡度角的关系

图 7-27 过载与马赫数的变化关系曲线

(a) 在等马赫数情况下

(b) 在LRC巡航方式下

图 7-28 **A330 飞机最大高度、最佳高度和机动能力限制高度**

表 7-5 **ARJ21 飞机以飞行马赫数 0.76 飞行时的最大高度、最佳高度和机动能力限制高度表**

重量/ (1 000 kg)	$Ma=0.76$ 高度/ft						
	1.3g 抖振	ISA+10 及以下		ISA+15		ISA+20	
		最佳高度	最大高度	最佳高度	最大高度	最佳高度	最大高度
27	39 000	39 000	39 000	39 000	39 000	39 000	39 000
28	39 000	39 000	39 000	39 000	39 000	39 000	39 000
29	39 000	39 000	39 000	39 000	39 000	39 000	39 000
30	39 000	39 000	39 000	39 000	39 000	39 000	39 000
31	39 000	39 000	39 000	39 000	39 000	38 900	38 900
32	39 000	39 000	39 000	39 000	39 000	38 400	38 400
33	39 000	39 000	39 000	39 000	39 000	38 000	38 000
34	39 000	39 000	39 000	38 900	38 900	37 500	37 500
35	39 000	39 000	39 000	38 500	38 500	37 100	37 100
36	39 000	39 000	39 000	38 000	38 000	36 500	36 500
37	39 000	38 400	38 600	37 600	37 600	35 900	35 900
38	38 800	37 900	38 200	37 100	37 100	35 200	35 200

续表 7-5

重量/ (1 000 kg)	$Ma=0.76$						
		高度/ft					
	1.3g 抖振	ISA+10 ℃及以下		ISA+15 ℃		ISA+20 ℃	
		最佳高度	最大高度	最佳高度	最大高度	最佳高度	最大高度
39	38 200	37 100	37 700	36 600	36 600	34 600	34 600
40	37 700	36 800	37 200	36 100	36 100	33 800	33 800
41	37 200	36 300	36 800	35 500	35 500	33 100	33 100
42	36 700	35 800	36 300	34 900	34 900	32 400	32 400
43	36 200	35 300	35 700	34 300	34 300	31 600	31 600
短舱防冰修正量		−900		−1 400		−2 800	
防冰全开修正量		−8 300		—		—	

7.3.4 ATC 限制的高度

为保证飞行安全,防止危险接近和相撞,飞机只能在规定的高度层飞行。图 7-29 为我国现行的飞行高度层配备标准示意图,飞机按照东单西双的原则只能在这些高度上飞行。从性能分析方面选定的飞行高度不一定正好在飞行高度层上,需要满足空管对飞行高度层的限制要求,这种限制就是 ATC(空中交通管制)限制的高度。

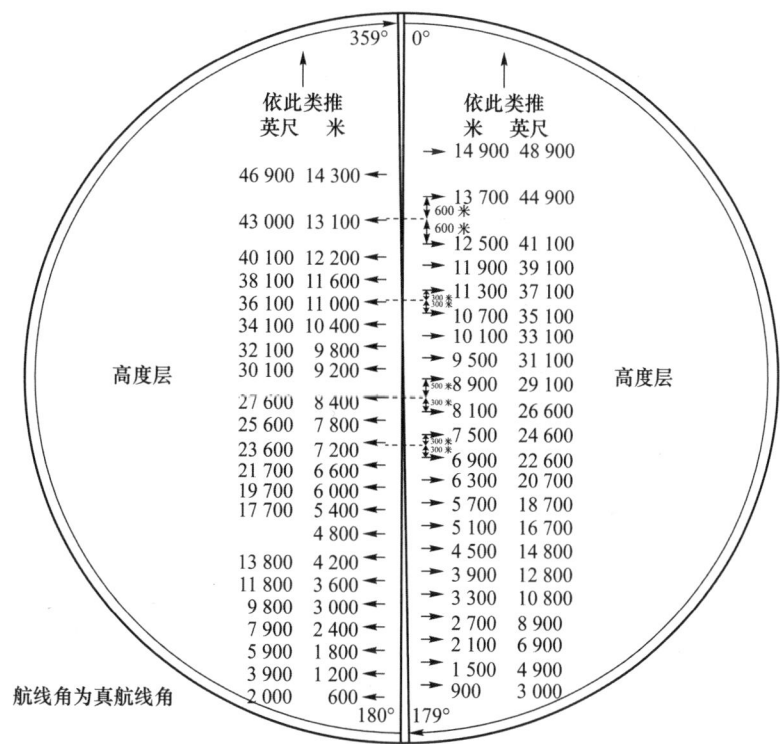

图 7-29 我国现行的飞行高度层配备标准示意图

满足 ATC 限制的高度，飞机势必会偏离最佳高度。偏离最佳高度程度越大，燃油里程损失越多，表 7-6 所列为几种空客飞机偏离最佳高度对燃油里程的影响，可以看出所选巡航高度层在最佳高度上下 600 m 的范围内时，燃油里程损失将近 2%，偏离最佳高度 1 800 m 时，燃油里程损失达 10% 左右。

表 7-6 偏离最佳高度对燃油里程的影响

机型\偏离高度/m	600	−600	−1 200	−1 800
A300-B4-605	2.0%	0.9%	3.4%	9.3%
A310-324	1.9%	1.4%	4.4%	9.3%
A319-132	1.0%	3.0%	7.2%	12.2%
A320-232	1.4%	2.1%	6.2%	12%
A321-112	2.3%	1.4%	4.6%	15.2%
A330-203	1.8%	1.3%	4.2%	8.4%
A340-212	1.4%	1.5%	4.0%	8.0%
A340-313E	1.5%	1.6%	5.2%	9.5%
A340-642	1.6%	0.6%	2.2%	5.1%

7.3.5 短程巡航限制的高度

对于航程较短，如飞向备降场的巡航，飞机的巡航高度可能会受到爬升和下降所需距离的限制。如图 7-30 所示，飞机从起飞机场起飞，爬升到最佳巡航高度，一般要求飞机在巡航高度上至少飞行一定的时间，再从巡航顶点下降到目标机场，此时发现飞机已经超过了目标机场，显然这种情况是不适合把最佳高度作为巡航高度的，飞机只能降低巡航高度，这个较低的高度称为短程巡航限制的高度。性能手册里，一般会给出这种限制，图 7-31 所示为 B737-700 飞机短程巡航限制的高度。短程巡航限制的高度除受航程长短影响外，还受大气温度和飞机重量的影响。温度越低，短程巡航限制的高度越高；飞机越重，短程巡航限制的高度越低。

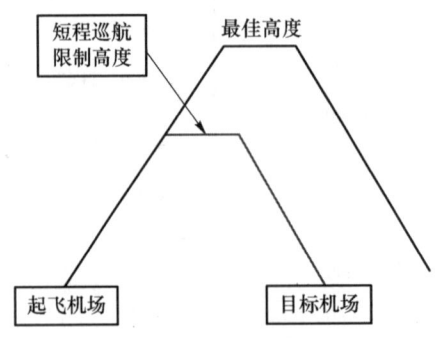

图 7-30 短程巡航限制的高度

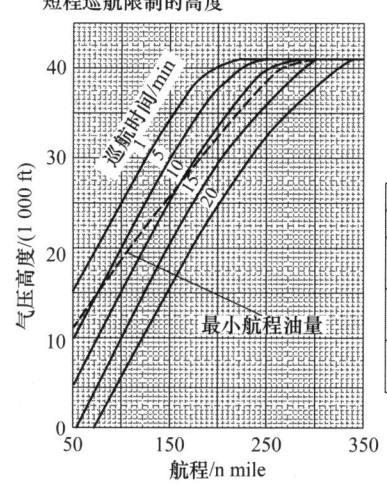

参数	调整
重量	−220 ft/500 kg 重量大于 45 000 kg
温度	−1 300 ft/10℃ 高于STD +700 ft/10℃ 低于STD
风	顶风: −200 ft/10 kt 顺风: −1 500 ft/10 kt
机场标高	ORIG: +100 ft/1 000 ft 标高 DEST: +200 ft/1 000 ft 标高

高度调整

图 7-31　B737-700 飞机短程巡航限制的高度

7.3.6　阶梯巡航

对于航程不太长的飞行,可以选择一个合适的巡航高度,让其在飞行阶段偏离最佳高度程度较小,但是如果航程较长,燃油消耗较多,还按最初选的高度层来飞,后面的飞行中飞机偏离最佳高度的程度越来越大,造成不必要的燃油消耗。为了解决这一问题,既满足 ATC 的要求,又能改善飞机经济性能,可以选择让飞机在适当的时机上升高度层,从而让后续的飞行也围绕在最佳高度附近,这种方式称为阶梯巡航。阶梯巡航高度层的选择原则是使巡航高度尽可能地接近最佳高度,按飞行高度层间隔规定,所选巡航高度层在最佳高度±1 000 ft 的范围内,如图 7-32 所示。

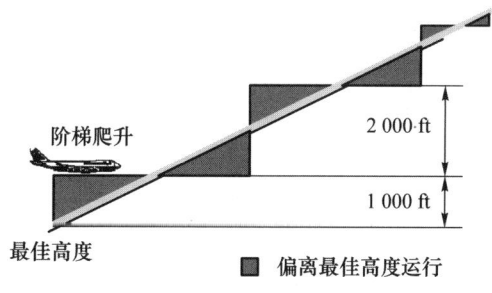

图 7-32　阶梯巡航示意图

7.3.7　风对最佳高度的影响

在一定的飞行高度上,飞机的地速与风有关。对于一定地面距离,其飞行时间与风向、风速有关。相对于空中距离的飞行时间可以表示为

$$t = \frac{R}{V_{CR}} \tag{7-19}$$

式中,t 为时间(h),R 为飞机在静止大气中飞行的距离(n mile);V_{CR} 为巡航速度(kt)。

相对于地面距离的飞行时间可以表示为

$$t = \frac{R_G}{V_{CR} \pm V_W} \tag{7-20}$$

式中,R_G 为有风时飞机飞过的地面距离(n mile);V_W 为风速,对于巡航阶段,有利风为正,亦即顺风取正,逆风取负。对于相同的飞行时间,地面距离和空中距离之间的关系为

$$R = R_G \left(\frac{V_{CR}}{V_{CR} \pm V_W} \right) \tag{7-21}$$

式(7-21)给出了风对地面距离的影响。假如飞机在最佳飞行高度上巡航,如果遇到不利的逆风,而此时在某个非最佳高度上,逆风较小或存在顺风时,飞行员是否会为了增大航程而到非最佳高度飞行?一方面非最佳高度上较小的逆风或顺风会增大航程,另一方面非最佳高度上会降低燃油里程。这就需要综合考虑两方面的影响才能确定是否要放弃最佳高度而在非最佳高度上飞行。

从最佳高度改变到其他任意高度需要找出得失相当的风速,即新高度上使飞机的航程与在最佳高度上的航程相等的风速。只有新高度上的风速比得失相当风速更有利,才值得考虑改变巡航高度。为了解决这个问题,飞机使用手册给出了"风与高度的换算"表或曲线,表 7-7 所列为 B737-800 飞机的风与高度换算表,图 7-33 为空客飞机的风与高度换算关系图。

表 7-7 风-高度换算表(B737-800/CFM56-7B26 系列 LRC 巡航)

气压高度 /(1 000 ft)	巡航重量/(1 000 kg)									
	85	80	75	70	65	60	55	50	45	40
41						12	2	0	6	18
39				24	10	2	0	5	16	32
37			18	7	1	1	5	15	29	48
35	25	12	4	0	1	6	15	27	44	65
33	7	2	0	2	7	16	27	42	61	82
31	1	0	3	9	17	28	42	58	77	99
29	1	5	11	19	30	43	58	75	94	116
27	7	14	22	32	44	58	74	91	111	132
25	17	25	35	47	60	74	90	107	126	147

风-高度换算表使用方法如下:
① 从表上查出已知飞机重量在原有高度和新的高度上的风速因子;
② 新高度上的风速因子减去原高度上的风速因子,该差值可能为正也可能为负;
③ 新高度上的得失相当风速是原高度上风速与②项的值的代数和;
④ 用新高度上的风速减去③,若结果为正,则说明在新高度上飞行更有利。

是否改变飞行高度,则要看新高度上的风速是否大于得失相当风速,同时若有几个高度层可以选择的话,则应选上述步骤中④项结果最大的高度。

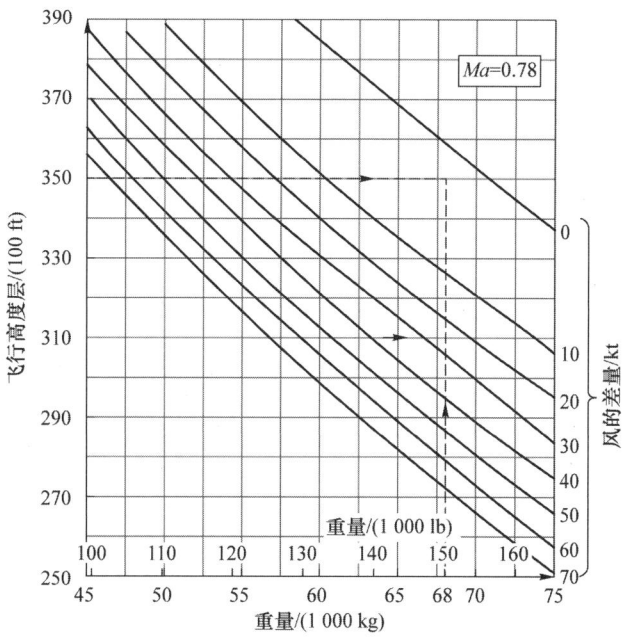

图 7-33 空客飞机风-高度换算关系图

7.3.8 巡航高度层的综合选择

巡航高度的确定既要取得好的经济性又要满足有关的限制要求。综上所述,在实际确定实用的最佳巡航高度时,首先选择最佳高度以达到节省燃油的目的,同时要考虑如下因素:

① 不能超过高温时发动机推力限制的高度和机动能力限制的高度。

② 考虑巡航高度上风的影响,如在最佳巡航高度有不利的逆风,而在偏离最佳高度的某个高度上无风、有顺风或较小的逆风,就要考虑改变巡航高度,增大燃油里程,以取得较大的航程。

③ 满足空中交通管制对飞行高度层的使用限制。

④ 考虑航程的影响。对于航程较短的巡航,如飞向备降场,可能会受到爬升和下降所需距离的限制,通常会选取较低的高度作为巡航高度;对于远程飞行,耗油较多,飞机的巡航高度偏离最佳高度太多,可以选择阶梯巡航方式。

7.4 巡航性能图表

7.4.1 巡航操纵表

巡航操纵表给出的参数数据,主要供驾驶员在巡航飞行时使用,如确定规定的推力调定值及检查巡航飞行状态。也可利用该表给出的燃油流量、飞行速度等数值代替积分航程表来计算巡航的燃油消耗量、距离及时间。

表 7-8 为 B737-800/CFM56-7B26 系列飞机 LRC 巡航状态时的巡航操纵表,表中所给参

数从上到下分别为：

① 低压转子转速 N_1(%)（或平均 EPR 值），是标准大气条件下给定飞行高度、飞机重量和巡航方式（如 LRC 巡航）需要的发动机的 N_1(%)（EPR）目标值；

② 最大总温（TAT），表示在不超过最大巡航推力限制下，能确定平均 EPR 的最高总温，如果实际总温超过此值，必须使飞机下降到能够保持此规定速度的较低高度，或在相同气压高度下，选择较低的巡航速度；

③ 巡航表速；

④ 飞行马赫数；

⑤ 每台发动机在标准大气条件下的燃油流量，根据油箱内现存燃油量表的数据和燃油流量，可以估计飞机还可以继续飞行的时间；

⑥ 在给定条件下巡航的真空速。有的机型巡航操纵表还会给出更多的参数，如高低压转子转速、排气温度等。

表 7-9 为 ARJ21 飞机在 ISA+15 ℃时以 LRC 巡航时的巡航操纵表，表中所给参数从上到下分别为飞行马赫数、巡航表速、低压转子转速 N_1(%) 和发动机在该条件下的燃油流量。

表 7-8　B737-800/CFM56-7B26 系列巡航操纵表（LRC 巡航）

41 000 ft 到 36 000 ft

气压高度/(1 000 ft)(STD TAT)		重量/(1 000 kg)									
		85	80	75	70	65	60	55	50	45	40
41 (−30)	N_1(%) MAX TAT KIAS MACH FF/ENG KTAS						90.5 −10 235 0.795 1076 456	87.9 −3 232 0.786 973 451	−85.8 228 0.773 901 443	83.5 220 0.749 813 430	
40 (−31)	N_1(%) MAX TAT KIAS MACH FF/ENG KTAS						91.8 −13 241 0.795 1173 456	88.9 −6 239 0.791 1063 454	86.7 1 236 0.780 970 448	84.9 231 0.766 891 439	82.3 220 0.733 805 421	
39 (−31)	N_1(%) MAX TAT KIAS MACH FF/ENG KTAS						93.4 −17 246 0.793 1284 455	89.9 −8 246 0.794 1155 456	87.6 −1 243 0.786 1055 451	85.8 239 0.774 972 444	83.8 232 0.755 888 433	81.0 219 0.714 795 410

续表 7-8

气压高度/(1 000 ft)(STD TAT)		重量/(1 000 kg)									
		85	80	75	70	65	60	55	50	45	40
38 (−31)	N_1(%)					90.8	88.4	86.5	84.8	82.6	79.8
	MAX TAT					−10	−3				
	KIAS					252	250	247	242	233	218
	MACH					0.795	0.790	0.780	0.767	0.741	0.696
	FF/ENG					1248	1143	1052	974	882	786
	KTAS					456	453	448	440	425	399
37 (−32)	N_1(%)				91.8	89.1	87.2	85.5	83.7	81.3	78.5
	MAX TAT				−12	−5	1				
	KIAS				258	257	254	250	244	232	217
	MACH				0.795	0.793	0.785	0.774	0.757	0.723	0.679
	FF/ENG				1344	1231	1135	1054	971	872	778
	KTAS				456	455	450	444	434	415	389
36 (−32)	N_1(%)			93.0	89.8	87.8	86.1	84.6	82.6	80.1	77.3
	MAX TAT			−15	−7	−1					
	KIAS			263	264	262	258	254	245	231	216
	MACH			0.793	0.795	0.789	0.779	0.767	0.744	0.704	0.663
	FF/ENG			1449	1322	1221	1133	1056	967	861	772
	KTAS			455	456	452	447	440	427	404	380

在ISA+30 ℃的情况下，N_1(%)能被设定时，不显示最大总温。
温度比标准总温每高/低 5 ℃，N_1(%)增加/减少 1%。
温度比标准总温每高/低 10 ℃，燃油流量增加/减少 3%。
温度比标准总温每高/低 1 ℃，以节为单位的真空速增加/减少 1 节。

表 7-9　ARJ21飞机的巡航操纵表(LRC巡航，ISA+15)

最大巡航推力限制，空调引气打开，防冰关闭

飞行高度层/(100 ft)		重量/(1 000 kg)											
		27	29	31	33	35	36	37	38	39	40	41	42	43
300	Ma	0.620	0.627	0.633	0.642	0.675	0.706	0.712	0.713	0.715	0.716	0.717	0.720	0.723
	KIAS	231	234	236	240	253	265	268	268	269	269	270	271	272
	N_1(%)	80.8	81.8	82.8	83.9	85.9	87.5	88.1	88.4	88.8	89.2	89.5	90.0	90.4
	FF	728	757	787	825	898	958	980	994	1009	1023	1038	1056	1075
310	Ma	0.631	0.632	0.640	0.650	0.712	0.715	0.715	0.716	0.718	0.721	0.723	0.729	0.735
	KIAS	230	230	234	238	262	263	263	264	264	265	266	269	271
	N_1(%)	81.5	82.3	83.4	84.5	87.7	88.1	88.5	88.8	89.2	89.7	90.1	90.7	91.3
	FF	722	744	778	820	932	949	961	975	990	1008	1026	1051	1077

续表 7-9

飞行高度层/(100 ft)		重量(1000 kg)											
		27	29	31	33	35	36	37	38	39	40	41	42	43
320	Ma	0.625	0.641	0.691	0.710	0.715	0.716	0.718	0.721	0.724	0.729	0.737	0.743	0.747
	KIAS	223	229	248	255	257	258	259	260	261	263	266	268	270
	N_1(%)	81.5	83.0	85.7	87.2	88.0	88.5	88.9	89.3	89.8	90.3	91.0	91.6	92.2
	FF	703	746	832	883	913	928	943	961	979	1002	1029	1055	1079
330	Ma	0.634	0.680	0.710	0.715	0.717	0.720	0.722	0.728	0.736	0.744	0.752	0.763	0.771
	KIAS	221	238	250	252	252	253	254	257	260	263	266	270	273
	N_1(%)	82.1	84.8	86.7	87.6	88.4	88.9	89.3	89.9	90.6	91.3	92.0	92.9	93.6
	FF	696	774	837	868	894	910	927	951	979	1007	1035	1067	1096
340	Ma	0.644	0.708	0.716	0.719	0.724	0.728	0.736	0.744	0.752	0.758	0.769	0.776	—
	KIAS	220	243	246	247	249	251	254	257	260	262	266	269	—
	N_1(%)	82.8	86.1	87.2	88.0	89.0	89.5	90.2	90.9	91.6	92.3	93.2	94.0	—
	FF	692	789	823	850	883	903	929	956	984	1010	1042	1069	—
350	Ma	0.705	0.716	0.720	0.724	0.736	0.746	0.753	0.759	0.768	0.773	—	—	—
	KIAS	237	241	242	244	248	252	254	257	260	262	—	—	—
	N_1(%)	85.5	86.7	87.6	88.6	89.7	90.5	91.2	91.9	92.8	93.5	—	—	—
	FF	742	780	806	837	882	911	937	961	990	1014	—	—	—
360	Ma	0.716	0.720	0.724	0.734	0.754	0.762	0.767	0.772	—	—	—	—	—
	KIAS	235	237	238	242	249	252	254	255	—	—	—	—	—
	N_1(%)	86.2	87.1	88.1	89.2	90.8	91.6	92.3	93.0	—	—	—	—	—
	FF	737	764	792	833	889	917	940	963	—	—	—	—	—
370	Ma	0.729	0.740	0.746	0.757	0.764	0.770	0.774	—	—	—	—	—	—
	KIAS	235	238	240	244	247	249	250	—	—	—	—	—	—
	N_1(%)	87.3	88.5	89.5	90.8	92.1	92.9	93.6	—	—	—	—	—	—
	FF	743	777	809	852	893	916	939	—	—	—	—	—	—
380	Ma	0.727	0.743	0.758	0.767	0.771	0.763	—	—	—	—	—	—	—
	KIAS	228	234	239	242	243	241	—	—	—	—	—	—	—
	N_1(%)	87.9	89.3	90.7	92.1	93.4	93.8	—	—	—	—	—	—	—
	FF	726	767	812	854	890	896	—	—	—	—	—	—	—
390	Ma	0.737	0.756	0.765	0.769	—	—	—	—	—	—	—	—	—
	KIAS	226	233	236	237	—	—	—	—	—	—	—	—	—
	N_1(%)	88.9	90.5	91.9	93.2	—	—	—	—	—	—	—	—	—
	FF	722	768	809	846	—	—	—	—	—	—	—	—	—

发动机短舱防冰打开、机翼防冰关闭，$\Delta FF = +2.0\%$；
发动机短舱防冰打开、机翼防冰打开，$\Delta FF = +10.0\%$；
当飞行马赫数小于 4 时，飞机仪表不显示马赫数，请按照空速指示飞行。

【例题 1】 B737-800/CFM56-7B26 飞机开始巡航重量为 55 t，以 LRC 速度在 FL370 巡航，航路顶风 40 kt，温度为 ISA+15，要巡航的距离为 500NGM[①]，求所需时间和油量。

---

① NGM 为以海里表示的地面距离。

① 根据初始巡航重量 $W_1=55$ t，查 LRC 巡航操纵表(表 7-8)可得

巡航开始重量 W_1/t	55
飞行马赫数	0.774
W_F/[千克/(小时·台)]	1054
TAS/kt	444

② 对燃油流量和真空速进行温度修正。
$$\Delta T_t = (1+0.2Ma^2) \times \Delta T = (1+0.2 \times 0.774^2) \times 15 = 16.80 \text{ K}$$
巡航开始时的燃油流量和真空速为
$$FF_1 = 1\,054 \times 2 \times (1+16.8/10 \times 3\%) = 2\,214.24 \text{ kg/h}$$
$$V_{T1} = 444 + 16.8 = 460.8 \text{ kt}$$

③ 按初始重量初步计算的巡航时间和油量。
$$T_1 = \text{NGM}/(V_{T1}+V_w) = 500/(460.8-40) = 1.188 \text{ h}$$
$$\text{Fuel}_1 = FF_1 \times T_1 = 2\,214.24 \times 1.188 = 2\,631 \text{ kg}$$

④ 初步估算飞机巡航结束时的重量。
$$W_2 = 55\,000 - 2\,631 = 52\,369 \text{ kg} = 52.369 \text{ t}$$

⑤ 初步估算飞机巡航时的平均重量。
$$W = (W_1+W_2)/2 = (55+52.369)/2 = 53.68 \text{ t}$$

⑥ 根据平均巡航重量查表得

W/t	55	53.68	50
飞行马赫数	0.774	0.7702	0.757
W_F/[千克/(小时·台)]	1054	1032	971
TAS/kt	444	441	434

⑦ 对平均巡航重量的燃油流量和真空速进行修正。
$$\Delta T_t = (1+0.2Ma^2) \times \Delta T = (1+0.2 \times 0.770\,2^2) \times 15 = 16.78 \text{ K}$$
巡航开始时的燃油流量和真空速为
$$FF = 1\,032 \times 2 \times (1+16.78/10 \times 3\%) = 2\,167.9 \text{ kg/h}$$
$$V_T = 441+16.78 = 457.78 \text{ kt}$$

⑧ 按平均重量计算的巡航时间、巡航油量为
$$T = \text{NGM}/(V_T+V_w) = 500/(457.78-40) = 1.20 \text{ h}$$
$$\text{Fuel} = FF \times T = 2\,167.9 \times 1.20 = 2\,601.48 \text{ kg}$$

⑨ 巡航结束时飞机的重量为
$$W_2 = 55\,000 - 2\,601.48 = 52\,398.52 \text{ kg}$$

7.4.2 等待飞行性能数值表

使用手册提供了飞机光洁机身形态全发工作、一发不工作、全发工作并放下起落架等几种情况下，进行等待飞行时的推力设定(N_1(%))、等待速度及燃油流量等数据。表 7-10 为

B737-800/CFM56-7B26系列飞机的等待飞行数据表,表中各个参数分别为:N_1(%)、表速、燃油流量。当已知等待的飞机重量时,根据等待性能数据表可以选择燃油流量最小的高度作为等待飞行高度;或者给定等待高度时,可以根据该表给出的数据确定等待所需的油量。表7-11为ARJ21飞机的等待飞行数据表。表中各个参数分别为:N_1(%)、马赫数、单发燃油流量、表速和真空速。

表7-10 B737-800/CFM56-7B26系列飞机的等待飞行数据表

气压高度/(ft)		重量/(1 000 kg)									
		85	80	75	70	65	60	55	50	45	40
41 000	N_1(%)							89.8	86.9	84.0	81.1
	KIAS							214	203	192	180
	FF/ENG							1050	940	840	740
35 000	N_1(%)		94.0	90.2	88.0	85.9	83.9	81.7	79.4	76.8	73.9
	KIAS		250	249	240	230	220	210	200	189	178
	FF/ENG		1560	1400	1280	1170	1060	970	890	800	710
30 000	N_1(%)	88.4	86.8	85.1	83.4	81.5	79.5	77.4	75.0	72.2	69.4
	KIAS	263	254	246	236	227	218	208	198	187	178
	FF/ENG	1540	1430	1330	1230	1140	1050	950	880	790	720
25 000	N_1(%)	84.1	82.6	81.0	79.2	77.3	75.2	73.0	70.7	68.0	65.0
	KIAS	259	251	243	234	225	216	207	197	186	178
	FF/ENG	1490	1400	1300	1210	1120	1030	950	870	810	730
20 000	N_1(%)	79.9	78.3	76.5	74.7	72.9	71.0	68.7	66.2	63.8	61.1
	KIAS	257	249	241	233	224	215	205	195	185	178
	FF/ENG	1480	1390	1300	1220	1140	1050	970	890	820	740
15 000	N_1(%)	75.6	74.0	72.5	70.6	68.6	66.7	64.6	62.4	59.6	56.7
	KIAS	255	247	239	231	223	214	204	195	185	178
	FF/ENG	1500	1410	1330	1240	1150	1070	990	910	840	760
10 000	N_1(%)	71.6	69.9	68.3	66.6	64.9	62.9	60.5	58.1	55.7	53.0
	KIAS	254	246	238	230	222	213	203	194	185	178
	FF/ENG	1510	1420	1340	1250	1170	1090	1010	920	840	780
5 000	N_1(%)	67.7	66.2	64.7	62.8	60.7	58.7	56.7	54.5	52.1	49.5
	KIAS	253	245	238	229	221	212	203	193	185	178
	FF/ENG	1520	1430	1350	1270	1190	1110	1030	950	870	810
1 500	N_1(%)	65.1	63.4	61.6	59.8	58.1	56.2	54.2	52.0	49.6	47.1
	KIAS	252	244	236	229	221	211	202	192	185	178
	FF/ENG	1540	1460	1370	1290	1210	1130	1050	970	900	840

表中数据已经包含了飞机在做跑马场型等待时5%的附加燃油。

温度比标准总温度每高/低10 ℃,燃油流量增加/减少3%。

表 7-11　ARJ21飞机的等待飞行数据表

最大巡航推力限制 光洁构型 空调引气打开,防冰关闭	ISA	N_1(%) FF(kg/H/ENG)		马赫数 IAS/kt TAS/kt

重量/ (1 000 kg)	飞行高度层/(100 ft)				
	15	50	100	140	180
27	49.3　0.266 581　171 175	51.3　0.286 622　173 186	55.2　0.318 569　175 203	58.6　0.348 569　178 219	61.3　0.356 547　168 221
29	50.6　0.278 673　179 183	53.0　0.298 659　180 194	57.0　0.330 612　182 211	60.6　0.362 608　185 228	63.2　0.370 587　174 229
31	52.1　0.288 710　185 190	54.6　0.308 682　186 200	58.8　0.344 653　190 220	62.3　0.374 647　191 235	65　0.382 625　180 237
33	53.6　0.298 746　192 196	56.2　0.320 719　193 208	60.5　0.356 691　196 227	64.1　0.388 688　198 244	67.9　0.428 694　202 265
35	55.1　0.308 781　198 203	57.8　0.330 760　200 215	62.1　0.368 730　203 235	65.9　0.402 731　205 253	69.7　0.446 741　211 276
37	56.5　0.318 813　205 209	59.3　0.340 793　206 221	63.6　0.378 771　208 241	67.5　0.416 777　213 262	71.4　0.464 792　220 287
39	57.9　0.326 851　210 215	60.7　0.350 826　212 228	65.1　0.390 812　215 249	69.0　0.430 823　220 270	73.0　0.482 843　228 298
41	59.3　0.336 884　216 221	62.1　0.360 863　218 234	66.6　0.402 860　222 257	70.4　0.444 869　227 279	74.4　0.496 890　235 307
43	60.5　0.344 916　222 226	63.4　0.370 901　224 241	68.0　0.414 904　229 264	71.9　0.460 919　236 289	75.8　0.512 941　243 317

发动机短舱防冰打开、机翼防冰关闭,$\Delta FF = +2.2\%$;
发动机短舱防冰打开、机翼防冰打开,$\Delta FF = +21\%$;
每高于 ISA 1 ℃,$\Delta FF + 0.3\%$;
当飞行马赫数小于0.4时,飞机仪表不显示马赫数,请按照空速指示飞行。

【例题 2】 B737-800/CFM56-7B26 飞机在气压高度 8 000 ft 等待 45 min,等待开始时的重量为 52 t,假设是标准大气,求等待油量和等待结束的重量。

① 根据等待开始重量 $W_1=52$ t,查等待性能表,进行插值计算。

高度/ft	重量/t		
	55	52	50
10 000	1 010	956	920
8 000		966	
5 000	1 030	982	950

② 以等待开始重量,计算等待油量。
$$\text{Fuel}=FF\times T=966\times 2\times 45/60=1\ 449\ \text{kg}$$

③ 等待结束重量为
$$W_2=W_1-\text{Fuel}=50.55\ \text{t}$$

等待平均重量为
$$W=(W_2+W_1)/2=51.28\ \text{t}$$

④ 以平均重量查表,进行插值计算。

高度/ft	重量/t		
	55	51.28	50
10 000	1 010	943	920
8 000		954	
5 000	1 030	970	950

⑤ 以平均重量,计算等待油量。
$$\text{Fuel}=FF\times T=954\times 2\times 45/60=1\ 272\ \text{kg}$$

⑥ 等待结束重量为
$$W_2=W_1-\text{Fuel}=50.73\ \text{t}$$

7.4.3 高度能力表和机动飞行能力表

① 高度能力表。高度能力表给出的高度称最大高度,即在已知巡航状态飞行时,在最大巡航推力下飞机能够维持的最高高度。最大巡航高度受高温时发动机推力限制。使用手册提供了高温时给定重量情况下发动机巡航推力限制的气压高度或按最大巡航推力确定的各飞行高度允许的飞机重量。高度能力表除了给出最大允许高度外,还给出了在这些条件下的最佳飞行高度。表 7-12 为 B737-500/CFM56-3 系列飞机 LRC/0.74 马赫数巡航时的高度能力表。

表 7-12 B737-500/CFM56-3 系列飞机高度能力表(LRC/0.74)

重量/ (1 000 kg)	最佳高度/ft	巡航推力限制的气压高度/ft		
		ISA+10 ℃ 及以下	ISA+15 ℃	ISA+20 ℃
64	30 800	34 100	33 200	32 200
62	31 500	34 900	34 100	33 100
60	32 200	35 700	35 000	34 100
58	33 000	36 400	35 800	35 000
56	33 700	37 000	36 600	36 000
54	34 500	37 000	37 000	36 700
52	35 400	37 000	37 000	37 000
50	36 200	37 000	37 000	37 000
48	37 000	37 000	37 000	37 000
46	37 000	37 000	37 000	37 000

② 机动能力表。飞机巡航飞行时应具有足够的机动能力,以便能安全地穿越颠簸气流或作必要的机动动作,如转弯等,因此当飞机巡航重量较大时,飞行高度会受到一定限制。表 7-13 是飞机的机动能力表,表中列出在给定重量情况下不同机动能力要求对应的飞机允许飞行的最大高度。由表可以看出,随着飞机重量的增加或机动能力增强,飞机所能飞行的最大高度降低。

表 7-13 B737-500/CFM56-3 系列飞机机动能力表(LRC/0.74)

重量/ (1 000 kg)	最大气压高度/ft					
	过载 g/坡度(°)					
	1.2(33°)	1.3(39°)	1.4(44°)	1.5(48°)	1.6(51°)	1.7(54°)
64	34 100	32 400	30 800	29 300	27 900	26 500
62	34 800	33 100	31 500	30 100	28 600	27 200
60	35 500	33 800	32 300	30 800	29 300	28 000
58	36 200	34 500	32 900	31 500	30 100	28 700
56	36 900	35 300	33 700	32 300	30 800	29 500
54		36 000	34 500	33 100	31 600	30 400
52		36 800	35 300	33 800	32 400	31 100
50			36 100	34 700	33 300	32 000
48			36 900	35 500	34 100	32 900
46				36 400	35 000	33 800
44					36 000	34 700
42					37 000	35 700
40						36 700

有的手册将高度能力表和机动能力表放在同一张表上,这种表称为飞机的最大运行高度表。表 7-14 为 B737-800 飞机的最大运行高度表,表中列出了给定巡航方式、巡航重量情况下飞机的最佳巡航高度和最大运行高度,其中最大运行高度为推力限制的高度和过载限制的高度两者中最小者,表中带"＊"号的高度为最大巡航推力在保留 100 ft/min 的剩余爬升率时所限制的高度,不带"＊"号的高度为过载限制的高度。

表 7-14 B737-800/CFM56-7B26 系列飞机机动能力表(LRC)

LRC 巡航/最大运行高度/最大巡航推力

ISA+10℃ 及以下

重量/ (1 000 kg)	最佳高度/ft	总温/℃	初始抖阵裕度'g'（坡度角)				
			1.20(33°)	1.25(36°)	1.30(39°)	1.40(44°)	1.50(48°)
85	30 300	−5	32 800*	32 800*	3 2800*	32 100	30 700
80	31 600	−8	34 400*	34 400*	3 4400*	33 400	32 000
75	33 000	−11	35 900*	35 900*	3 5900*	34 800	33 400
70	34 500	−15	37 300*	37 300*	37 300*	36 200	34 900
65	36 000	−18	38 700*	38 700*	38 700*	37 800	36 400
60	37 700	−18	40 200*	40 200*	40 200*	39 400	38 100
55	39 500	−18	41 000	41 000	41 000	41 000	39 900
50	41 000	−18	41 000	41 000	41 000	41 000	41 000
45	41 000	−18	41 000	41 000	41 000	41 000	41 000
40	41 000	−18	41 000	41 000	41 000	41 000	41 000

ISA+15℃

重量/ (1 000 kg)	最佳高度/ft	总温/℃	初始抖阵裕度'g'（坡度角)				
			1.20(33°)	1.25(36°)	1.30(39°)	1.40(44°)	1.50(48°)
85	30 300	0	30 600*	30 600*	30 600*	30 600*	30 600*
80	31 600	−3	32 900*	32 900*	32 900*	32 900*	32 000
75	33 000	−6	34 800*	34 800*	34 800*	34 800	33 400
70	34 500	−9	36 400*	36 400*	36 400*	36 200	34 900
65	36 000	−13	37 800*	37 800*	37 800*	37 800	36 400
60	37 700	−13	39 200*	39 200*	39 200*	39 200*	38 100
55	39 500	−13	40 800*	40 800*	40 800*	40 800*	39 900
50	41 000	−13	41 000	41 000	41 000	41 000	41 000
45	41 000	−13	41 000	41 000	41 000	41 000	41 000
40	41 000	−13	41 000	41 000	41 000	41 000	41 000

ISA+20℃

重量/ (1 000 kg)	最佳高度/ft	总温/℃	初始抖阵裕度'g'（坡度角)				
			1.20(33°)	1.25(36°)	1.30(39°)	1.40(44°)	1.50(48°)
85	30 300	6	27 500*	27 500*	27 500*	27 500*	27 500*
80	31 600	3	30 000*	30 000*	30 000*	30 000*	30 000*
75	33 000	0	32 800*	32 800*	32 800*	32 800*	32 800*
70	34 500	−3	34 900*	34 900*	34 900*	34 900*	34 900
65	36 000	−7	36 500*	36 500*	36 500*	36 500*	36 400
60	37 700	−7	38 000*	38 000*	38 000*	38 000*	38 000*
55	39 500	−7	39 500*	39 500*	39 500*	39 500*	39 500*
50	41 000	−7	41 000	41 000	41 000	41 000	41 000
45	41 000	−7	41 000	41 000	41 000	41 000	41 000
40	41 000	−7	41 000	41 000	41 000	41 000	41 000

* 代表飞机平飞时推力限制高度,在该高度上剩余爬升率为 100 ft/min。

【例题 3】 B737-800(CFM56-7B26)飞机巡航重量为 65 t,从海平面机场起飞,航程为 2 000NGM,以 LRC 速度巡航,要求巡航时具有 1.3g 的过载能力,航路温度为 ISA+15°,允许飞行高度为 FL330、FL370、FL390。设 FL390 高度上顶风 20 kt,FL370 高度上顶风 15 kt,FL330 高度上顶风 10 kt,则应选择哪个高度层巡航?为什么?

① 查 B737-800(CFM56-7B26)飞机的高度能力表,ISA+15°时:

最佳高度为 36 000 ft。推力和过载限制的高度为 37 800 ft,其中 37 800 带有"*"号,表明该高度为最大巡航推力在保留 100 ft/min 的剩余爬升率时所限制的高度,1.3g 过载限制的高度大于该高度。通过分析发现,FL390 大于推力和过载限制的高度,因此不能选择该高度层进行飞行。

② 根据巡航重量,查表 7-7 风速-高度转换表:

FL370 上的风速因子为 $F_{风1}=1$,FL330 上的风速因子为 $F_{风2}=7$。假设飞机在 FL330 高度飞行,则新高度上的风速因子减去原高度上的风速因子为 -6,由于 FL330 高度上顶风 10 kt,则新高度上的得失相当风为 -16 kt,表明如果飞机要去新高度 FL370 飞行,FL370 上的保本风速为顶风 16 kt。本例题中,FL370 高度上的风为顶风 15 kt,其比保本风速顶风 16 kt 更有利,因此飞机此时可以放弃原高度 FL330,去新高度 FL370 飞行。

7.5 飘 降

飞机在正常巡航高度飞行时,如果出现一台发动机停车,则会影响飞机的性能。本节主要介绍一发停车情况对燃油里程和飞行性能的影响,在高原山区飞行时如何安全越障,飞机的飘降方法,以及继续点、返航点的计算等问题。

7.5.1 一发停车(故障)对性能的影响

飞机在巡航高度飞行时,如果出现一台发动机停车,由于推力减小,阻力增大(出现附加阻力,包括风车阻力和偏航阻力),使飞机的升阻比减小,如无明显的燃油消耗率的改善,则由航程计算公式(7-2)可知航程将会缩短。

巡航中一发停车后,需要下降到一个较低的高度并以较小的速度巡航。当发动机停车后,一方面将仍在工作的发动机推力加大到最大连续推力,另一方面使飞机减速到飘降速度,并开始下降直到开始改平的点为止的过程叫飘降过程。改平后的飞行有 3 种方式,如图 7-34 所示。

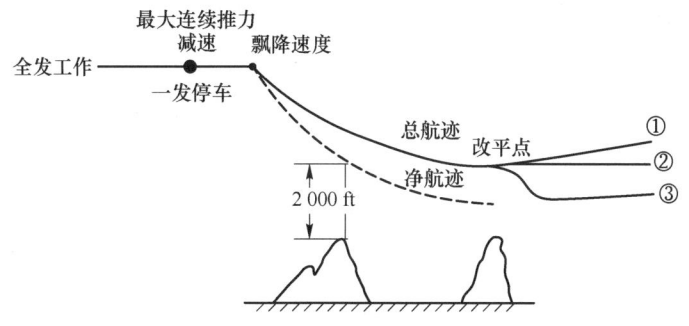

图 7-34 飘降过程示意图及改平后的飞行

① 保持飘降速度飞行。随着燃油不断消耗,飞机重量不断减轻,飞行高度不断增高。

② 保持飞行高度不变的LRC巡航,从而取得该高度的最大航程(根据改平点高度和飞机重量可查出LRC巡航速度)。

③ 降低高度到最大航程高度。查出该高度的LRC速度,可以取得比②更远的航程。

在低高度飞行时,与一发停车情况相比,虽全发工作时每台发动机需要的推力要小,但全发工作的燃油消耗率比一发停车情况的要高,如图7-35所示,所以在较低飞行高度,全发巡航和一发停车巡航相比,航程远近要由具体飞机、发动机性能而定。

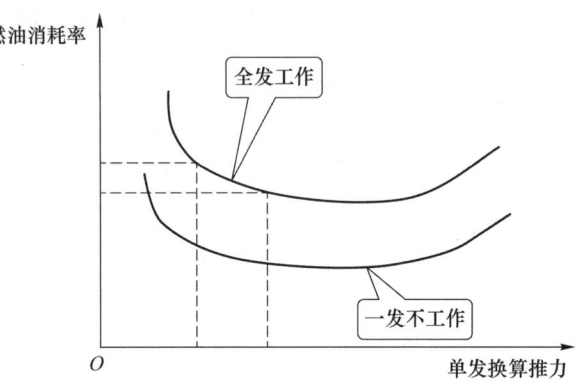

图7-35 发动机停车对换算燃油消耗率的影响

7.5.2 一发停车时的飘降性能

(1) 飘降速度的选择

飘降速度的确定应使飘降时的下滑角最小,即采用最大升阻比速度作为飘降速度。例如空客飞机使用单发光洁构型时的最佳升阻比速度(绿点速度),而波音飞机则使用最佳爬升速度。

(2) 越障要求

根据CCAR 121中第191条涡轮发动机驱动的飞机航路限制(一台发动机不工作)规定:

涡轮发动机驱动的飞机不得超过某一重量起飞,在该重量下,考虑到正常的燃油、滑油消耗和航路上预计的环境温度,根据经批准的该飞机飞行手册确定的一台发动机不工作时的航路净飞行轨迹数据应当能够符合下列两项要求之一:

① 在预定轨迹两侧各25 km(13.5 n mile)范围内所有地形和障碍物上空300 m(1 000 ft)的高度上有正梯度,并且在发动机失效后飞机要在着陆机场上空450 m(1 500 ft)的高度上有正梯度。

② 净飞行轨迹允许飞机由巡航高度继续飞到可以按照本规则第121.197条要求进行着陆的机场,能以至少600 m(2 000 ft)的余度垂直超越预定轨迹两侧各25 km(13.5 n mile)范围内所有地形和障碍物,并且在发动机失效后飞机要在着陆机场上空450 m(1 500 ft)的高度上有正梯度。

关于上述规章的理解需要注意以下几点:

① 要根据航路上地形和障碍物的标高以及飞机飞到某点时的实际重量,以航路85%可靠性温度确定飞机飘降的净改平高度,结合航路85%可靠性风,检查飞机是否能以规定的裕度超越地形或障碍物。

② 在飘降过程中净轨迹梯度由总轨迹梯度减去规定值确定,对于四发、三发和二发飞机,

当一发不工作时的总梯度分别减小 1.6%、1.4% 和 1.1%；对于两发不工作的四发、三发飞机，总梯度应分别减少 0.5% 和 0.3%；对于双发飞机须考虑一发失效的飘降，对于三发、四发飞机除考虑一发失效的飘降外，如航路某点离航路备降场的距离大于全发飞行 90 min 时，则还需考虑双发同时失效的飘降问题。

③ 对于上述两条规则，第①条使用简单，但对飞机重量的限制较大，有些高原航线很难满足；第②条使用较麻烦，但由于可以通过设置决断点、建立改航程序避开关键障碍物，对飞机重量的限制较小。因此在进行飘降分析时，一般先用第①条进行检查，不满足要求时再用第②条进行检查。

对于 121.191 条规章的第①条要求，对应飘降和飘升两种情况，如图 7-36 所示。飘升肯定具有正梯度，故要求其净轨迹至少高于正下方障碍物 1 000 ft。但飘降只有在升限处才具有正梯度，故要求其净升限至少高于航路上所有地形和障碍物 1 000 ft，也就是说净升限要高于航路上最高障碍物至少 1 000 ft。飞机的使用手册通常给出改平高度曲线，可以通过查飞机的净改平高度来进行越障分析。图 7-37 为 B737-800 飞机的改平高度曲线图。

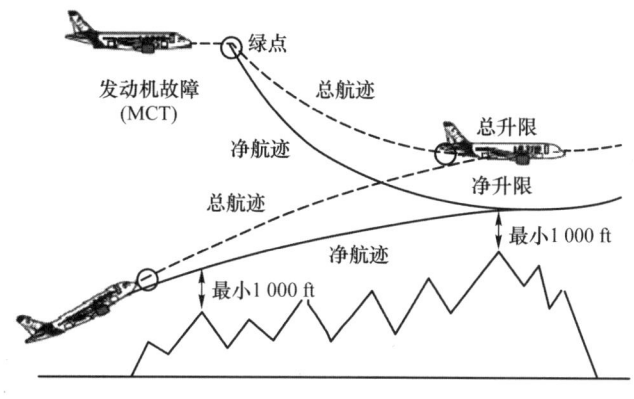

图 7-36　1 000 ft 越障要求

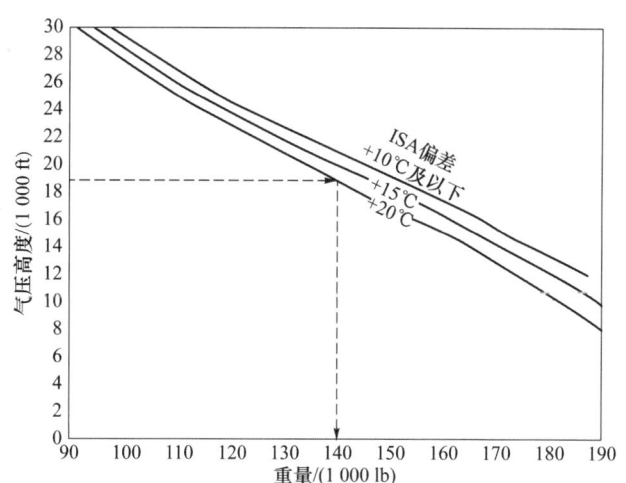

防冰修正

防冰构型	改平高度处的重量修正/(1 000 lb)							
	气压高度/(1 000 ft)							
	12	14	16	18	20	22	24	26	28
发动机防冰	-4.3	-4.0	-3.8	-3.8	-3.5	-3.3	-3.0	-2.7	-2.5
发动机和机翼防冰	-17.0	-15.9	-14.8	-14.8	-14.0	-13.1	-11.9	-10.9	

图 7-37　B737-800 飞机净改平高度

对于121.191条规章的第②条要求,其只针对飘降,如图7-38所示。此项没有梯度要求,且净轨迹只须满足至少高于2 000 ft越过轨迹正下方障碍物。为了检查越障情况,飞机的使用手册通常会给出飘降曲线图。图7-39所示为B737-800飞机的一发停车飘降净轨迹,可以看出飘降曲线与机重和大气条件有关,飘降曲线是以气压高度给出的飘降净轨迹,检查越障能力时还应转换为以真实高度表示的净轨迹。

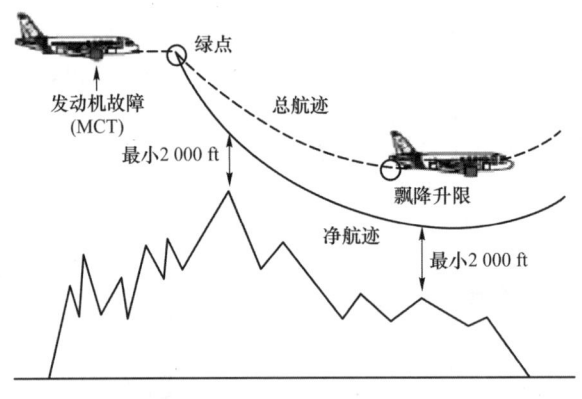

图7-38　2 000 ft越障要求

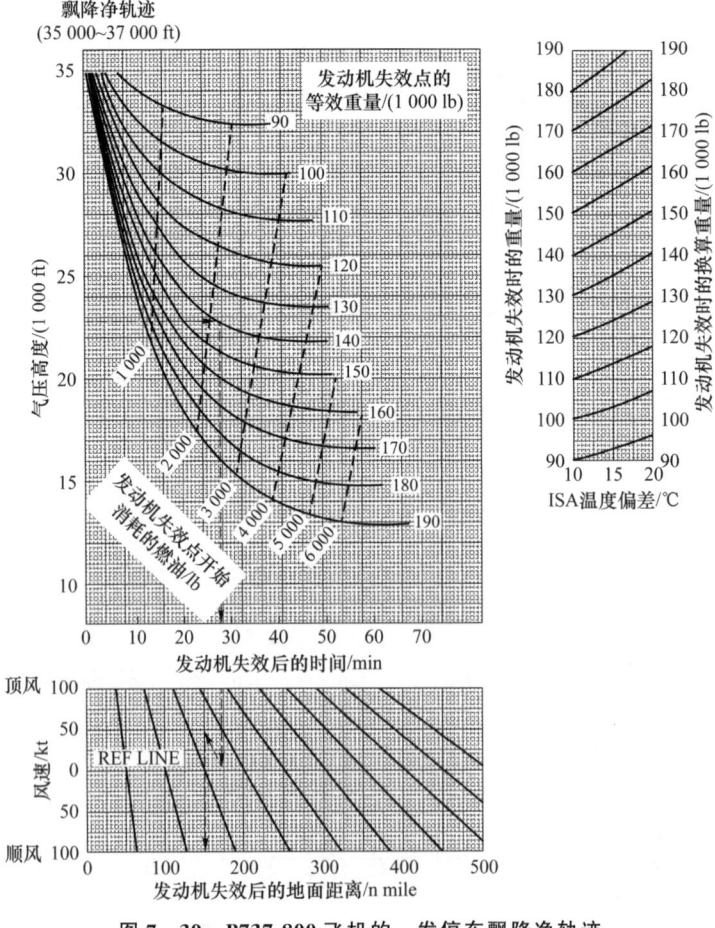

图7-39　B737-800飞机的一发停车飘降净轨迹

由改平高度和飘降曲线图表可以看出：

① 同一重量，不同巡航高度发动机失效，飘降轨迹不同，但改平高度基本相同。

② 同一高度，不同重量开始飘降，飘降轨迹不同，改平高度也不同。开始飘降的重量越大，飘降轨迹越低，改平高度也越低，飘降经过的水平距离越长。

③ 温度越高，发动机性能越差，飞机下降越快，因此飘降轨迹越低，飘降升限也越低。

④ 航路上的水平风对轨迹影响很大，逆风会使飘降距离缩短，但飘降升限不受风的影响。

对于这两条规定，均要求飞机在一发失效后在预定着陆机场上空 1 500 ft 的高度上净轨迹具有正梯度。这一要求确保了飞机在备降场上空开始进近机动时有足够的性能裕度。通常情况下，这一要求不构成航路越障的限制因素。

如不能满足上述越障的规定要求，则必须采取如放掉部分燃油等办法减轻飞机重量，直到符合要求为止。如果在整个航线上飞机飘降的净改平高度均能以规定的裕度超越地形或障碍物，则不必按飘降速度进行飘降。

(3) 无返回点和继续点的确定

在山区飞行中，一发停车情况必须按上节列出的越障要求对净轨迹进行越障计算分析，计算分析要点如下：

1) 定出航路上的两个关键点

"无返回点"(A)：在该点的轨迹能以不低于 600 m(2 000 ft) 的高度越过最高的障碍物，而在该点之后，再返回时就不能保证满足 600 m(2 000 ft) 的净轨迹越障裕度。

"继续点"(B)：在该点的轨迹能以不低于 600 m(2 000 ft) 的高度越过最高障碍物，而在该点后可以继续飞行，并满足 600 m(2 000 ft) 的净轨迹越障裕度。

2) 检查方法

将沿航路规定宽度内的重要障碍物画在以横轴表示距离，纵轴表示几何高度的坐标纸上。按飞机飞行手册或使用手册中提供的飘降曲线在同一坐标纸上画出越障时满足 2 000 ft 净轨迹越障裕度的飘降曲线。

飘降轨迹计算中要计入可能的最不利的保守飞机重量，在非标准大气情况下，计算出的飘降净轨迹(气压高度)要换算成几何高度。为保守起见，温度大于标准大气温度时考虑该换算，低于标准大气温度时不必换算。

分析比较净轨迹与障碍物，有以下两种情况：

情况 1：无返回点 A 在继续点 B 之后。航路上一发停车发生在 B 点前，飞机只能返回；一发停车发生在 A 点后，飞机只能继续飞行；在 A、B 之间，飞机既可返回也可继续，如图 7-40 所示。

情况 2：无返回点 A 在继续点 B 之前。航路上一发停车发生在 A 点前，飞机只能返回；一发停止发生在 B 点后，飞机只能继续；一发停车发生在 A、B 之间，飞机可选择转场备降以确保越障裕度，否则只有减小起飞重量或重新制定新的航路，如图 7-41 所示。

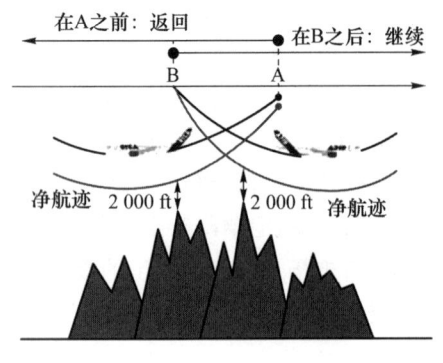
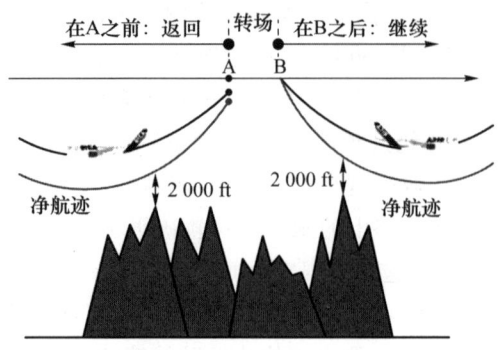

图 7-40 A 点在 B 点之后　　　　　　　图 7-41 A 点在 B 点之前

7.6　座舱释压供氧分析

现代民用航空客机的巡航高度通常在 9 000～12 000 m 范围内。为满足机上人员正常的生理状况，飞机的座舱高度一般为 2 400 m，因此飞机座舱被设计成增压座舱。对于普通航线运行的飞机，在飞行过程中出现增压系统故障或者结构受损导致了座舱释压时，须使用紧急程序，保证在较短时间内（一般为 10～15 min）将巡航高度下降到 3 048 m 以下。但是对于在高原航线运行的飞机，由于受到地形的限制，最低安全高度一般都在 4 000 m 以上，飞机必须在较高的高度上巡航一段较长的时间，直至地形条件许可才能安全下降到 3 048 m 以下。因此，对于高原航线必须考虑座舱释压后安全越障的供氧问题，否则会对人体产生一定的生理伤害。高空座舱失压对人体产生的生理影响是由外界气压突然变低和缺氧两个方面造成的。

1. 外界气压变低

飞机在高空飞行时由于采用增压座舱，舱内气压远高于外界大气压，当飞机座舱破裂发生座舱失压时，舱内压力迅速降低至外界气压，但人体内部空腔器官压力却保持不变，含气空腔气管内的气体迅速膨胀对其产生冲击力，造成这些器官发生损伤，如胃肠胀气、腹痛、中耳或鼻腔疼痛、鼓膜充血穿孔、肺部组织挫伤、血管堵塞等。

2. 缺氧的影响

从生理学的角度来讲，缺氧主要是由于吸入气体的氧含量减少所致。当氧气含量减少时，全身的组织细胞会受到影响，进而对人体产生损害。根据相关研究表明，当人体的气管氧分压大于 100 mmHg 时，相当于气压高度小于 3 000 m，人体中的血红蛋白与氧气的结合能力接近于 100%，人体不会出现任何缺氧症状，但随着人体器官氧分压开始不断降低时，缺氧反应开始逐渐加重。当飞机座舱高度在 3 000～5 000 m 内发生座舱失压时，人体在这个高度范围内会产生轻微的缺氧，如不补充氧气并长时间停留，会产生疲乏、头痛、思维效率降低和嘴唇发绀等症状。当飞行高度在 5 000～7 000 m 时发生座舱失压，人体已经不能通过增加心率和呼吸速率来增加氧气的摄入量，进而补偿缺氧的影响，乘客短时间内会出现眩晕，思维模糊等症状。当座舱高度大于 7 000 m，此时乘客的氧气摄入量已经达不到人体重要器官如心肺、大脑的用氧量，可能在几分钟甚至几十秒内丧失意识，严重威胁生命安全。

高空缺氧分为以下几类：

① 急性或暴发性缺氧：当客舱突然失压或无压力、压力不足，由于氧气供应突然中断而导致晕厥。

② 急性缺氧：缓慢暴露在平均海拔为 4 000～6 000 m 的高度，并在几分钟内发生，伴随着精神障碍。

③ 长期缺氧：出现在海拔 2 500～3 500 m 的高度，主要症状是疲劳和意识不清。

④ 慢性缺氧：出现在高山、高原等高海拔地区。

因此，为了避免这样的突发事件对人体造成的不利影响，民航客机上通常装备有补充氧气的设备。现代民航客机使用的氧气系统主要有 2 种：化学氧气发生系统和氧气瓶供氧系统。这 2 种供氧系统有各自的特点和优势，因此被应用于不同类型的航空器。

7.6.1 飞机氧气系统简介

在化学氧气系统中，氧气以化学物质的形式储存在一个名为化学氧气发生器的金属容器中，其由氧气发生器中的氯酸盐等物质发生化学反应产生。化学氧化发生器如图 7-42 所示。

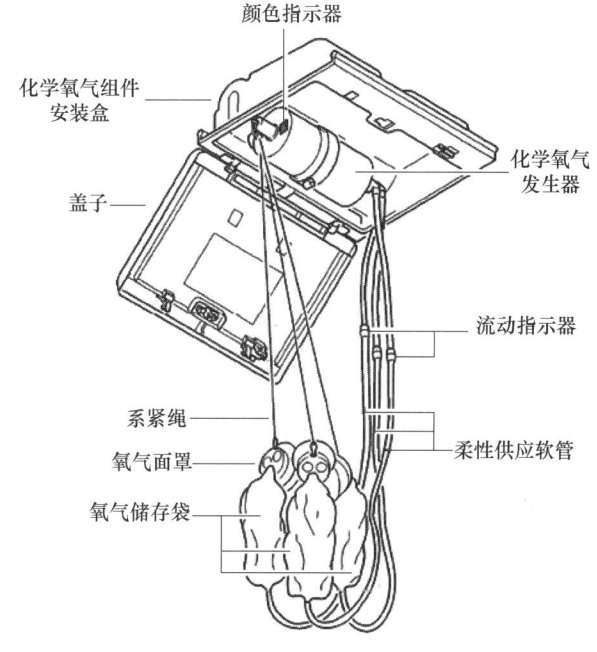

图 7-42 化学氧化发生器

在旅客座椅上方的每个氧气容器箱内分别配有 1 个氧气发生器和与之连接的若干个氧气面罩。飞机发生座舱释压后，座舱气压高度达到某一设定值时，氧气面罩会自动放出。当氧气容器箱内任何一个氧气面罩被拉下时，氧气发生器启动，氧气从该容器箱内的所有氧气面罩中流出，即使不使用也不能停止。化学氧气系统中氧气流量不能调节，并且氧气流量与座舱气压高度无关。化学氧气系统通常有 12 min 和 22 min 两种，航空公司会根据运行需求选择相应的化学氧气系统。

氧气瓶供氧系统的氧气储存在货舱内相连接的若干个氧气瓶内。氧气瓶安装方式如

图 7-43 所示。氧气经供气管路传输到客舱氧气容器箱,每个氧气容器箱内通常安装有若干个氧气面罩,每个氧气面罩内有一个能够探测座舱气压高度的氧气流率调节装置。飞机发生座舱失压后,座舱气压高度达到某一设定值时,氧气面罩会自动放出,只有被拉下的氧气面罩才有氧气流出,而且氧气流率随着座舱气压高度的增加而增大,具体参数由飞机制造商提供。供氧时间取决于氧气瓶的数量、氧气瓶的压力、氧气面罩使用数量、座舱气压高度等因素。氧气瓶供氧系统的氧气剖面可以根据航线障碍物高度和位置灵活设置,并且可以通过增加氧气瓶的数量来提高储氧量,使其成为在某些特定飞行情况下(例如某些高原航线)的唯一选择。

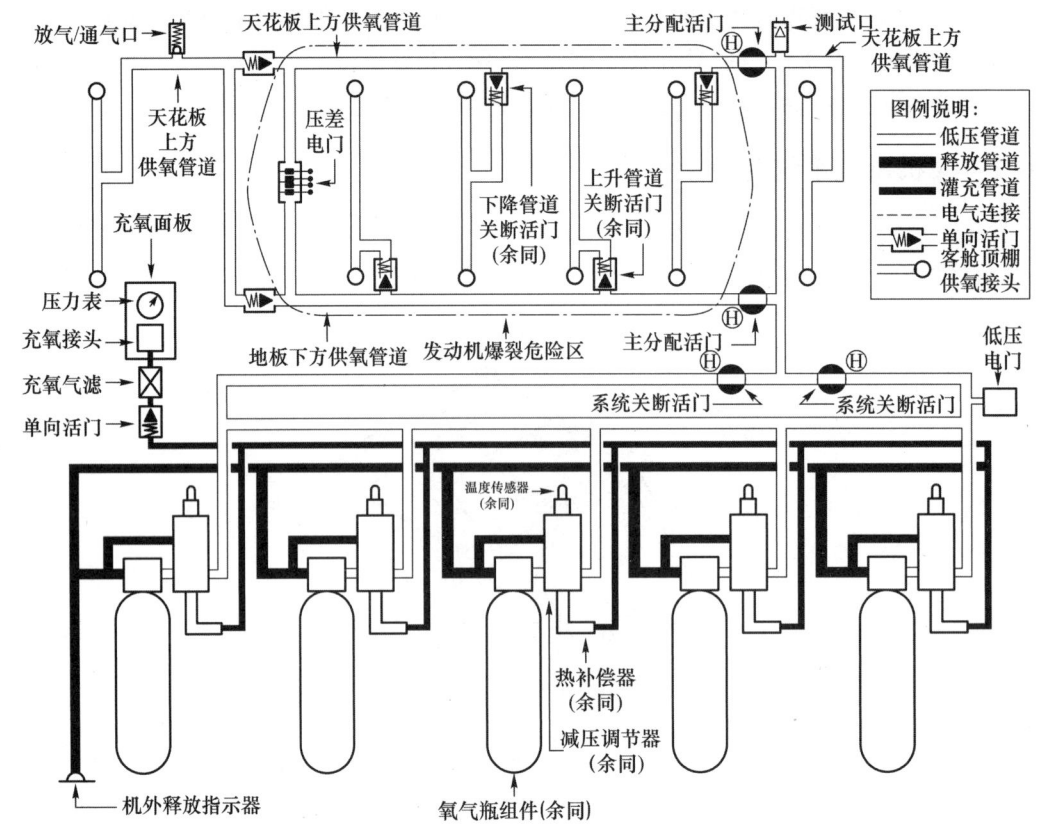

图 7-43 氧气瓶氧气系统

尽管化学氧气系统的灵活性在某些情况下有所限制,但是在实际应用中由于其具有固体氧源体积小、重量轻、可长期储存的优势,广泛应用于各种民航飞机的应急供氧系统中。

B787 飞机的旅客氧气瓶和旅客氧气面罩安装在每一排旅客座椅上方的旅客服务组件内部。其中旅客氧气储存在高压气瓶中,该气瓶为一次性装置,使用后必须更换。图 7-44 为 B787 飞机的旅客氧气瓶。通常情况下旅客氧气面罩储存在旅客服务组件面板内部。当旅客氧气系统工作时,旅客服务组件面板锁机构通电解锁,面罩在自身重力的作用下释放。当座舱高度大于 15 000 ft 时,自动解锁;机组也可以人工接通旅客氧气控制电门进行人工解锁。当旅客服务组件面板解锁、面罩释放之后,旅客只要戴上面罩即可正常呼吸。

氧气控制组件控制氧气瓶爆炸装置的触发和每个面罩的供氧间隔。呼吸传感器感受旅客呼吸导致的供氧管路压力变化,生成供氧指令;氧气控制器根据供氧指令,间断性地打开/关闭对应的呼吸控制活门,以脉冲供氧的方式向面罩供氧。某公司的 B787 飞机安装了大规格脉冲式氧气瓶,其在 14 000 ft 高度时供氧剖面累计时间为 210 min,在 20 000 ft 高度时供氧剖面累计时间为 95 min,在 29 000 ft 高度时供氧剖面累计时间为 45 min,满足现有公司所有航线的运行。

图 7-44　B787 飞机的旅客氧气瓶

7.6.2　不同高度下乘客所需氧气流量

当飞机发生座舱失压时,不仅需要立刻使用氧气系统为乘客补充氧气,还需要在氧气消耗殆尽前下降到 3 000 m 以下,因为在此高度人体不会发生缺氧。而在下降过程中,飞机处于不同高度时,乘客所需的氧气流量大小也是不同的。中国民用航空规章 CCAR 25.1443(c)中对紧急情况下乘客所需补充的氧气流量进行了详细的规定。

对于旅客和客舱乘务员,在各座舱气压高度上当使用所提供的氧气设备吸气时,每个成员补氧的最小氧气流量不得小于为保证下述平均气管氧分压所需的流量:

① 在座舱气压高度超过 3 000 m 至 5 600 m,每分钟呼吸 15 L(BTPS),即测得值须以体温、大气压、饱和水蒸气压进行校正,且(保持固定呼吸时间间隔的)潮气量为 700 mL 时,平均气管氧分压为 13 332 Pa(100 毫米汞柱);

② 座舱气压高度超过 5 600 m 至 12 000 m,每分钟呼吸 30 L(BTPS),且(保持固定呼吸时间间隔的)潮气量为 1 100 mL 时,平均气管氧分压为 11 172 Pa(83.8 毫米汞柱)。

根据上述规章中规定的不同高度下乘客所需保持的最小气管氧分压,可以计算出不同座舱高度下乘客所需的最小氧气流量,如图 7-45 所示。

如图 7-45 所示,纵坐标代表乘客所需的最小补氧流量,横坐标代表飞机的座舱气压高度。当座舱气压高度小于 5 600 m 时,该曲线是按照保持气管氧分压等于 100 mmHg,每分钟呼吸 15 升 BTPS 状态下的空气计算得到的,当高度大于 5 600 m 时,该曲线是按照保持气管氧分压等于 83.8 mmHg,每分钟呼吸 30 升 BTPS 状态下的空气计算得到的。按照图 7-45 所示的氧气流量为乘客补氧,当座舱高度低于 5 600 m 时,乘客的气管氧分压相当于始终处于 3 000 m 的气压高度。当座舱高度大于 5 600 m,乘客的气管氧分压相当于处在 4 267 m 的气压高度上,此时乘客虽然会有轻微的缺氧反应,但并不会对其安全造成影响。

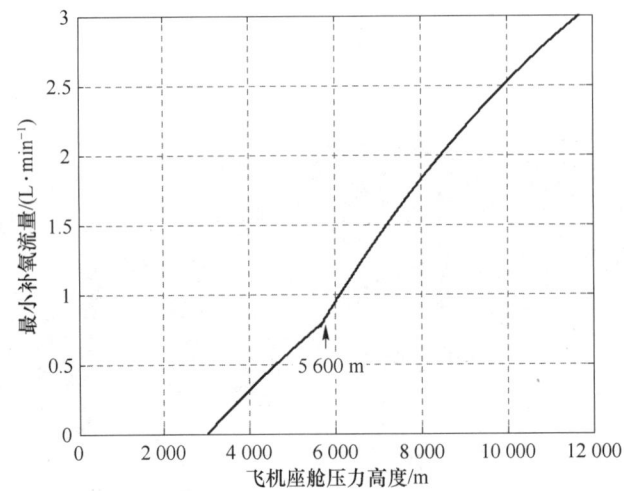

图 7-45　不同座舱高度下乘客所需的最小氧气流量

CCAR 121 中第 329 条涡轮发动机飞机用于生命保障的补充供氧要求：

机组成员，每个合格证持有人应当按照下列要求为机组成员提供氧气源。

① 在座舱气压高度 3 000 米（10 000 英尺）以上至 3 600 米（12 000 英尺）（含）时，应当对在驾驶舱内执勤的每一飞行机组成员提供氧气，并且他们也应当用氧，如果在这些高度上超过 30 分钟，则对于 30 分钟后的那段飞行应当为其他机组成员提供氧气；

② 在座舱气压高度 3 600 米（12 000 英尺）以上，应当对在驾驶舱内执勤的每一飞行机组成员提供氧气，他们也应当用氧，并且在此高度上整个飞行时间内，应当对其他机组成员提供氧气；

③ 当要求飞行机组成员用氧时，他应当连续用氧，除非为执行其正常任务需要除去氧气面罩或者其他氧气分配器。对那些处于待命状态的或者在完成此次飞行前肯定要在驾驶舱内值勤的后备飞行机组成员，视为本款第①、②项所述的其他机组成员。如果某一后备飞行机组成员不在待命状态，并且在剩下的一段飞行中将不在驾驶舱内值勤，则就补充氧气要求而言，可以将其视为一名旅客。

旅客，每个合格证持有人应当按照下列要求为旅客提供氧气源。

① 对于座舱气压高度 3 000 米（10 000 英尺）以上至 4 000 米（13 000 英尺）（含）的飞行，如果在这些高度上超过 30 分钟，则对于 30 分钟后的那段飞行应当为 10% 的旅客提供足够的氧气；

② 对于座舱气压高度 4 000 米（13 000 英尺）以上的飞行，在此高度上整个飞行时间内为机上每一旅客提供足够的氧气。

对于在特定区域运行上述旅客供氧条款存在困难的，经局方批准，可以按照以下要求实施运行：

① 对于座舱气压高度 3 000 米（10 000 英尺）以上至 4 300 米（14 000 英尺）（含）的飞行，如果在这些高度上超过 30 分钟，则对于 30 分钟后的那段飞行应当为 10% 的旅客提供足够的氧气；

② 对于座舱气压高度 4 300 米（14 000 英尺）以上至 4 600 米（15 000 英尺）（含）的飞行，足以为 30% 的旅客在这些高度的飞行中提供氧气；

③ 对于座舱气压高度 4 600 米（15 000 英尺）以上的飞行，在此高度上整个飞行时间内为机上每一旅客提供足够的氧气。

CCAR 121 中第 333 条具有增压座舱的涡轮发动机飞机应急下降和急救用的补充氧气

要求：

机组成员：当在飞行高度 3 000 米（10 000 英尺）以上运行时，合格证持有人应当向在驾驶舱内执勤的每一飞行机组成员提供足以符合本规则第 121.329 条要求的但供氧时间不少于 2 小时的氧气。所要求的 2 小时供氧量，是飞机从其最大审定运行高度以恒定下降率用 10 分钟下降至 3 000 米（10 000 英尺），并随后在 3 000 米（10 000 英尺）高度上保持 110 分钟所必须的供氧量。

旅客：当飞机在飞行高度 3 000 米（10 000 英尺）以上运行时，应当对旅客提供满足下列要求的氧气源：

经合格审定在飞行高度 7 600 米（25 000 英尺）以下（含）运行的飞机能在所飞航路的任一点上 4 分钟之内下降到飞行高度 4 300 米（14 000 英尺）（含）以下时，应该按照本规则规定的供氧率为至少 10% 的旅客提供 30 分钟的氧气；

当飞机运行在飞行高度 7 600 米（25 000 英尺）（含）以下且不能在 4 分钟之内安全下降到飞行高度 4 300 米（14 000 英尺）时，或者当飞机运行在飞行高度 7 600 米（25 000 英尺）以上时，在座舱释压后座舱气压高度 3 000 米（10 000 英尺）以上至 4 300 米（14 000 英尺）（含）的整个飞行期间应当能以本规则规定的供氧率为至少 10% 的旅客供氧，并且按照适用情况，能够符合本规则第 121.329 条(c)款第②项的要求，但对旅客的供氧时间应当不少于 10 分钟；

为了对那些由于生理原因，在从飞行高度 7 600 米（25 000 英尺）以上的座舱气压高度下降后可能需要纯氧的机上乘员进行急救护理，在座舱失密后座舱气压高度 2 400 米（8 000 英尺）以上的整个飞行时间内，应当为 2% 的乘员（但在任何情况下不得少于 1 人）提供符合《运输类飞机适航标准》（CCAR-25）第 25.1443 条(d)款的供氧。

7.6.3 飞机紧急下降程序

当飞机在平原区域飞行时，如果发生座舱失压，飞机的巡航高度可以很快下降至 3 048 m 以下。如果飞机在高原航线飞行，其航路安全高度较高，不能直接下降至 3 048 米以下，就需要同时考虑飞机的供氧能力和航路的地形状况，制定飞机的紧急下降程序，确定飞机的下降包线以及决策点，保证飞机能够为乘客提供足量氧气从而飞越障碍物。

(1) 飞机的下降包线

飞机的下降包线是飞机所处高度和飞行时间的关系曲线。对于氧气瓶系统而言，由于氧气面罩的补氧流量随高度不断变化，因此飞机可以在氧气总量满足要求的情况下根据航路安全高度任意制定下降包线。

对于化学氧气系统而言，氧气面罩在不同时刻释放的氧气流量是固定的，因此在不同时刻飞机所能飞行的高度也是固定的，所以装备有化学氧气系统的飞机其下降包线是一条固定的曲线，图 7 - 46 所示为 B737-800 客机 12 分钟化学氧气系统的下降包线。

(2) 紧急下降程序决策点

设计紧急下降程序时，应当选择恰当的位置作为决策点，使飞机在决策点无论折返或继续飞行都能安全的越过所有地形高度，飞往区域内的备降场着陆。如果高原航段较长，而且区域内有足够的备降场，则可以设置多个决策点，从而保证飞机在整个高原航段都有紧急下降预案。决策点选取原理如下：

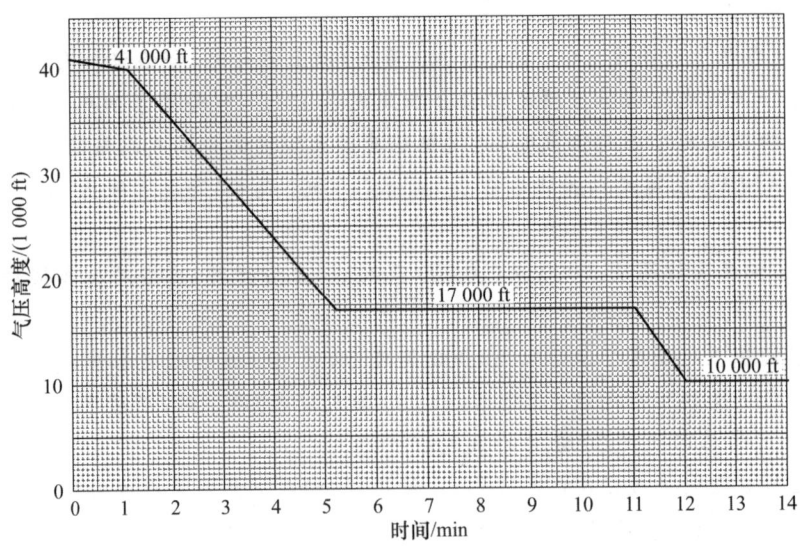

图 7-46　B737-800 客机 12 分钟氧气系统的下降包线

如图 7-47 和图 7-48 所示,假设飞机从机场 A 飞往机场 B 的过程中,在某一位置发生座舱失压,图中折线①和折线②分别代表飞机在发生座舱失压时继续飞往目的地 B 点和调头飞往起飞机场 A 点的紧急下降包线,其中 a、b 点代表飞机发生座舱失压时保证氧气系统剖面满足大于航路最低安全高度时所能飞行的最远点。对于图 7-47,当飞机在 A—a 点或 b—B 点任意位置发生座舱失压时,飞机可以飞往机场 A 或机场 B,当飞机在 a—b 点之间发生座舱失压时,飞机既可以飞往机场 a 也可以飞往机场 b,这个区间或点被称为决策区间或决策点。对于图 7-48,当飞机在 A—a 点或 b—B 点任意位置发生座舱失压时,飞机只能飞往机场 A 或机场 B,当飞机在 a—b 点之间发生座舱失压时,飞机只能飞往某一备降场或对氧气系统进行改装。因此为保证飞机在航路上任何一点发生座舱失压时既可以飞回起飞机场也可以飞往目的地机场,即使飞机存在决策区间或决策点,在制定飞机座舱失压紧急下降程序时需要保证 A—a 的距离与 b—B 的距离之和大于等于机场 A—B 的距离。

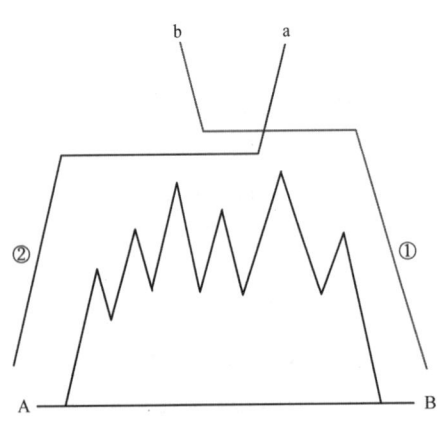

图 7-47　飞机可以飞往机场 A 或机场 B

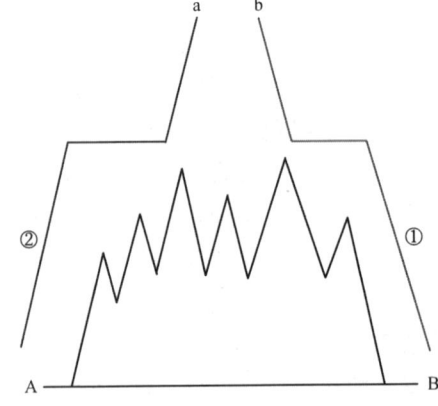

图 7-48　飞机只能飞往机场 A、机场 B 或改航

飞机发生座舱失压时往往伴随着外部结构受损，因此在紧急下降过程中出于安全考虑，其巡航速度应当尽可能的小，其最小巡航速度应当为飞机最少存在一个决策点时的速度，即 A—a 的距离加上 b—B 的距离等于 A—B 的距离时的速度。

（3）影响飞机紧急下降性能剖面的因素

影响性能剖面的因素主要有高空风、飞机重量、起始巡航高度层、温度、速度等。

1）高空风

飞机在高空飞行，表速恒定的情况下，顺风使地速增大，逆风使地速减小。因此，在一定的时间内，顺风使地面距离增大，逆风使地面距离缩短。对于化学氧气系统的固定氧气剖面，顺风对性能剖面有利，逆风对性能剖面不利。一般的做法是顺风按静风计算，逆风取 85% 的可靠性风计算。

2）飞机重量

在速度、高度、温度、起始巡航高度层一定的情况下，飞机紧急下降的性能剖面在氧气剖面时间范围内与飞机的起始重量有关。飞机起始重量越大，性能剖面的水平距离越短。一般的做法是采用航班运行的起飞重量作为飞机客舱迅速失压时紧急下降的起始重量。

3）起始巡航高度层

在速度、高度、温度、起始重量一定的情况下，客舱迅速失压的起始巡航高度层对紧急下降剖面的水平距离影响不大。通常可选取《飞行管制一号规定》批复的高度层作为起始巡航高度层。

4）温　度

目前大部分民用客机活动范围处于平流层，在高空飞行时使用气压式高度表进行高度测量。当大气温度较 ISA 偏高时，气压高度表测得的高度较飞机实际高度高；相反气压高度表测得的高度较飞机实际高度低。而航路安全高度以标高计算得出。因此在高纬度地区，由于气温较 ISA 偏低，有可能会出现飞机气压高度低于航路安全高度，这时需要对计算的性能剖面做温度修正。

5）速　度

飞机客舱迅速失压后，A320 机型手册中的建议是使用 V_{MO}/Ma_{MO} 作为巡航和下降的速度。对于机体结构出现破损的情况，需要减小至合适的速度，以防止飞机机体进一步受到损伤。这种情况下，飞机的性能剖面将受到极大限制，需要尽快备降或脱离安全高度较高的航路来保障旅客生命安全。

第8章 直升机飞行性能

直升机一词有两种解释，在 CCAR-135 部、CCAR-91 部等多部规章中直升机指代旋翼航空器，有动力旋翼航空器的意思，这是广义的解释；狭义的直升机仅指应用大直径、低桨盘载荷旋翼来飞行的旋翼航空器，区别于应用类似螺旋桨、小直径、高桨盘载荷旋翼来飞行的旋翼航空器。本书中的直升机一词使用的是狭义的概念。

旋翼航空器是所有重于空气、用一个或多个高速转动的旋翼与空气进行相对流体运动获得升力克服自重以实现空中飞行的航空器。需要注意的是，不要把这个名称与自转旋翼机相混淆，自转旋翼机只是旋翼航空器中的一种。旋翼航空器与固定翼飞机相比，最主要的区别是提供升力的装置不是机翼，而是旋翼。旋翼产生升力的原理类似于螺旋桨，通过桨叶高速旋转产生气动力。旋翼桨叶相对空气的速度主要取决于旋翼转速，而不是旋翼航空器机体的飞行速度，因此旋翼航空器可以在较小的速度下飞行，甚至悬停。旋翼的高速旋转由发动机输出的扭矩驱动，发动机的动力指标是功率，而大型运输飞机使用的涡扇发动机的动力指标是推力。正因为这些气动特性与动力特性的差异，旋翼航空器的性能与固定翼飞机有所不同，需要单独介绍。

8.1 旋翼动力学

直升机的旋翼非常特殊且复杂，想要彻底地解释清楚直升机的旋翼动力学是比较困难的，同时对于直升机的性能研究而言也不是必要的。因此，本节仅介绍与直升机性能有关的旋翼基本动力学概念与简易飞行原理。

旋翼的运动与飞机机翼的运动不同，因为旋翼的桨叶除了随直升机一同做直线或曲线运动外，还要绕旋翼轴旋转，两个运动的叠加经常造成旋翼桨叶在旋转到不同方位角时桨叶速度不同。此外，桨叶在不同径向位置的剖面形状与速度也各不相同，所以可能出现旋翼桨盘中每个点的气动特性都不相同的现象。因此旋翼的空气动力要比机翼的复杂得多。桨叶剖面的合速度见图 8-1。

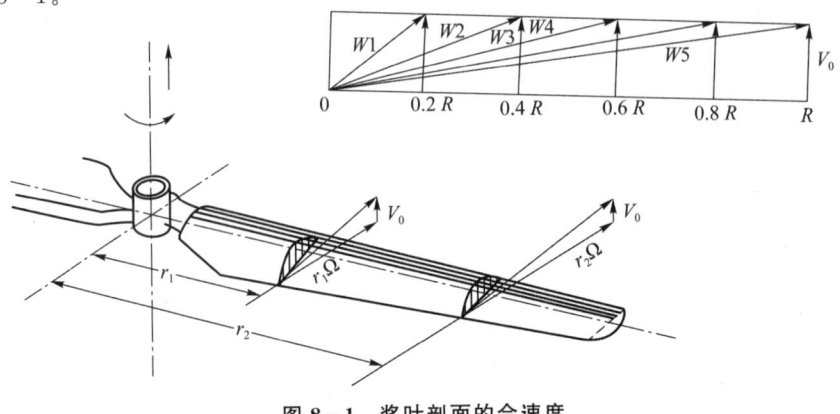

图 8-1 桨叶剖面的合速度

旋翼由多片桨叶和一个桨毂组成。桨叶高速旋转，与空气之间产生相对运动，从而产生拉力，这与螺旋桨是一样的，而桨毂是直升机十分特殊且具有标识性的一个结构，见图8-2。桨毂负责连接直升机旋翼传动轴与桨叶，将动力传递给桨叶，带动桨叶旋转。除了传递动力的作用外，直升机的桨毂还可以控制桨叶实现三个方向的运动，分别是变距、挥舞和摆振。

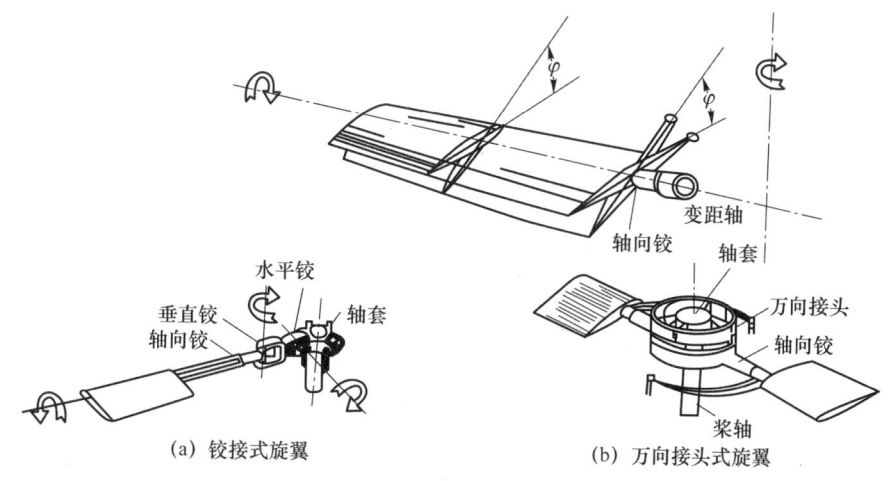

图 8-2 桨毂结构

1. 变 距

变距操作：这里说的距指桨距，其原始的定义是旋翼旋转一周向前行走的距离。桨距是由螺旋线的螺距对应过来的概念，此处的桨距，不是想表达距离，而是指代桨叶的安装角，这样就能理解变距的意思就是改变桨叶的安装角。变距操作可使直升机在旋翼转速不变的情况下，改变旋翼的迎角，实现旋翼拉力的变化。

直升机的变距操作是通过桨毂的变距轴实现的，变距轴是沿桨叶径向的轴。旋转变距轴可以改变桨叶的桨距，从而改变旋翼的气动力大小。由于变距操作只改变旋翼状态，因此直升机可以在不改变机身姿态的情况进行变距操作。

2. 挥 舞

直升机在悬停和垂直飞行时，旋翼运动是绕旋转轴对称的，桨叶在不同方位角时的状态完全相同，相对来流是沿旋转轴方向的，旋翼处于轴流状态。而当直升机处于前飞时，相对来流是斜向的，旋翼处于斜流状态。

斜流状态下的旋翼桨盘上每一点都需要叠加一个水平来流。这个水平来流会使桨叶在不同方位角下相对速度发生变化，以水平来流方向为界，一半属于逆风区，相对速度增加，这半区的桨叶称为前行桨叶；另一半属于顺风区，相对速度减小，这半区的桨叶称为后行桨叶。前飞时桨叶相对气流速度分布如图8-3所示。

斜流状态下由于气流不对称，前行桨叶比后行桨叶相对速度大，升力也大，直升机左右两侧升力不平衡，会产生侧倾力矩。同时，桨叶在旋转过程中升力的周期变化会造成桨叶根部很大的交变弯矩，桨叶容易产生疲劳损坏。为了解决这些问题，设计了桨毂的挥舞铰。桨毂的挥舞铰可以允许桨叶上下挥舞，从而消除桨叶根部弯矩。

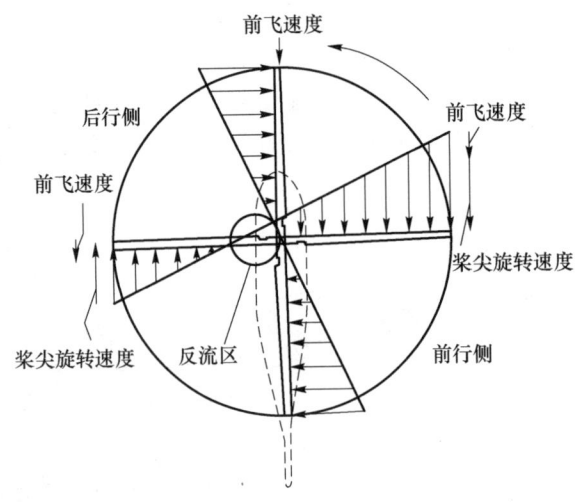

图 8-3 前飞时桨叶相对气流速度分布

轴流状态时,桨叶受升力作用向上挥舞,且各方位角下挥舞角度相同,旋翼的旋转轨迹为一个倒圆锥,见图 8-4。

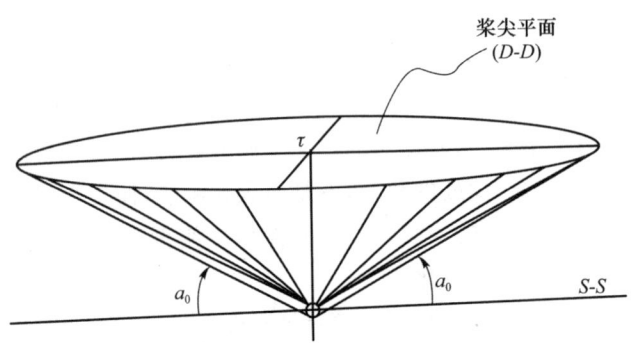

图 8-4 挥舞形成的倒圆锥轨迹

斜流状态时,前行桨叶相对速度增加,升力增大,桨叶上挥,上挥运动会减小迎角,从而减小前行桨叶的升力;与之对应的,后行桨叶下落,下落运动会增大迎角,从而增加升力。桨叶自然的挥舞运动可以平衡左右两侧的升力不平衡,从而消除侧倾力矩。而前行桨叶上挥,后行桨叶下落的运动也造成桨叶在正前方时挥舞角达到最大,在正后方时挥舞角最小,旋翼的旋转轨迹为后倾的倒圆锥。这种挥舞运动也称为吹风挥舞,见图 8-5。

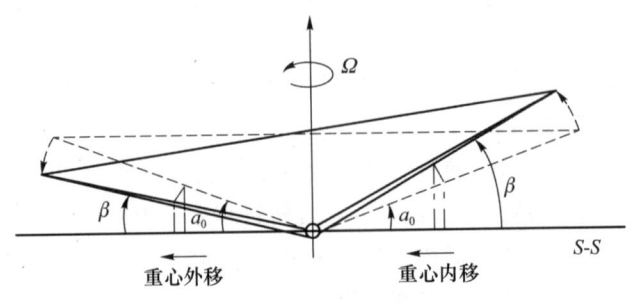

图 8-5 吹风挥舞

3. 摆　振

桨叶上下挥舞形成的后倾的倒圆锥会使得桨叶重心随桨叶旋转在径向内外移动,当桨叶在正前方时,挥舞角最大,桨叶重心最靠内侧;当桨叶在正后方时,挥舞角最小,桨叶重心最靠外侧。

桨叶重心有相对于旋转轴径向的运动,虽然重心径向的运动幅度不大,但由于旋翼转速太快,因此还是会产生很大的科里奥利力,使桨叶根部承受向前向后交替变换的弯矩。桨叶前后运动的现象还可以通过角动量守恒来理解,重心向内侧移动时,为了保持角动量不变,需要加速旋转,桨叶向前运动。同理,重心向外侧移动时,有减速的趋势,桨叶向后运动。

与挥舞铰的原理类似,在桨毂上设置摆振铰,允许桨叶在科里奥利力作用下前后摆振,消除了桨根的交变弯矩。

现代直升机往往使用具有弹性的抗拉材料代替挥舞铰和摆振铰,这种无铰式旋翼的挥舞、摆振运动通过桨叶柔性材料的弹性变形来实现。虽然无铰式旋翼与铰接式旋翼在结构上有所差异,但挥舞、摆振运动的原理是相同的。

4. 操　纵

直升机的操纵主要是由旋翼来实现的,直升机的旋翼不仅提供升力,还提供推进力与操纵力,可以说旋翼是直升机最主要的部件。直升机通过改变旋翼拉力的方向,可以完成升降、俯仰、滚转、平移等运动。直升机的运动中只有航向转变是通过操纵尾桨来实现的。尾桨的作用是平衡旋翼旋转产生的反扭矩,通过控制尾桨拉力的大小可以控制直升机的偏航力矩,实现原地旋转。

直升机旋翼拉力大小取决于旋翼的转速和旋翼的桨距,但直升机旋翼直径大,重量大,转速也非常高,因此转动惯量很大,通过改变转速来实现旋翼拉力大小的调节会有明显的延迟,所以直升机的转速是基本不变的,旋翼拉力大小是通过改变旋翼总距来控制的。

旋翼各桨叶在旋转时桨距可能有所不同,因此使用旋翼总距的概念来表示旋翼的平均桨距。直升机通过驾驶舱里的总距油门杆来操纵旋翼总距变化,由于总距改变,旋翼拉力大小会发生变化,阻力也会发生变化。为了保持转速不变,发动机油门需要配合调整,因此总距与油门是联动的。

旋翼拉力方向的改变比拉力大小的改变要复杂得多。直升机通常使用自动倾斜器改变旋翼拉力方向。自动倾斜器工作原理通俗的解释就是实现人工挥舞。在介绍挥舞运动时提到,前飞时由于气流不对称会造成旋翼旋转轨迹倒圆锥的后倾,即桨盘平面后倾,旋翼拉力方向也向后倾斜。换句话说,挥舞运动可以改变旋翼拉力方向。因此旋翼拉力方向改变的关键就是如何人工制造出旋翼挥舞运动。挥舞运动本质上是桨叶在旋转时升力周期变化造成的,吹风挥舞时桨叶桨距相同,但与空气的相对速度不同引起的升力周期变化,而人工操纵的情况下,与空气相对速度是相同的,只能通过周期改变桨叶的桨距实现升力的周期变化。

因此,自动倾斜器通过倾斜旋转环使桨叶周期变距,从而产生人工挥舞,改变旋翼拉力方向。由于自动倾斜器可以朝任意方向倾斜,因此人工挥舞可以实现旋翼拉力朝任意方向偏转,从而使直升机实现俯仰、滚转、平移等。图8-6所示为自动倾斜器。

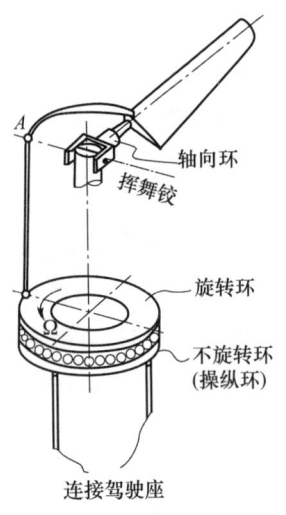

图 8-6 自动倾斜器

8.2 飞行包线

本节介绍直升机在不同高度、不同速度下的稳定飞行能力,除了平飞性能之外,还包括一些特殊性能,例如速度为零的悬停性能、无动力情况的自转性能。由于直升机的旋翼由扭矩驱动,且直升机动力指标是功率,因此需要确定旋翼所需功率与可用功率来分析直升机的飞行性能。

1. 悬 停

悬停是直升机在一定高度上保持空间位置基本不变的飞行状态,是直升机区别于固定翼飞机的一种特有的飞行状态。悬停时,直升机旋翼拉力在铅垂面的升力分量与直升机的重力平衡,旋翼拉力的水平分量与尾桨拉力平衡,如图 8-7 所示。由于尾桨拉力相对旋翼拉力而言非常小,可以忽略,因此可以近似认为旋翼拉力等于重力。

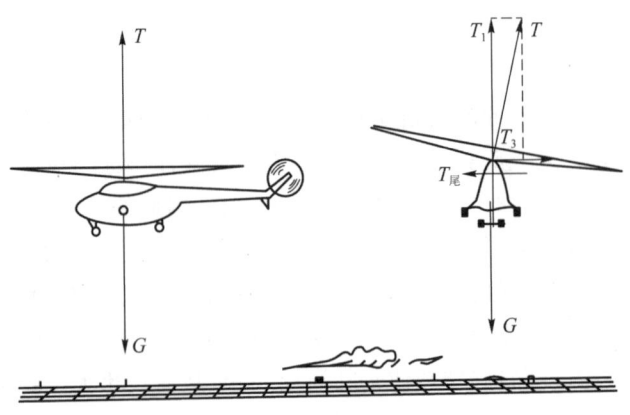

图 8-7 悬停时的受力

旋翼拉力使用符号 T 表示,计算公式为

$$T = C_T \frac{1}{2} \rho (\Omega R)^2 \pi R^2 \tag{8-1}$$

式中,C_T 为拉力系数;Ω 为旋翼转速;R 为旋翼半径。

式(8-1)整体上与升力公式类似,采用旋翼速度 ΩR 代替飞行速度,用旋翼桨盘面积 πR^2 代替机翼面积。直升机的理论公式推导习惯使用无因次的参数,不仅有力的无因次参数,还会将长度、面积、功率都无因次化。由于本节需要的公式较少,因此不系统展开介绍各类无因次参数。

桨叶翼型在产生升力的同时,也会产生翼型阻力和诱导阻力,所以旋翼的所需功率 P_{req} 包括型阻功率 P_o 和诱导功率 P_i 两部分。

$$P_{req} = P_o + P_i \tag{8-2}$$

型阻功率是克服空气黏性产生的桨叶型阻所耗费的功率,受桨叶翼型阻力 D_o 与旋翼转速 Ω 影响,计算公式为

$$P_o = N \int_0^R D_o \Omega \, dr \tag{8-3}$$

式中,N 为桨叶片数;r 为桨叶径向坐标。

诱导功率是旋翼产生拉力所付出的代价,其本质是升力受诱导速度影响产生的诱导阻力。机翼在产生升力时也会有诱导速度,但机翼完全不需要诱导速度,因此诱导速度越小越好,但旋翼的诱导速度是十分重要的,根据经典的动量理论,悬停时旋翼升力取决于单位时间流经桨盘的空气质量和桨盘处的诱导速度,所以没有诱导速度,旋翼也将无法产生拉力。诱导功率的计算公式为

$$P_i = T v_i \tag{8-4}$$

式中,v_i 为桨盘处的诱导速度。

8.2.1 平　飞

直升机具有向多个方向平飞的能力,包括前飞、侧飞、后飞等,但直升机正常情况下主要还是前飞。直升机前飞时,旋翼拉力克服直升机重力与平飞的阻力,直升机前飞的所需功率包括型阻功率、诱导功率,以及废阻功率。废阻功率 P_p 的计算公式为

$$P_p = DV = \frac{1}{2} \rho V^2 \left(\sum_{i=1}^{n} C_{Di} S_i \right) V \tag{8-5}$$

式中,D 为直升机的废阻力;V 为直升机平飞速度;C_{Di} 和 S_i 分别为直升机各迎风构件的阻力系数及迎风面积;n 为直升机迎风构件数。

由于废阻功率与平飞速度的三次方成正比,因此飞机悬停时没有废阻功率,随速度增加,废阻功率急剧增大。所需功率中的型阻功率随平飞速度增大略有增加,但整体变化不大,这是因为无论是悬停还是前飞,旋翼转速基本相同,翼型阻力的变化也很小。诱导功率随平飞速度增大而减小。平飞所需功率曲线如图8-8所示。飞机前飞时,旋翼处于斜流状态,相较于悬停的轴流状态,有更多的空气流过桨盘,因此产生相同的拉力所需的诱导速度就减小了,诱导功率也减小。

将型阻功率、诱导功率、废阻功率三种功率相加，即可得旋翼所需功率随平飞速度的变化曲线。

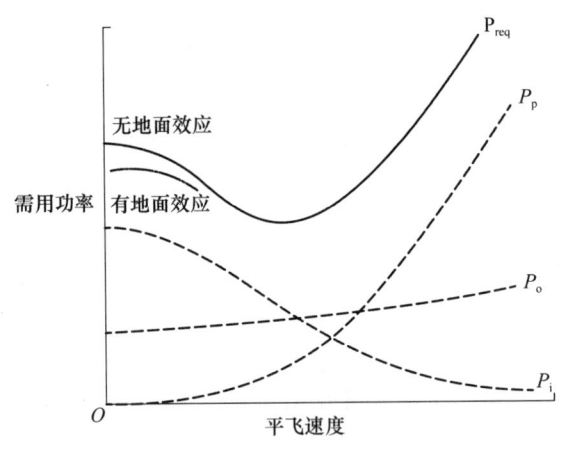

图 8-8　平飞所需功率曲线

旋翼所需功率随平飞速度增加先减小后增大。直升机从悬停到小速度前飞，所需功率不断减小，其原因是悬停时的诱导功率太大，有平飞速度后，诱导功率大幅减小使得总所需功率降低；而随速度不断增加，废阻功率开始急剧增大，最后废阻功率的增加成为主要影响因素，直升机所需功率开始随平飞速度增大而增大。

需要注意的是，由于直升机可以在低高度飞行且诱导速度较大，因此直升机的平飞性能，特别是悬停性能，分为有地面效应和无地面效应两种。地面效应的原理是直升机贴地飞行时地面抑制了旋翼的尾迹，减小了旋翼的诱导速度和诱导功率。由于这种现象，在有地面效应条件下（IGE），直升机悬停时能载的总重或者能达到的高度会高于在无地面效应条件下（OGE）的值。

8.2.2　特征速度

有了直升机平飞时的旋翼所需功率曲线，还需要确定旋翼的可用功率曲线。旋翼的可用功率等于直升机的总功率减去发动机与传动系统、尾桨、气动干扰等功率损耗。两者之间的关系一般用功率传动系数 η 来表示。

$$P_{\text{ava}} = \eta P_{\text{tot}} \tag{8-6}$$

式中，P_{ava} 为旋翼可用功率；P_{tot} 为直升机的总功率。

根据可用功率与所需功率可以确定剩余功率。对于剩余功率最大的速度，其爬升率是最大的，这个速度称为最佳爬升速度，记作 V_Y。最佳爬升速度在后面性能分析中非常重要。

平飞所需功率曲线最低点对应的速度是最小功率速度。以这一速度平飞时燃料消耗功率最小，即直升机飞行的续航时间最长，因此这一速度是直升机的久航速度。有时最小功率速度也称为经济速度，但容易与固定翼飞机的经济速度概念混淆，且不能将单位时间耗油最少等同于最经济，因此不太推荐使用该名称。

过原点作平飞所需功率曲线的切线得到的这一点对应的速度是有利速度。保持这一速度飞行时,每公里消耗的燃料最少,即直升机的飞行航程最长,因此这一速度是直升机的最大航程速度。特征速度见图 8-9。

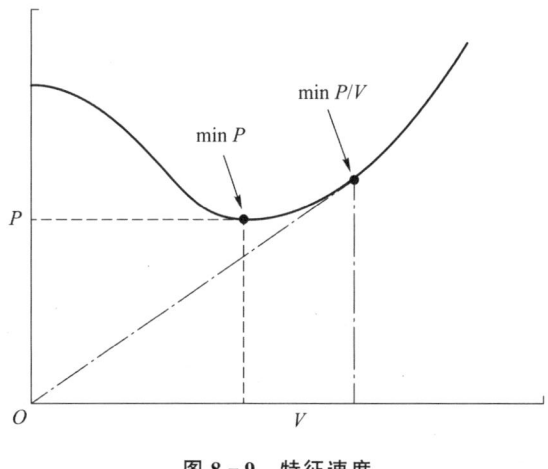

图 8-9 特征速度

8.2.3 高度-速度图

由不同高度的旋翼所需功率曲线和可用功率曲线可确定直升机在不同高度能够飞行的速度范围,从而绘制出高度-速度包线,即飞行包线,见图 8-10。

飞行包线与纵坐标的交点为直升机悬停升限,也称为静升限,此高度与地面效应有关。在此高度以下,直升机具有悬停和垂直上升性能。高于此高度,直升机不能悬停,只能在飞行包线所限制的速度范围内前飞。曲线的最高点为直升机所能达到的最大高度,也称为动升限。

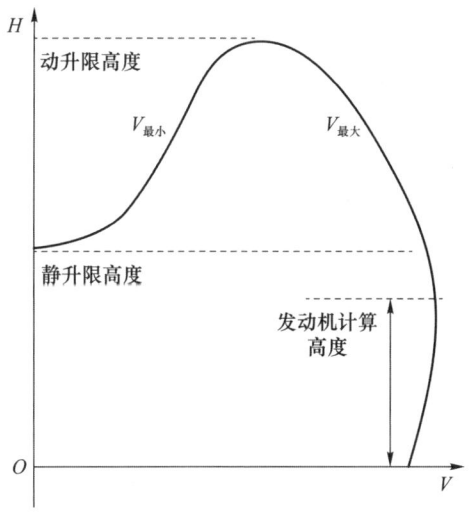

图 8-10 飞行包线

虽然在飞行包线范围内飞行能够稳定悬停或前飞,但 CCAR-27 部规章要求直升机必须确定回避区,直升机应尽可能的避开回避区运行。回避区是指飞行包线中如果出现功率丧失情况,直升机不能安全着陆的区域,如图 8-11 所示。

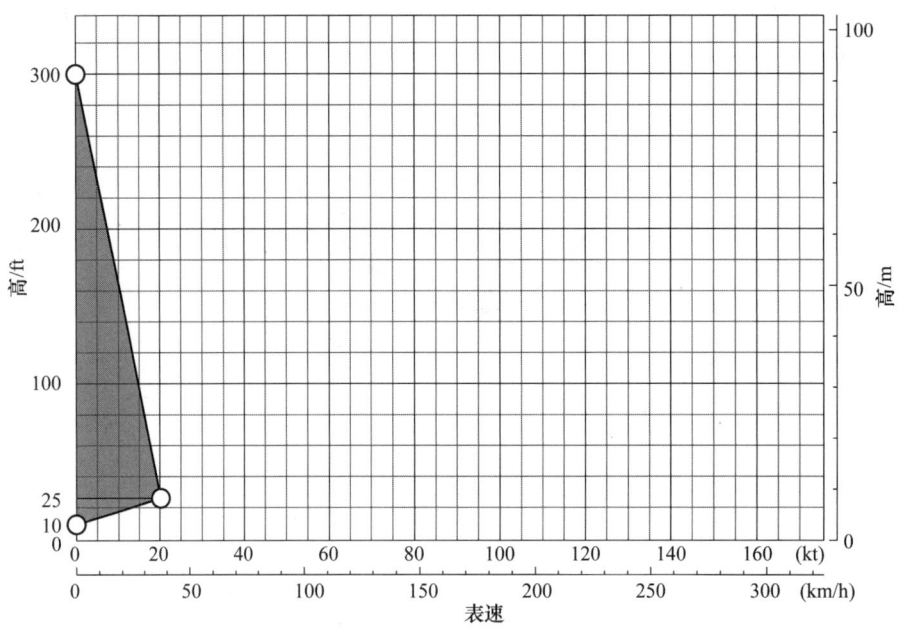

图 8-11 回避区

回避区一般为低空低速的飞行区域,此时一旦出现功率丧失,直升机无法通过自转飞行安全着陆。自转飞行是指直升机在发动机不供给功率的情况下,利用下降的相对来流,保持旋翼稳定旋转,并产生升力实现定常下滑的特殊飞行。由于直升机自转需要稳定的下降速度,当悬停时发生功率丧失,只能通过高度损失产生下降速度,所以悬停时自转需要的高度最大,回避区中速度为零的高度区间也最大。随飞机的速度增大,需要通过高度损失产生的下降速度减小,回避区中大速度的高度区间也不断缩小。

8.3 性能分类

直升机的性能分类有两种:一种是按审定性能分类,可分为 A 类和 B 类;另一种是按运行性能分级,可分为 1 级、2 级和 3 级。两种分类有联系又有区别,简单的说,可以把 A 类、B 类理解成直升机具备的能力,而 1 级、2 级、3 级理解成直升机使用的能力。A 类直升机能力强,可以使用 1 级性能运行,也可以使用 3 级性能运行;而 B 类直升机就只能使用 3 级性能运行。两者的对应关系在后面再详细展开。

8.3.1 审定性能

与飞机类似,直升机根据适航标准不同,可分为正常类直升机和运输类直升机。这两类航空器审定的规章分别是 CCAR-27 部和 CCAR-29 部。

直升机审定时可以按 A 类或者 B 类审定,也可以同时按 A 类和 B 类进行审定。

A 类直升机是指具备 ICAO 附件 8 所规定的发动机和系统隔离特性,并且能够使用根据临界发动机失效概念编制的起飞和着陆数据进行运行的多发直升机,其能够在指定的场面范围内完成发动机失效后的继续安全飞行或安全中断起飞。对于 A 类审定,可将继续安全飞行和着陆解释为继续飞往原定目的地(或合适的备降场)或返回始发地。

B 类直升机是指不符合 A 类标准的单发或多发直升机。B 类直升机不能保证在发动机或系统失效时可以继续安全飞行,并做出迫降假设。

A 类、B 类审定与直升机是正常类还是运输类无关,正常类直升机可以按 A 类审定,而运输类直升机中有些也是按 B 类审定的。直升机按 A 类还是 B 类审定与直升机的发动机数量、最大重量、客座数有关。

首先,所有单发直升机都是 B 类,因为 A 类审定考虑一发失效,所以 A 类必须是多发直升机。然后,多发直升机中最大重量大于 9 072 千克(20 千磅)且客座数大于等于 10 座的必须按 A 类审定。除了这两种情况以外,其他的多发直升机可以按 A 类或者 B 类,或者同时按 A 类和 B 类进行审定。第三种情况中,虽然允许按 B 类审定,但 CCAR-29 部还是针对最大重量大于 9 072 千克(20 千磅)或客座数大于等于 10 座的多发直升机提出了一些额外的要求。

根据最大重量与客座数对应的直升机的审定分类可见表 8-1。由表可以清晰地看出,只要最大重量或客座数超了规定数值,就必须满足 A 类发动机隔离要求,也就是说必须是多发直升机,所以单发直升机的最大重量必须小于等于 9 072 千克(20 千磅)且客座数必须小于等于 9。需要注意,单发直升机一定是 B 类,但 B 类直升机不一定是单发,可以是多发 B 类直升机。

表 8-1 直升机审定分类

客座数	最大重量>9 072 千克(20 千磅)	最大重量≤9 072 千克(20 千磅)
客座数≥10	A 类	A 类 和/或 满足 A 类发动机隔离、爬升、高度速度图要求的 B 类
客座数≤9	A 类 和/或 满足 A 类发动机隔离要求的 B 类	A 类 和/或 B 类

8.3.2 运行性能

前面介绍了直升机的审定分 A 类和 B 类,规章要求直升机的飞行手册中需要提供对应的性能数据和程序。但无论是 A 类审定还是 B 类审定都没有规定直升机如何飞行。直升机飞行手册中的性能数据如何应用,何时应用这些问题也没有答案。为此,需要在 A 类、B 类审定性能的基础上,再补充直升机如何运行的运行性能。

ICAO 附件 6《航空器的运行》中将直升机的性能级别分为 3 级。

1 级性能运行指具有以下性能的运行,即在临界发动机失效的情况下,具有使直升机继续安全飞行到合适着陆区的性能,除非上述发动机失效情况发生在达到起飞决断点(TDP)之前或通过着陆决断点(LDP)之后,在这两种情况下,直升机必须能够在中断起飞或着陆区内着陆。

2 级性能运行指具有以下性能的运行,即在临界发动机失效的情况下,具有使直升机继续安全飞行到合适着陆区的性能,除非上述发动机失效情况早在起飞阶段或迟至着陆阶段发生,在这两种情况下,可能有必要实施迫降。

3 级性能运行指具有以下性能的运行,即在飞行中任何时候发生发动机失效的情况下,都有必要实施迫降。

审定分类与性能级别的对应关系如表 8-2 所列。

表 8-2 审定分类与性能级别的对应关系

项 目	1级性能运行	2级性能运行	3级性能运行
A类	√	√	√
满足A类发动机隔离、爬升、高度速度图要求的B类		√	√
其他B类			√

审定性能虽然只有A类和B类,但B类中其实有3个等级,满足A类发动机隔离、爬升、高度速度图要求的B类,满足A类发动机隔离要求的B类,以及无A类要求的B类。满足A类发动机隔离、爬升、高度速度图要求的B类是针对客座数≥10的直升机的最低审定要求。这4种审定情况中,A类直升机型号能够以1级、2级或3级性能运行;满足A类发动机隔离、爬升、高度速度图要求的B类直升机型号能够以2级性能或3级性能运行;剩下两种B类直升机型号只能以3级性能运行。

1级性能只有A类审定的直升机能够运行,运行要求最高。1级性能运行要求飞行全过程任意时刻出现一台发动机失效都可以保证安全,这个运行要求是与大型运输飞机的运行要求一致的。而3级性能则不对发动机失效的运行进行要求,只考虑所有发动机都工作的情况。2级性能可以保证除起飞和着陆阶段以外的其他阶段出现一发失效的安全运行,起降阶段按全发考虑。

根据各性能级别的定义能够发现,1级性能运行不会发生迫降,2级和3级性能运行都有可能发生迫降。虽然可能发生迫降,但并不表示有危险。只要直升机动力失效的高度与速度不在回避区,且运行区域为非恶劣环境,则可进行安全迫降。安全迫降是指预计不致损伤航空器中或地面或水面上的人的不可避免的着陆或水上迫降。通俗的讲就是迫降不会造成任何人员损伤。与安全迫降对应的概念叫作风险暴露。风险暴露阶段指系统或发动机失效会导制危险性或灾难性后果的飞行阶段。带风险暴露的运行属于特殊运行,例如单发直升机在恶劣海域的直升机起降平台上起飞。对带风险暴露的运行需要分析风险暴露时间,风险暴露时间必须不超过风险暴露时间限制。正常的各级性能运行都是无风险暴露的。

前面讨论了能力越强的直升机能够运行的性能级别就越多,例如A类直升机能够以任何性能级别运行。但考虑到发动机失效的三类风险状况,对客座数大的直升机有最低运行级别限制。客座数≥20的直升机必须以1级运行,客座数≥10的直升机至少以2级运行。因此,同样是A类直升机,客座数≥20的只能以1级性能运行,但客座数≤9的能以1级、2级或3级性能运行。

8.4 起飞性能

起飞和初始爬升阶段是指从开始起飞到高于最后进近和起飞区的标高300 m(1 000 ft)(如果计划的飞行超过这个高度)或在其他情况下到爬升结束的飞行阶段。

8.4.1 起飞剖面

直升机虽然具备垂直起降的能力,但正常的起飞方式并不是垂直起飞上升到高空,而是垂直起飞离地很低的高度之后,低空平飞加速,达到一定速度再加速爬升。图 8-12 为某型直升机正常起飞的过程。

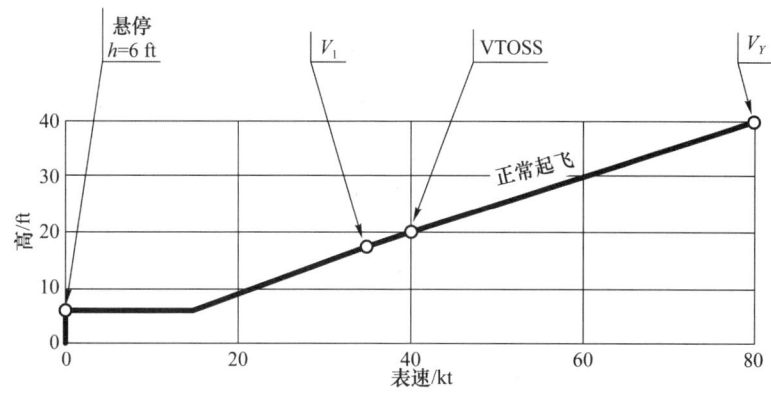

图 8-12 全发起飞剖面

该直升机的正常起飞过程是垂直上升至 6 ft,再平飞加速至 20 kt,然后再爬升加速至最佳爬升速度 V_Y。需要平飞加速,是因为该型直升机的回避区为高度大于 10 ft,速度小于 20 kt 的一个小区域。因此只须在不超过 10 ft 的高度加速至 20 kt 以上,之后再爬升就可以保证不进入回避区,也就可以保证不会风险暴露。除了回避区的原因外,在低高度平飞加速还能更好地利用地面效应,提升飞行效率。

无论是几级性能运行起飞,正常起飞过程都是类似的,悬停高度与平飞结束速度需要根据各机型的回避区来确定,起飞结束的目标速度是最佳爬升速度 V_Y,因为 V_Y 爬升率最大,最有利于上升高度。

3 级性能运行的起飞只考虑全发运行,一旦出现动力故障则进行安全迫降。3 级性能运行按所有发动机以起飞功率进行的有地效悬停计算最大起飞重量;当起飞面的状况不可能产生有地效悬停时,须按无地效悬停计算最大起飞重量。图 8-13 为某型直升机的有地效悬停升限图。

1 级性能运行除了全发起飞之外,还要考虑一发失效情况的安全运行。直升机一发失效后是继续起飞还是中断起飞的分界点叫作起飞决断点(TDP),在决断点之前发动机失效需要中断起飞,之后需要继续起飞。固定翼飞机一发失效决断使用决断速度 V_1,但直升机习惯使用决断点的概念。这主要是因为直升机的运行场景比较复杂,有些情况下可以使用速度来决断,但有些情况不能,只能使用高度来作为决断依据。直升机如果使用速度来确定决断点,则决断速度可以叫 V_1,也可以叫 TDP 速度,目前没有完全统一的称呼。

1 级性能运行在 TDP 及之前出现发动机失效,需要中断起飞。所需的中断起飞距离是指直升机在 TDP 点出现一发失效,从开始起飞点至中断起飞完全停止点的水平距离。为了保证中断起飞后安全着陆,所需中断起飞距离不能超过可用中断起飞距离。中断起飞剖面如图 8-14 所示。

同理,所需的起飞距离是指直升机在 TDP 点出现一发失效,从开始起飞点至离地 35 ft 且速度达到起飞安全速度 V_{TOSS} 的这一点的水平距离。起飞安全速度 V_{TOSS} 是指关键发动机不工作,其余发动机在审定的使用极限内运转时能实现爬升的最低速度。V_{TOSS} 是起飞一发失效情况下初始爬升的速度,类似于固定翼飞机的 V_2,因此现在日常工作中也使用读法更简单的 V_2 来表示 V_{TOSS},但在正式文件中还是需要使用 V_{TOSS}。

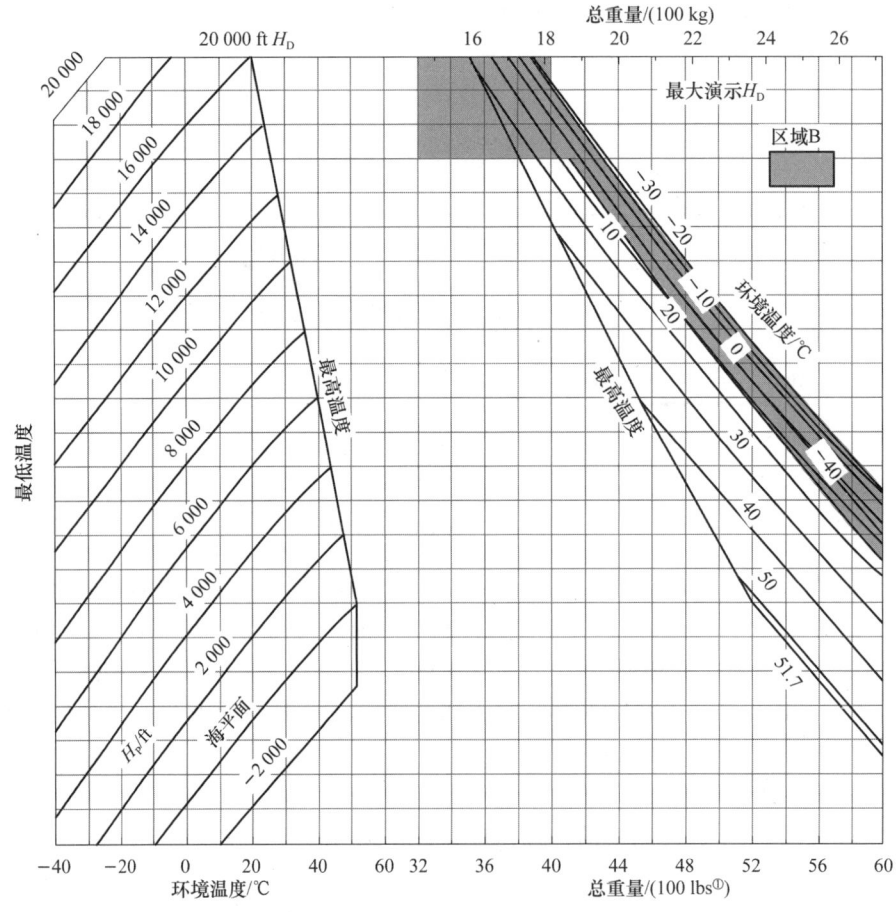

图 8-13 有地面效应悬停升限

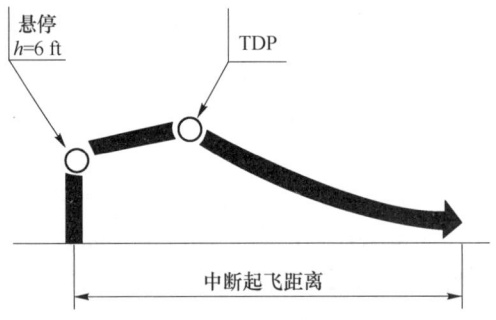

图 8-14 中断起飞剖面

起飞飞行轨迹是指在临界发动机不工作的情况下,从起飞航径上某个指定的点到场面以上 300 m 的这段垂直和水平轨迹。对于 1 级性能而言,这个指定点就是离地 35 ft 的点,也就是所需起飞距离末端。直升机从离地 35 ft、速度 V_{TOSS} 加速爬升至离地 300 m、速度 V_Y,具体

---

① 1 lbs=0.453 6 kg。

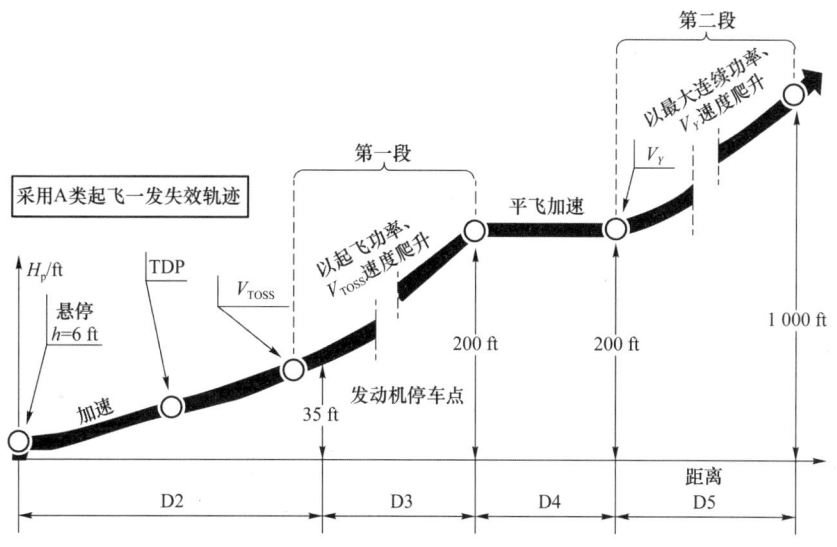

图 8-15 继续起飞剖面

的操作规章没有限制。图 8-15 中给出了一种比较典型的操作方式,先固定 V_{TOSS} 速度爬升,再平飞加速,到达 V_Y 速度后再固定 V_Y 速度爬升至离地 300 m。

虽然规章没有限制起飞飞行轨迹的爬升方式,但规定了两项最小爬升能力要求。在直升机场水平面上方 60 m,以起飞安全速度 V_{TOSS}、起飞功率、起落架放下状态爬升,爬升时的无地效稳定爬升率至少为 100 ft/min;在离地 300 m,以最佳爬升速度 V_Y、最大连续功率、起落架收上状态爬升,爬升时的无地效稳定爬升率至少为 150 ft/min。这两个爬升率要求类似于固定翼飞机的爬升梯度要求。

有了起飞飞行轨迹,就能评估直升机能否安全超障,对于目视飞行规则运行,起飞飞行轨迹与位于轨迹内所有障碍物之间的垂直超障余度不小于 10.7 m(35 ft),对于仪表飞行规则运行,则不小于 10.7 m(35 ft)加 0.01 倍所飞距离 DR。直升机的起飞飞行轨迹没有净轨迹,而是将梯度差要求体现在超障余度中。仪表气象条件下离地时,随着所飞距离 DR 增加,超障余度需要增加 0.01DR,也就是 1‰ 的梯度差。

1 级性能起飞跑道型程序的侧视图和俯视图见图 8-16 和图 8-17。

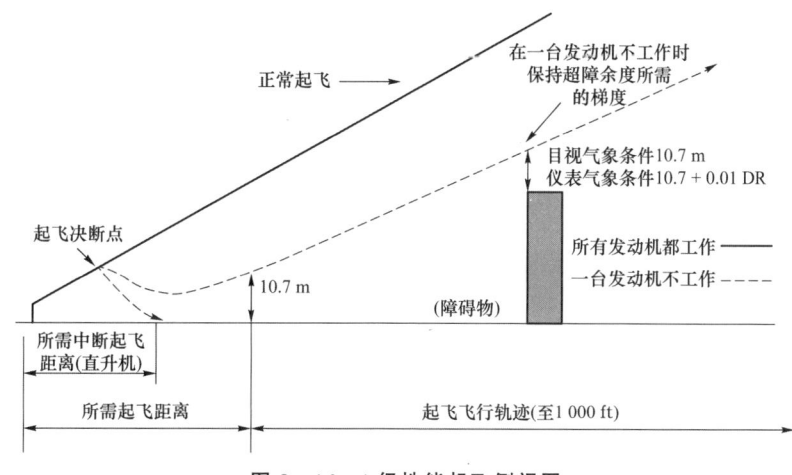

图 8-16 1 级性能起飞侧视图

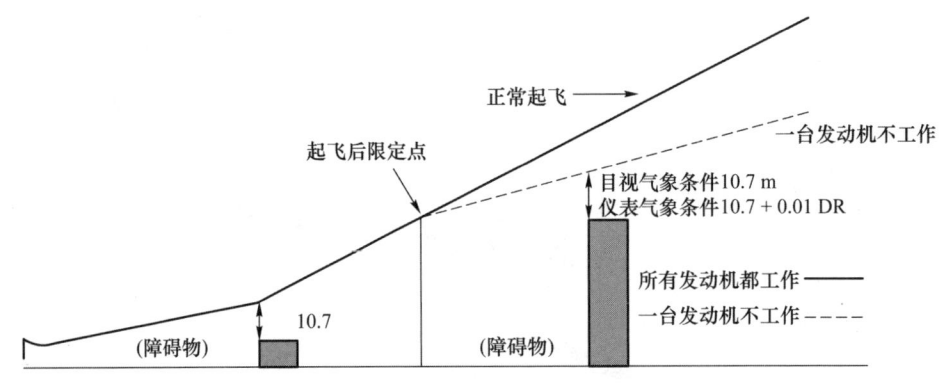

图 8-17 1 级性能起飞俯视图

2 级性能起飞只须保证起飞后限定点(DPATO)一发失效能安全飞行即可。起飞后限定点(DPATO)是指起飞和起始爬升阶段之内的一个点,在此点之前直升机一台发动机不工作不能保证继续安全飞行,可能需要迫降。由于起飞后限定点之前按全发考虑,之后才考虑一发失效,所以 2 级性能起飞没有起飞距离要求,且起飞飞行轨迹从起飞后限定点 DPATO 开始。2 级小性能起飞侧视图见图 8-18。

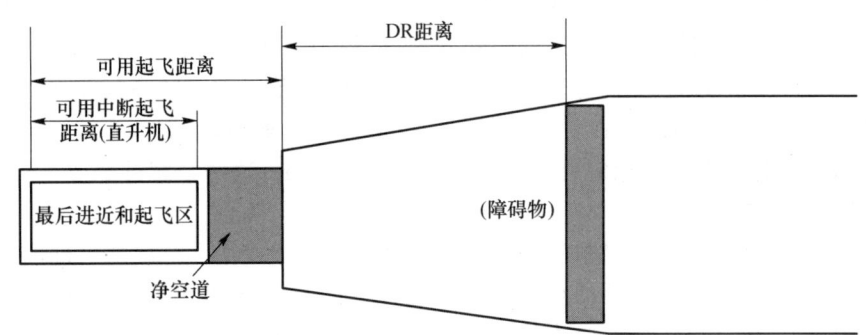

图 8-18 2 级性能起飞侧视图

8.4.2 起飞性能分析

目前直升机的 1 级性能分析水平大概相当于主流运输飞机 20 世纪 80 年代的水平,主要手段是使用飞行手册的性能图表。由于直升机的重量与飞行包线都比运输飞机小很多,因此直升机性能分析不会进行十分精准的计算和复杂的优化。

直升机的起飞距离与 V_1、V_{TOSS} 有关,速度越大,距离越长,所以受距离限制,存在最大速度。如图 8-19 所示,在跑道长度为 1 000 ft 时,确定的最大 V_{TOSS} 速度为 54 kt,运行时,V_{TOSS} 选择向下十位取整的 50 kt。

在直升机性能分析中,V_1 和 V_{TOSS} 这两个速度一般是联动的,两者相差一个固定的数值,一旦确定了其中一个速度,另一个速度也就确定了。例如上述机型的 V_1 与 V_{TOSS} 始终差 5 kt,所以 $V_1=(50-5)$kt,即 45 kt。

起飞速度确定后,可以根据气压高度与温度确定最大起飞重量。图 8-20 为 V_{TOSS} 等于 50 kt 时的最大起飞重量确定图,例如气压高度 5 000 ft,外界温度 20 ℃,则最大起飞重量为 4 t。

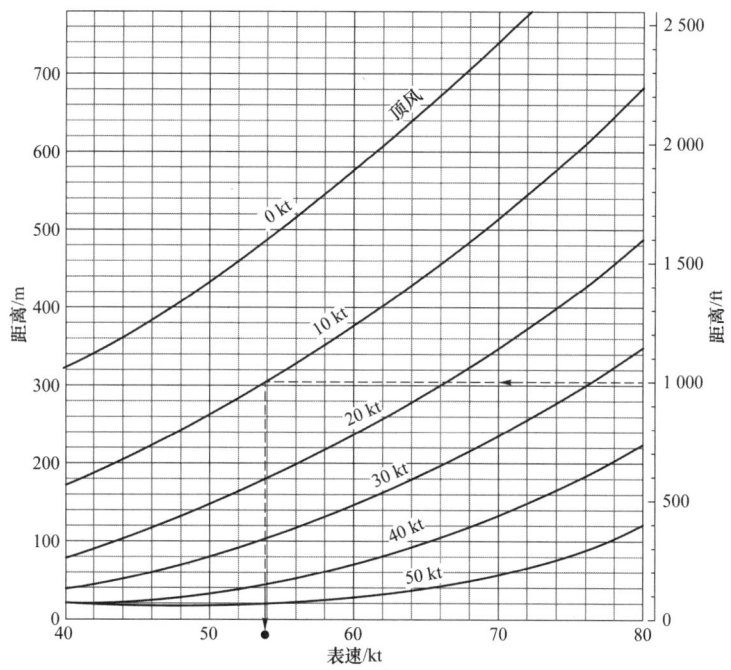

图 8-19 起飞安全速度确定

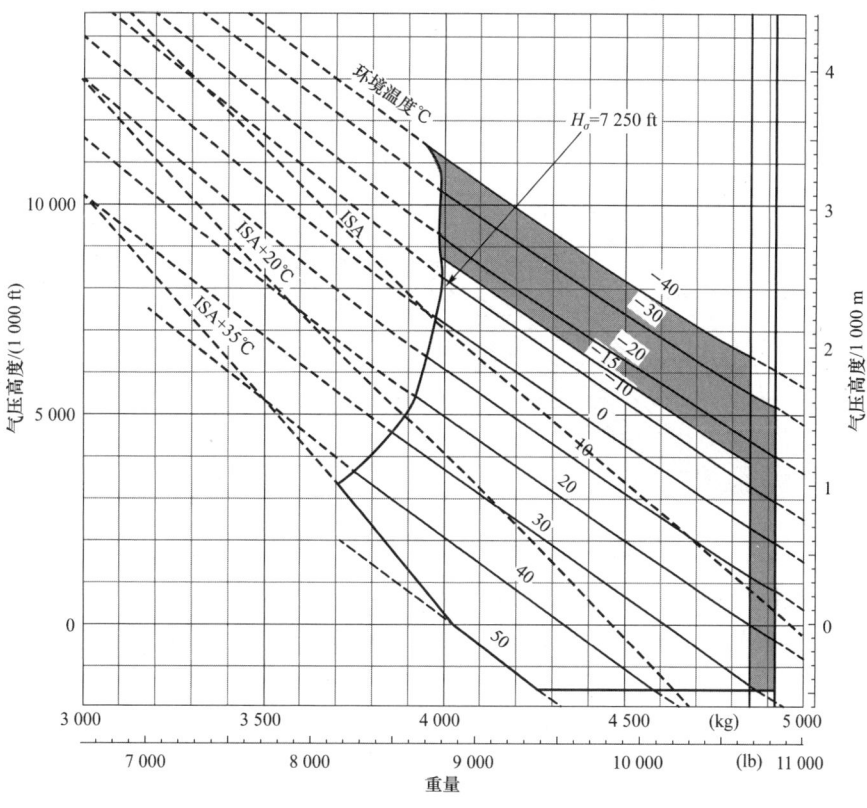

图 8-20 最大起飞重量确定图

最大起飞重量确定后,需要检查爬升率是否满足最小值要求。图 8-21 为 V_{TOSS} 等于50 kt 的爬升率及爬升坡度图,根据温度、气压高度、重量指数确定爬升率,再根据爬升率和风速确定爬升坡度,即爬升梯度。除了 V_{TOSS} 爬升图表外,还有 V_Y 的爬升图表。两张图表确定出来的爬升率需要满足 100 ft/min 和 150 ft/min 的要求。

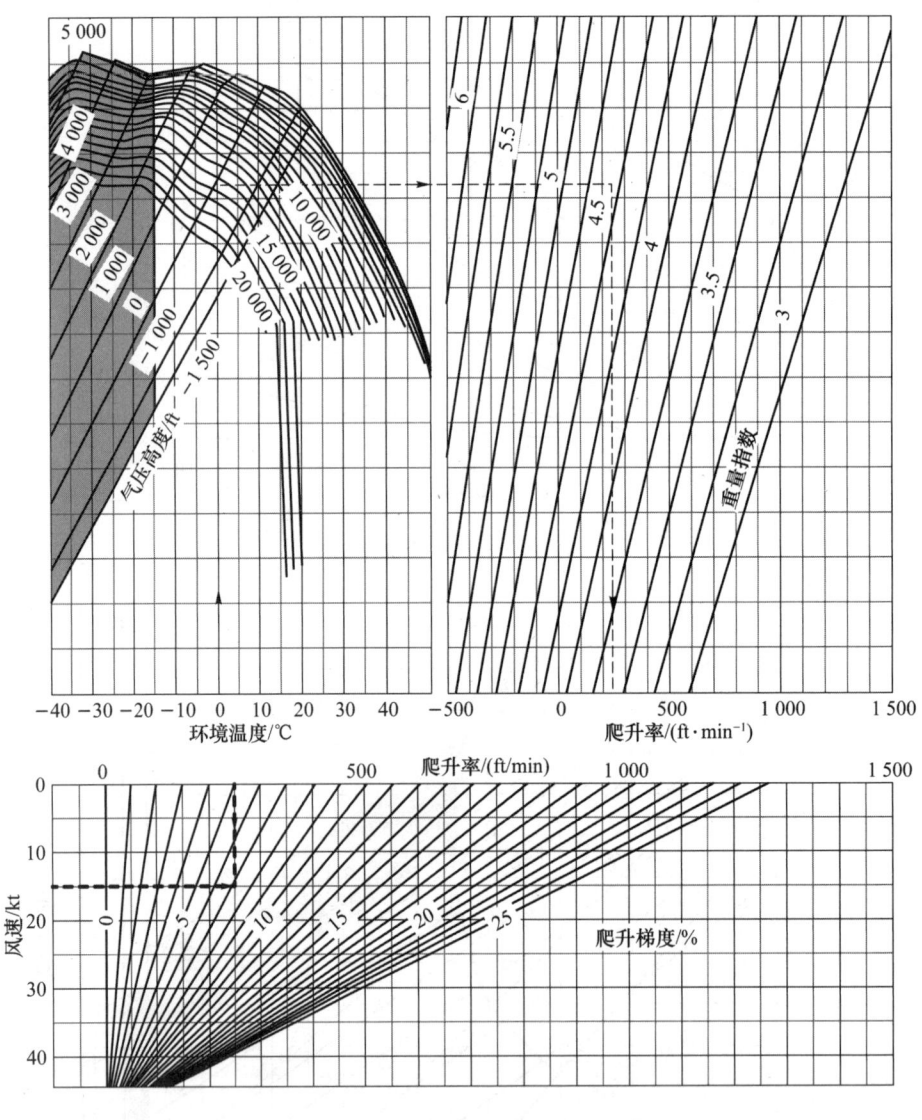

图 8-21 起飞安全速度的爬升率确定

满足了起飞距离和爬升能力要求之后,最后需要检查越障要求。对于爬升、平飞、爬升的起飞飞行轨迹,各段轨迹性能分析时往往都采用直线来计算,这样可以大幅简化计算难度。图 8-22 为某型直升机的起飞飞行轨迹距离计算图,只需要知道爬升性能分析时确定的两个速度对应的爬升坡度,即可确定两个爬升段的距离,而平飞段则固定为 800 m。确定了起飞飞行轨迹,就可以确定直升机的超障余度,检查是否满足最小超障余度要求。

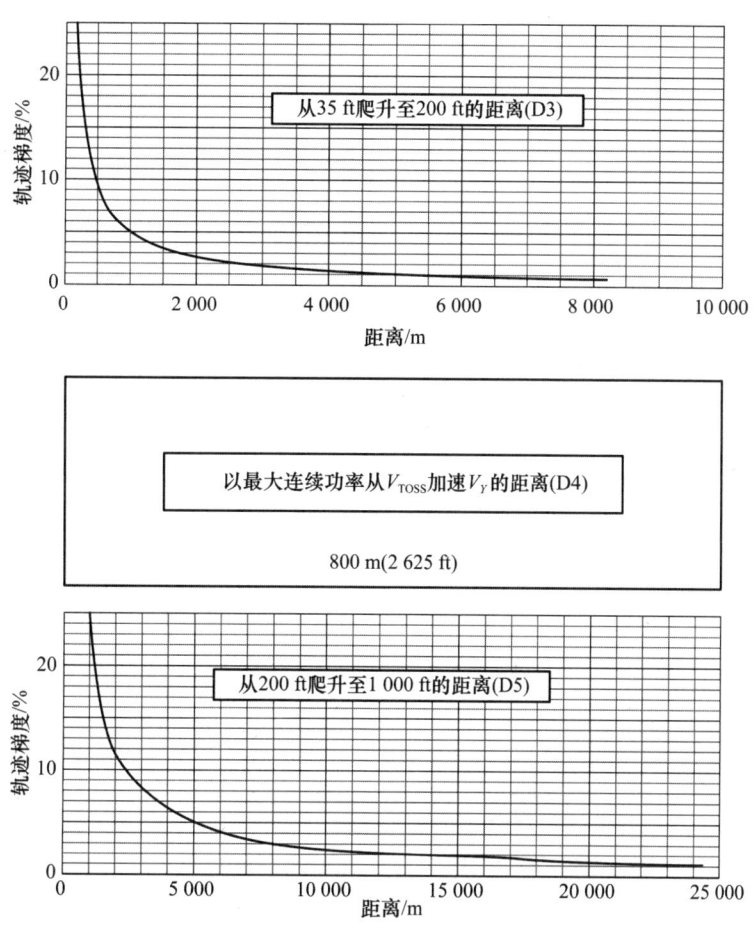

图 8-22 起飞飞行轨迹确定图

8.4.3 特殊起飞

前面讨论的是正常的起飞情况,直升机需要一定长度的起飞区域。对于高架直升机场或起降平台来说,可用的安全区是一个圆形的区域,不能保证正常起飞的距离要求。因此,高架平台的起飞需要原地垂直上升至一个较高的高度,如果在未达到起飞决断高度时出现一发失效,就垂直下降回高架平台。这里起飞决断点 TDP 是由高度确定的,例如图 8-23 中的 30 ft。

由于这种起飞方式需要保证在较高的高度悬停并且发动机失效的情况下能安全着陆,因此需要缩小回避区范围。正常的回避区范围是根据直升机的环境包线和最大重量确定的,所以为了保证 TDP 的高度不在回避区范围内,对于高架平台运行的直升机需要限制环境包线和最大起飞重量。相较于正常起飞,最大重量会减小很多。

由图 8-24 可知,在高架平台运行限制范围是 A 区和 D 区,其最大密度高度为 5 000 ft。密度高度是直升机上很常用的参数,小型直升机甚至只有密度高度,没有气压高度,大型直升机会采用气压高度,但在受性能限制时还是需要使用密度高度,本质原因是直升机的功率是由空气密度决定,而不是空气压强。关于高架平台的起飞也有完整的一套与正常起飞类似的飞

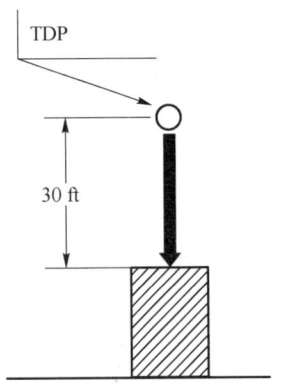

图 8 - 23 高架平台中断起飞剖面

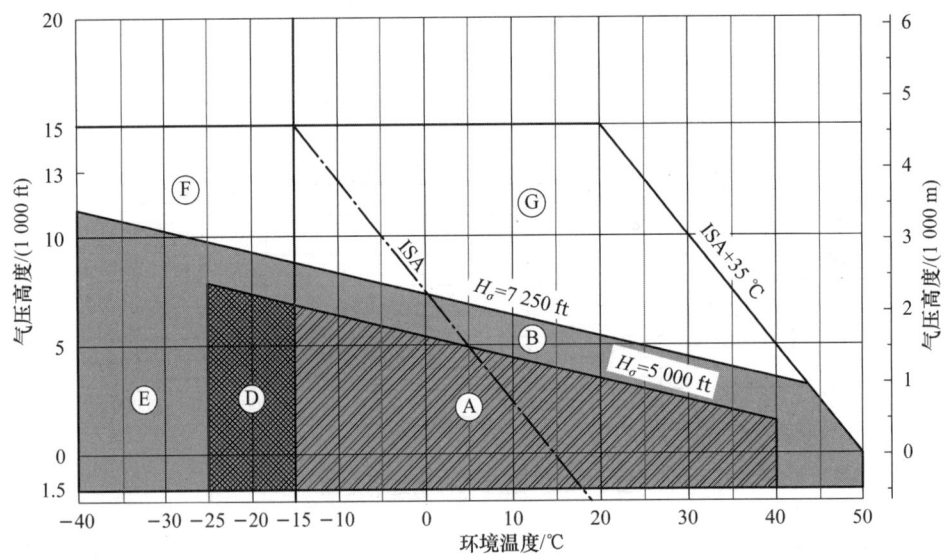

图 8 - 24 环境包线

行程序,受篇幅限制这里不再展开介绍。

滑跑起飞是一种很特殊的起飞方式。直升机的起落架有滑橇式和轮式两种。滑跑起飞必须使用轮式起落架,直升机在跑道上通过滑跑加速至一定速度后,主轮离地,再前轮离地。这种方式对道面有一定的要求,一般只有重型直升机会采用这种起飞方式,例如米-26 直升机。

8.5 着陆性能

进近和着陆阶段是指直升机从高于最后进近和起飞区标高 300 m(1 000 ft)(如果计划的飞行超过这个高度)或其他情况下从开始下降到着陆或到中断着陆点的飞行阶段。

着陆性能与起飞性能十分相似,对于 1 级性能使用着陆决断点(LDP)概念,见图 8 - 25。自着陆决断点起发生一台发动机不工作故障能够安全进近着陆,在着陆决断点之前发动机故障可以中止着陆且复飞期间满足安全超障。

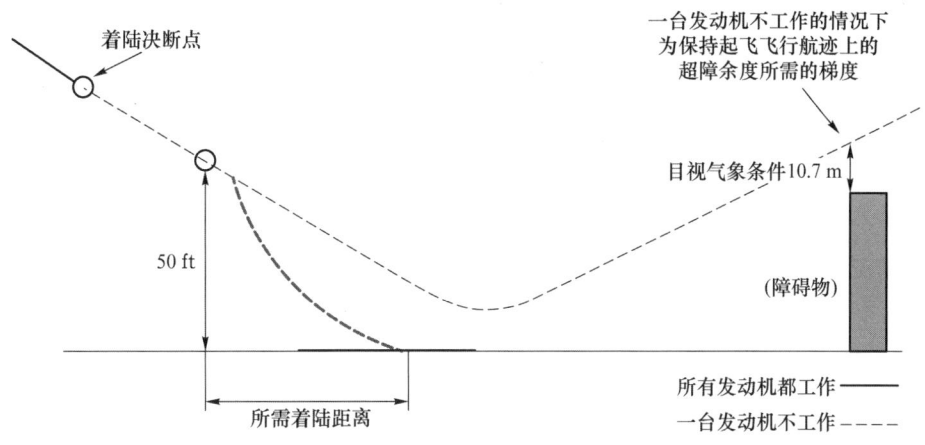

图 8-25　1 级性能着陆侧视图

正常情况下，着陆决断点需要选在 1 级性能起飞确定的起飞决断点的后面，也就是更高的位置。由于在着陆决断点施加速度和动力比起飞时施加速度和动力更加有利，因此在一台发动机失效后的主要考虑因素是直升机可正向飞行至接地点。着陆所需的距离是从着陆面以上 15 m(50 ft) 这一点着陆并完全停止所需的水平距离。

对于 2 级性能，使用着陆前限定点(DPBL)概念，见图 8-26。2 级性能运行在着陆前限定点之前一台发动机不工作能够安全复飞超障，在着陆前限定点之后一台发动机不工作不能保证继续安全飞行，可能需要迫降。

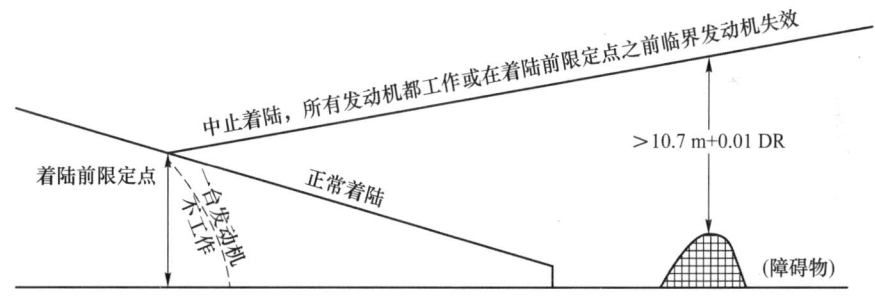

图 8-26　2 级性能着陆侧视图

3 级性能运行确定最大着陆重量的方法与起飞重量相同，所有发动机均以起飞功率进行有地效悬停计算最大着陆重量，当着陆面的状况不可能产生有地效悬停时，按无地效悬停计算最大着陆重量，使用的性能图表与起飞相同。

综上，着陆的性能分析比起飞简单很多。在完成起飞分析之后，着陆性能只须保证着陆重量不超过起飞重量，着陆决断点不低于起飞决断点就可以安全运行。

8.6　航路性能

除了起飞、着陆性能要求外，直升机还有一个航路性能要求。航路性能的要求比较简单，只有一条，即直升机在所要飞行的航线上达到最低飞行高度。1 级和 2 级性能需要考虑航线上任一点发动机失效后安全飞行的情况,3级性能不考虑航路中一发失效的情况,只考虑所有发动机都工作的情况。仪表气象条件的1级和2级性能要求在预期轨迹(两侧)5 n mile 范围内的最高障碍物以上1 000 ft(山区为2 000 ft)高度处,在一台发动机不工作的情况下,以50 ft 每分钟的速度爬升;或者能够飘降至预期着陆场以上1 000 ft 处,与所有障碍物之间的垂直距离保持在1 000 ft(山区为2 000 ft),横向距离保持在为5 n mile。这个要求与大型运输飞机的飘降性能十分类似。

通常情况下直升机的航路一发失效性能是比较容易满足的,人们对航路运行比较关注的往往是全发状态的爬升能力与巡航能力。

1. 爬　升

前面推导了直升机平飞的所需功率与可用功率,根据剩余功率可以计算出爬升率:

$$r_c = \frac{P_{ava} - P_{req}}{T} \tag{8-7}$$

式中,r_c 是爬升率。

式(8-7)忽略了爬升与平飞时所需功率的差异。受爬升速度影响,直升机的各种所需功率会发生一些变化,特别是诱导功率。有些方法会在式(8-7)的基础上再乘以一个爬升修正系数来提高计算精度,但爬升修正系数的取值只能凭经验确定。

在飞行手册中会提供全发最大连续功率情况下最佳爬升速度为 V_Y 时的爬升率性能见图8-27。

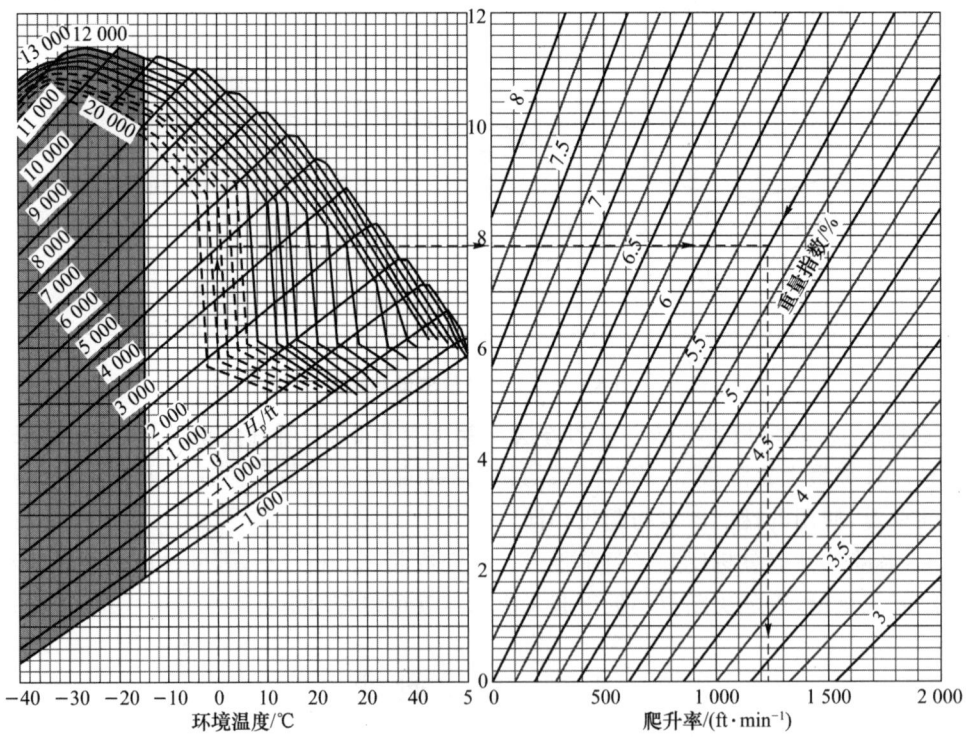

图8-27　全发最佳爬升速度的爬升率确定图

2. 巡　航

直升机巡航性能包括续航时间和航程，取决于燃油流量和燃油里程。燃油流量最小的最长航时速度对应平飞所需功率曲线的最小功率速度；燃油里程最大的最大航程速度对应平飞所需功率曲线中的有利速度。图 8-28 为某型直升机的巡航性能图，图中标 E 的虚线是不同重量情况下的最小功率速度，也就是久航速度，根据平飞所需的功率可以确定全发或一发失效情况下的燃油流量，再根据总油量可以计算出巡航时间，将巡航时间乘巡航速度可得到航程。图 8-28 的右上角还直接给出了不同油量和重量情况下对应的续航时间和航程。

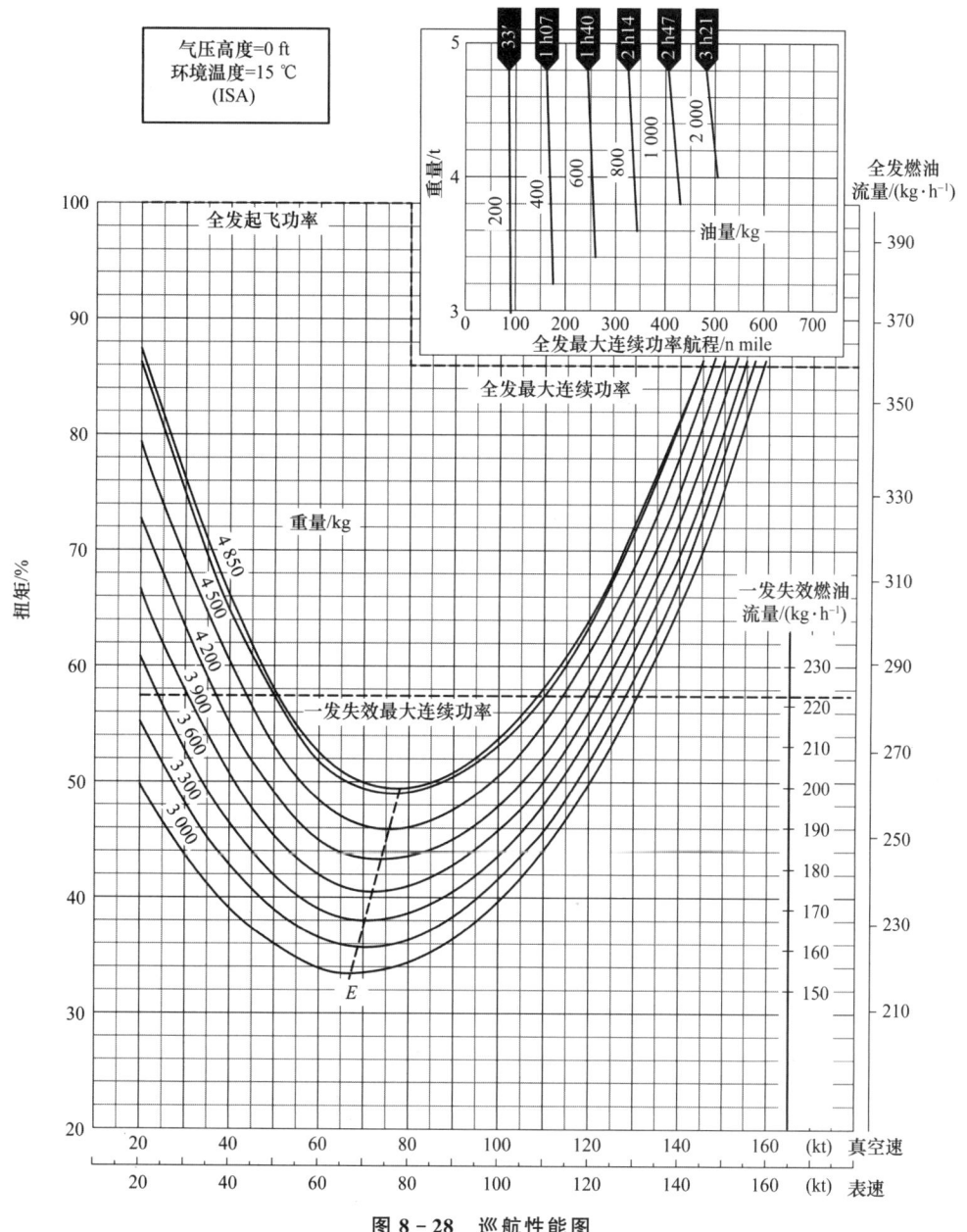

图 8-28　巡航性能图

第9章 高等飞行性能

9.1 基本飞行性能计算模型

基本飞行性能计算模型(Base of Aircraft Data，BADA)由欧洲空管局下设的欧洲实验中心(Eurocontrol Experimental Centre，EEC)与飞机制造商、航空公司合作开发，可用于快速、近似地计算百余种机型在爬升、巡航和下降各个飞行阶段的航空器性能模型，是目前国内外空管研究中常用的性能模型之一。BADA 主要包括性能参数计算模型、运行性能数据和性能表格文件三部分。其中，性能参数计算模型也给出了飞机气动力、推力、燃油流量、爬升率、加速度等参数的计算公式。为提高运算效率，BADA 通过对厂家原始的基础性能数据进行简化，得到了运行性能数据(Operations Performance File，OPF)，以扩展名为 *.opf 的文本文件进行存储，包含飞机型号、发动机型号、重量、失速速度、极曲线、推力、油耗、限制等数据。基于运行性能数据，依据性能参数计算模型，可以计算出飞机在不同工况下的性能参数。为便于空管教学和研究需要，BADA 给出了每个机型在典型情况下的性能数据表，即性能表格文件(Performance Table File，PTF)。BADA 模型中三部分内容之间的逻辑关系如图 9-1 所示。

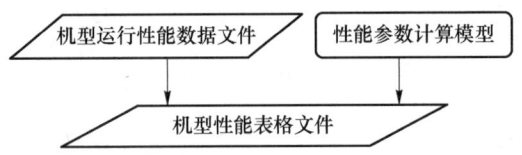

图 9-1 BADA 模型中三部分内容的逻辑关系

9.1.1 全能量模型

全能量模型涉及飞机运动的几何、运动学和动力学等方面，可以计算飞机性能和轨迹。全能量模型将作用在飞行器上的力所做功的速率等同于势能和动能的增加速率，即

$$(T-D)V_{TAS}=mg\frac{dh}{dt}+mV_{TAS}\frac{dV_{TAS}}{dt} \tag{9-1}$$

式中，T 为平行于飞机速度矢量的推力；D 为空气阻力；m 为飞机质量；h 为飞行高度；g 为重力加速度；V_{TAS} 为真空速。使用该公式进行计算时，如果真空速的单位选取为节时，则高度的单位应为英尺。

式(9-1)中的三个可控变量：推力 T(慢车推力，最大推力)、速度 V_{TAS}(表速 CAS 或马赫数)和高度变化率 $\frac{dh}{dt}$(爬升率、下降率或轨迹角)，可以任意给定其中两个参数的值，然后使用公式来确定第 3 个参数。

式(9-1)可以作如下变换：

$$(T-D)V_{\text{TAS}} = mg\frac{\mathrm{d}h}{\mathrm{d}t} + mV_{\text{TAS}}\left(\frac{\mathrm{d}V_{\text{TAS}}}{\mathrm{d}h}\right)\left(\frac{\mathrm{d}h}{\mathrm{d}t}\right)$$

将爬升率或下降率分离到方程的左边，有

$$\frac{\mathrm{d}h}{\mathrm{d}t} = \frac{(T-D)V_{\text{TAS}}}{mg}\left[1 + \left(\frac{V_{\text{TAS}}}{g}\right)\left(\frac{\mathrm{d}V_{\text{TAS}}}{\mathrm{d}h}\right)\right]^{-1}$$

定义能量分配因子 $f\{Ma\} = \left[1 + \left(\frac{V_{\text{TAS}}}{g}\right)\left(\frac{\mathrm{d}V_{\text{TAS}}}{\mathrm{d}h}\right)\right]^{-1}$，它是一个关于马赫数的函数。能量分配因子表示按照选定的速度进行爬升时，用于爬升的剩余推力与用于加速的剩余推力比值，则

$$\frac{\mathrm{d}h}{\mathrm{d}t} = \left[\frac{(T-D)V_{\text{TAS}}}{mg}\right]f\{Ma\} \tag{9-2}$$

在不同的高度范围，选择不同的速度，$f\{Ma\}$ 的计算方法分别如下。

① 在同温层内保持等马赫数爬升（在对流层顶以上）：

$$f\{Ma\} = 1.0 \tag{9-3}$$

在对流层（标准大气情况下约为 11 000 m）以上空气密度和声速均保持定值不变。此时保持等马赫数爬升不需要加速，因此发动机的推力可全部用来改变飞行高度进行爬升。

② 在对流层内保持等马赫数爬升：

$$f\{Ma\} = \left(1 + \frac{\gamma R K_t}{2g}Ma^2\right)^{-1} \tag{9-4}$$

式中，R 为气体常数，$R = 287.05 \text{ m}^2/\text{ks}^2$；$g$ 为重力加速度，$g = 9.81 \text{ m/s}^2$；K_t 为对流层内温度随高度变化率，$K_t = -0.0065 \text{ K/m}$；$\gamma$ 为空气等熵膨胀系数，$\gamma = 1.4$。

③ 在对流层内保持等 CAS 爬升：

$$f\{Ma\} = (1 + 0.567Ma^2 - 0.17Ma^4)^{-1} \tag{9-5}$$

该情况下，能量分配因子是小于 1 的。例如，当马赫数等于 0.6 时，能量分配因子限制为 0.85。此时能量因子小于 1 是因为随着高度的增加，空气密度是不断减小的，在爬升段保持等表速需要不断地增加真空速。因此，发动机推力的一部分用来增加真空速，另外一部分用来爬升高度。

④ 对流层以上等 CAS 爬升：

$$f\{Ma\} = \left\{1 + \left(1 + \frac{\gamma-1}{2}Ma^2\right)^{\frac{-1}{\gamma-1}}\left[\left(1 + \frac{\gamma-1}{2}Ma^2\right) - 1\right]\right\}^{-1} \tag{9-6}$$

下降航段的能量分配因子与上述的爬升段基本上一致，唯一的区别是下降时的能量是负的，包括等 CAS 下降、等马赫数下降两种方式。

9.1.2 气动特性模型

BADA 模型中为每架飞机指定 4 个质量值，分别为最小质量 M_{min}、最大质量 M_{max}、参考质量 M_{ref}、最大有效载荷质量 M_{pyld}，单位为 t。

$$C_L = \frac{2 \cdot m \cdot g}{\rho \cdot V_{\text{TAS}}^2 \cdot S \cdot \cos\varphi} \tag{9-7}$$

$$C_D = C_{D0,\text{CR}} + C_{D2,\text{CR}} \times (C_L)^2 \tag{9-8}$$

在着陆构型中,使用不同的襟翼设置,应采用公式:
$$C_D = C_{D0,LDG} + C_{D0,\Delta LDG} + C_{D2,LDG} \times (C_L)^2 \tag{9-9}$$
式中,$C_{D0,\Delta LDG}$的值表示起落架导致的阻力增加量。

阻力计算公式为
$$D = \frac{C_D \cdot \rho \cdot V_T^2 \cdot S}{2} \tag{9-10}$$

9.1.3 发动机模型

BADA 模型提供 3 种推力计算模式:①最大爬升和起飞推力;②最大巡航推力;③下降推力;单位为牛顿,计算结果基于飞机所有发动机。

(1) 最大爬升和起飞推力

发动机类型不同,计算公式不同,此处主要给出喷气式飞机的性能,因此喷气式发动机最大爬升推力:
$$(T_{max\,climb})_{ISA} = C_{Tc,1} \times \left(1 - \frac{h}{C_{Tc,2}} + C_{Tc,3} \times h^2\right) \tag{9-11}$$

对于所有类型的发动机,最大爬升推力都会根据与标准大气的温度偏差进行校正,发动机最大爬升推力温度修正公式如下:
$$T_{max\,climb} = (T_{max\,climb})_{ISA} \times [1 - C_{Tc,5} \times (\Delta T_{ISA})_{eff}] \tag{9-12}$$

式中,$(\Delta T_{ISA})_{eff} = \Delta T_{ISA} - C_{Tc,4}$,限制条件为 $0.0 \leqslant (\Delta T_{ISA})_{eff} \times C_{Tc,5} \leqslant 0.4, C_{Tc,5} \geqslant 0.0$。

(2) 最大巡航推力

根据定义正常巡航推力设定为阻力。然而,巡航情况下可用的最大推力是有限的。最大巡航推力计算公式为:
$$(T_{cruise})_{max} = C_{Tcr} \times T_{max\,climb} \tag{9-13}$$

(3) 下降推力

下降推力为

如果 $h \geqslant h_{des}$:
$$T_{des,high} = C_{Tdes,high} \times T_{max\,climb} \tag{9-14}$$

如果 $h \leqslant h_{des}$:

巡航阶段:
$$T_{des,low} = C_{Tdes,low} \times T_{max\,climb} \tag{9-15}$$

进近阶段:
$$T_{des,app} = C_{Tdes,app} \times T_{max\,climb} \tag{9-16}$$

着陆阶段:
$$T_{des,lc} = C_{Tdes,ld} \times T_{max\,climb} \tag{9-17}$$

对于高海拔和低海拔使用不同的修正因子。

(4) 燃油消耗

对于喷气发动机,推力比燃油消耗量 $\eta(kg/(min \cdot kN))$ 被指定为真空速 V_T(节)的函数:
$$\eta = C_{f1} \times \left(1 + \frac{V_T}{C_{f2}}\right) \tag{9-18}$$

标称燃料流量 $f_{nom}(kg/min)$ 可使用推力 T 来计算:
$$f_{nom} = \eta \times T \tag{9-19}$$

表达式(9-19)可用于所有飞行阶段。只要有巡航油耗的参考数据,就可以建立一些飞机类型的巡航燃油流量修正系数。对于所有其他的飞机模型,这个系数都被设置为 1。

9.1.4　BADA 模型的基本应用

图 9-2 为 BADA 提供的某机型性能表格文件(Performance Table File,PTF),可以从中查询到飞机在典型重量下的爬升、巡航和下降性能参数。

速度:　　　表速/(低/高)　Ma　　质量等级/kg　　　温度:ISA
爬升　　　 -250/290　　　 0.78　　低 - 107 880
巡航　　　 -250/310　　　 0.80　　标称 - 150 000　　最大高度/ft: 43 000
下降　　　 -250/290　　　 0.78　　高 - 181 400

飞行高度层/(100 ft)	巡航 真空速/kt	巡航 燃油流量/(kg·min⁻¹) 低	标称	高	爬升 真空速/kt	爬升率/(ft·min⁻¹) 低	标称	高	燃油流量/(kg·min⁻¹)	下降 真空速/kt	下降率/(ft·min⁻¹) 标称	燃油流量/(kg·min⁻¹) 标称
0					164	2 240	1 990	1 680	251.7	152	1 130	18.8
5					165	2 230	1 970	1 660	249.4	153	1 140	18.7
10					166	2 210	1 960	1 640	247.1	159	1 120	18.5
15					172	2 330	2 040	1 710	245.6	171	1 100	18.4
20					174	2 310	2 020	1 690	243.3	203	1 070	18.3
30	261	55.3	72.0	88.0	197	2 770	2 340	1 960	241.9	230	1 120	18.0
40	265	55.4	72.2	88.2	231	3 360	2 740	2 310	242.0	233	1 130	17.7
60	272	55.6	72.5	88.7	272	4 240	3 000	2 370	237.6	240	1 160	17.2
80	280	55.8	72.8	89.1	280	4 100	2 880	2 260	228.4	280	1 290	16.6
100	289	56.0	73.2	89.6	289	3 950	2 760	2 150	219.3	289	1 700	16.1
120	367	72.4	84.2	95.5	344	4 040	2 870	2 280	215.8	344	2 010	15.5
140	378	72.5	84.5	96.0	354	3 840	2 710	2 130	206.6	354	2 030	15.0
160	389	72.7	84.8	96.4	365	3 640	2 540	1 990	197.4	365	2 050	14.5
180	401	72.8	85.1	96.8	376	3 430	2 370	1 830	188.2	376	2 070	13.9
200	413	72.9	85.4	97.3	387	3 210	2 200	1 670	179.1	387	2 090	13.4
220	425	73.0	85.6	97.8	399	2 990	2 020	1 510	169.9	399	2 110	12.8
240	438	73.1	85.9	98.3	412	2 750	1 830	1 330	160.7	412	2 120	12.3
260	452	73.1	86.2	98.8	424	2 510	1 630	1 160	151.6	424	2 140	11.8
280	466	73.2	86.5	99.3	438	2 270	1 430	980	142.4	438	2 150	11.2
300	471	71.2	85.3	98.7	452	2 010	1 230	790	133.2	452	2 160	10.7
320	467	67.6	83.0	97.7	455	2 490	1 430	830	123.3	455	2 980	10.1
340	463	64.5	81.4	97.5	451	2 160	1 130	530	113.0	451	2 900	9.6
360	458	61.9	80.5	98.2	447	1 820	820	210	102.9	447	2 840	9.0
380	458	60.1	80.4	92.0	447	1 360	450	0	93.1	447	2 600	8.5
400	458	58.8	81.2	82.4	447	1 030	140	0	83.3	447	2 610	8.0

图 9-2　某机型性能表格文件

【例题 1】 已知 B767 飞机的重量为 150 t,(1)计算飞机在 10 000 ft、26 000 ft 和 36 000 ft 高度层的爬升率、燃油流量、真空速;(2)计算飞机在 10 000 ft、26 000 ft 和 36 000 ft 高度层的下降率、燃油流量、真空速;(3)计算飞机在 10 000 ft、26 000 ft 和 36 000 ft 高度层巡航时的燃

油流量、真空速。

解：(1) 查图 9-2 可知，当飞机重量为 150 t 时，飞机在 10 000 ft 的爬升率为 2 760 ft/min，燃油流量为 219.3 kg/min，真空速为 289 kt；飞机在 26 000 ft 的爬升率为 1 630 ft/min，燃油流量为 151.6 kg/min，真空速为 424 kt。飞机在 36 000 kt 的爬升率为 820 ft/min，燃油流量为 102.9 kg/min，真空速为 447 kt。

(2) 当飞机重量为 150 t 时，飞机在 10 000 ft 高度层的下降率为 1 700 ft/min，燃油流量为 16.1 kg/min，真空速为 289 kt；飞机在 26 000 ft 高度层的下降率为 2 140 ft/min，燃油流量为 11.8 kg/min，真空速为 424 kt。飞机在 36 000 ft 高度层的下降率为 2 840 ft/min，燃油流量为 9.0 kg/min，真空速为 447 kt。

(3) 当飞机重量为 150 t 时，飞机在 10 000 ft 高度层巡航时的燃油流量为 73.2 kg/min，真空速为 289 kt；飞机在 26 000 ft 高度层巡航时的燃油流量为 86.2 kg/min，真空速为 452 kt；飞机在 36 000 ft 高度层巡航时的燃油流量为 80.5 kg/min，真空速为 458 kt。

除了机型性能表格文件，欧控还在其网站上给出了与 PTF 文件类似的机型性能数据图（见图 9-3），便于管制员和研究人员查询所需的机型性能参数。

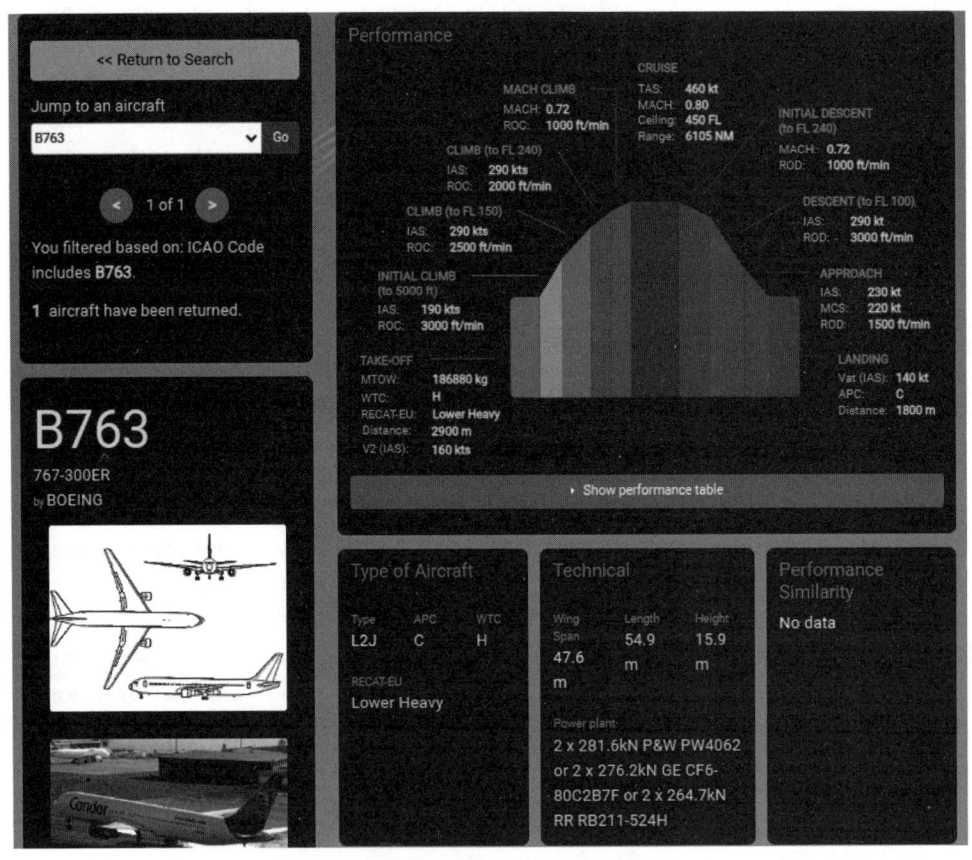

图 9-3 欧控的 BADA 数据查询网站

基于 BADA 模型，编者开发了飞机性能参数计算工具，可以根据用户选择的航班类型（离场航班、进场航班、飞越航班）、输入的机场标高、过渡高度、温度偏差、飞机重量，实现对各高度飞机性能参数的快速计算，具体包括各飞行高度层上的真空速、表速、最小表速、最大表速、加速度、减速度、爬升率、下降率等,软件用户界面如图 9-4 所示。

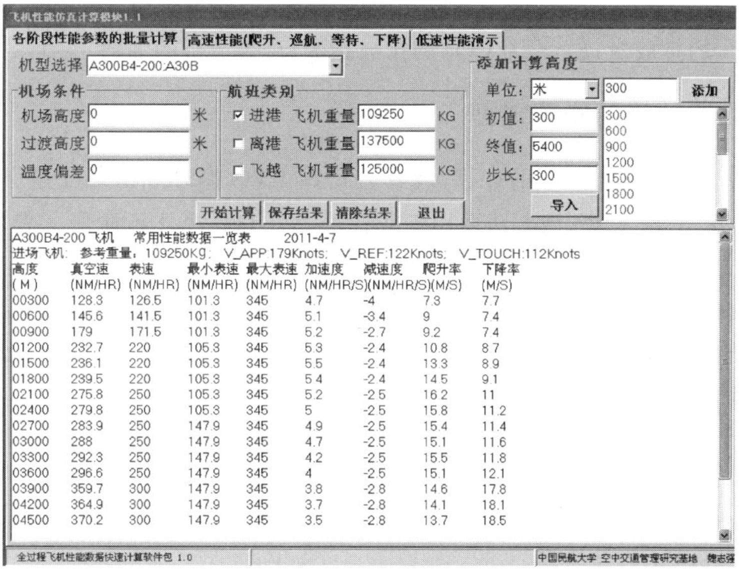

图 9-4 基于 BADA 的飞机性能参数计算工具

9.2 考虑飞机排放影响的性能参数优化

民用航空运输的安全、经济、绿色运行是人们持续关注的主要问题,飞机性能对飞行安全、降低飞行成本、减少环境污染有重要影响。本节通过建立污染物排放量计算模型、综合飞行成本计算模型和温室效应定量表征模型,将飞行活动对环境的影响作为优化目标来优化飞行性能参数。

9.2.1 LTO 排放模型

针对飞机发动机的污染物排放问题,基于 LTO 起降循环进行测试和计算,ICAO 提出了相应的审定标准。将飞机在机场区域距离地面高度 3 000 ft 以下的飞行活动简化为 LTO 起降循环,涵盖进近、滑行、起飞、初始爬升 4 个飞行阶段,并同时为各阶段定义了固定的推力设置和飞行时间。由此可知,该循环并不适用于评估巡航阶段的排放影响。

污染物排放指数,是产生的污染物质量与消耗的燃油质量的比值。

表 9-1 是在 ICAO 航空器发动机排放数据库中依据指定的发动机型号查找到的各阶段污染物排放指数和燃油流量,其中推力设置为额定推力百分比。

表 9-1 PW4077-2PW061 发动机基准排放参数

飞行阶段	推力设置/%	飞行时间/min	燃油流量/$(kg \cdot h^{-1})$	CO_2 指数	NO_x 指数
起飞	100	0.7	10 868.4	3.155	0.039 8
初始爬升	85	2.2	8 827.2	3.155	0.032 5
进近	30	4.0	2 937.6	3.155	0.011 3
滑行	7	26.0	835.2	3.155	0.004 2

由表 9-1 可以看出,CO_2 的排放指数保持不变,可通过下式计算其排放量:

$$S_{CO_2} = E_{I,CO_2} \cdot F \tag{9-20}$$

式中,S_{CO_2} 为 CO_2 的排放量;E_{I,CO_2} 为 CO_2 的排放指数;F 为飞机的油耗。

9.2.2 污染物排放量的修正模型

对于 NO_x 等非碳气体排放量的计算,波音公司在 LTO 循环和 ICAO 提供的基准排放数据的基础上提出了 BM2 方法,该方法适用于非标准大气和整个飞行阶段。表 9-1 只给出了飞机发动机 4 个典型工作状态下的 NO_x 排放指数,而对于飞机的航路爬升、巡航和下降阶段,则需要在表中数据的基础上,利用 BM2 方法根据飞机具体的燃油流量来进行插值和修正。

表 9-1 中的数据是按照发动机在 ISA、海平面条件下测试得到的。因此需要将飞机的实际燃油流量转换成同一状态下的基准燃油流量 W_{ff},即

$$W_{ff} = \frac{W_f}{\delta} \theta^{3.8} e^{0.2 Ma^2} \tag{9-21}$$

式中,W_f 为实际燃油流量;δ 为外界压强与标准海平面大气压强之比;θ 为外界温度与标准海平面大气温度之比;Ma 为马赫数。

ICAO 仅给出了起降阶段的污染物排放指数和燃油流量数据,将其进行线性拟合,可计算任意燃油流量下的污染物排放指数。将表 9-1 中的燃油流量和对应的 NO_x 排放指数绘制在双对数坐标系中,如图 9-5 所示。

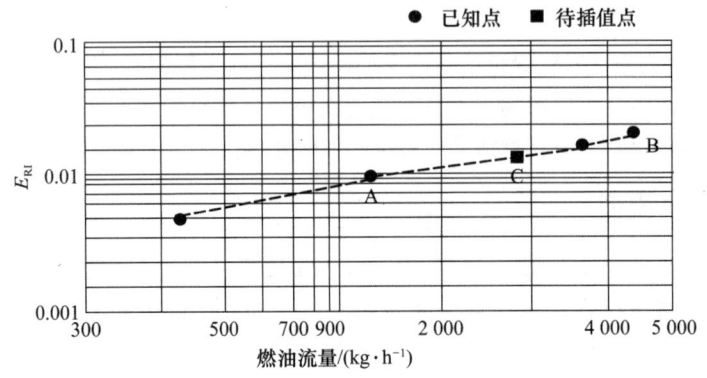

图 9-5 双对数坐标系下的线性拟合示意图

从图 9-5 中可以看出,4 个状态下的排放指数与单发燃油流量在该坐标系下基本满足线性变化,拟合出的计算公式如下:

$$\begin{cases} \lg E_{RI} = 0.742 \lg W_{ff} - 4.2635 \\ R^2 = 0.9974 \end{cases} \tag{9-22}$$

式中,E_{RI} 为 NO_x 的排放指数。由 R^2 的值可知,在双对数坐标系下根据该拟合公式计算基准排放指数能满足基本误差范围的要求。

对于具体的飞行环境,还需要依据下式将计算出的基准排放指数转换为实际排放指数。

$$E_{I,N} = E_{RI} \frac{\delta^{0.51}}{\theta^{1.65}} \exp\left[19.0 \left(0.0063 - \frac{0.622 \Phi P_v}{P - \Phi P_v}\right)\right] \tag{9-23}$$

式中，$E_{\text{I,N}}$为NO_x的实际排放指数；Φ为大气相对湿度；P_v为饱和蒸气压。之后，按照下式即可计算出NO_x的排放量S_{NO_x}：

$$S_{NO_x} = E_{\text{I,N}} \cdot F \tag{9-24}$$

9.2.3 考虑排放影响的飞行成本计算模型

通常情况下，直接运营成本包括燃油成本、时间成本和固定成本3部分，即

$$C_{\text{total}} = C_f F + C_t T + C_c$$

式中，C_{total}为直接运营成本；C_f为燃油单位成本；F为航程油量；C_t为与飞行时间相关的飞行小时成本；T为航程时间；C_c为固定成本。该计算模型没有涉及飞行中污染物排放造成的环境影响成本。为考虑污染物排放对外界环境的影响，可以将其引入直接运营成本，得到综合飞行成本C'，即

$$C' = C_{\text{total}} + C_p \tag{9-25}$$

其中，C_p为飞机总排放成本，计算公式如下：

$$C_p = C_{CO_2} \cdot S_{CO_2} + C_{NO_x} \cdot S_{NO_x} \tag{9-26}$$

式中，C_{CO_2}表示单位质量CO_2的排放成本；C_{NO_x}表示单位质量NO_x的排放成本。为反映不同污染物气体排放的重要程度，提出污染物排放价格指数，定义为：单位质量污染物的排放成本与燃油单位成本的比值，即

$$PI_{CO_2} = \frac{C_{CO_2}}{C_f} \tag{9-27}$$

$$PI_{NO_x} = \frac{C_{NO_x}}{C_f} \tag{9-28}$$

式中，PI_{CO_2}、PI_{NO_x}分别表示CO_2和NO_x的排放价格指数，取值范围分别为$0\sim0.25$、$0\sim40$。然后将公式(9-27)、(9-28)代入公式(9-25)，得

$$C' = C_f(CI \cdot T + F + PI_{CO_2} \cdot S_{CO_2} + PI_{NO_x} \cdot S_{NO_x}) + C_c \tag{9-29}$$

根据联合国政府间气候变化专门委员会(IPCC)对排放指数及其影响的估计，欧洲空管局提供了飞机排放因子价格的国际概览，具体数据见表9-2。

表9-2 不同污染物的排放成本概览 （单位：元）

污染物类型	中间值	最低值	最高值
CO_2/(元/吨)	274.0	91.4	456.3
NO_x(元/千克)	33.3	11.6	55.0

9.2.4 温室效应影响的定量表征模型

IPCC报告显示，民航飞机运行时主要排放CO_2、NO_x气体，其中CO_2对大气有增温效果。NO_x主要通过与其他气体反应影响环境温度，在低空飞行时，NO_x与CH_4反应导致CH_4减少，有降温效果；在高空飞行时，NO_x导致O_3增加，O_3包括长寿命O_3和短寿命O_3，长寿命O_3有降温效果，短寿命O_3有增温效果。

不同的温室气体具有不同的辐射效率和生命周期，引起的增温效果也不同。评估温室气

体气候响应的指标主要包括全球增温潜势(Global Warming Potential,GWP)和全球温变潜势(Global Temperature change Potential,GTP)。GWP 代表瞬时释放的某一单位质量温室气体的辐射强迫对时间的积分。为能更清晰地表示该概念,进一步引入绝对脉冲全球增温潜势(Absolute Pulse Global Warming Potential,APGWP)的概念,APGWP 代表瞬时释放的某一单位质量温室气体造成的辐射强迫大小,具体计算如下:

$$P_{GW,x}(H) = \int_0^H A_x R_x(t) dt \qquad (9-30)$$

式中,$P_{GW,x}$ 为 APGWP;x 表示温室气体;H 为时间范围($t=0 \sim H$);A_x 为单位质量温室气体浓度改变时的辐射强迫;$R_x(t)$ 为温室气体在时间 t 内的浓度响应函数,表示该气体在时间 t 内的衰变速率。

对于非碳气体,其生命周期为指数式衰减,其响应函数可以表示为

$$R_x(t) = e^{-\frac{t}{\alpha_x}} \qquad (9-31)$$

式中,α_x 为气体的生命周期。

对于 CO_2 气体,其生命周期不是简单的指数式衰减,其响应函数可以表示为

$$R_x(t) = a_0 + \sum_i a_i e^{-\frac{t}{\alpha_i}} \qquad (9-32)$$

式中,a_0、a_i 均为给定的计算系数。

因此,对于 CO_2 气体,其 APGWP 计算公式为

$$P_{GW,CO_2} = A_x \left[a_0 t + \sum_i a_i \alpha_i \left(1 - e^{-\frac{t}{\alpha_i}}\right) \right] \qquad (9-33)$$

式中,P_{GW,CO_2} 为 CO_2 的 APGWP。

对于非碳气体,其 APGWP 计算公式为

$$P_{GW,x} = A_x \alpha_x \left(1 - e^{-\frac{H}{\alpha_x}}\right) \qquad (9-34)$$

对于 NO_x 气体,其 APGWP 为 CH_4 气体、长寿命 O_3 气体和短寿命 O_3 气体对应的 APGWP 之和,计算公式如下:

$$P_{GW,NO_x} = \sum_{x=CH_4,O_{3,L},O_{3,S}} \left[A_x \alpha_x \left(1 - e^{-\frac{H}{\alpha_x}}\right) \right] \qquad (9-35)$$

式中,P_{GW,NO_x} 为 NO_x 的 APGWP。

由于 APGWP 表示温室气体造成大气辐射强迫对时间的积分,而没有显示气体排放对温度的影响,因此 Shine 在此基础上建立了 GTP 的概念。它强调在未来特定时间而非时间积分的温度变化。Shine 更进一步提出了绝对脉冲 GTP(Absolute Pulse GTP,APGTP)的概念,它是瞬时释放的某一温室气体在未来某时间造成的全球平均表面温度的变化,具体计算如下:

$$P_{GT,x}(H) = \frac{1}{C} \int_0^H A_x R_x(t) e^{\frac{t-H}{C\lambda}} dt \qquad (9-36)$$

式中,$P_{GT,x}$ 为 APGTP;C 为气候系统热容能力;λ 为气候敏感参数。

将式(9-31)代入式(9-36),得 NO_x 的 APGTP 为

$$P_{GT,NO_x} = \sum_{x=CH_4,O_{3,L},O_{3,S}} \left[\frac{A_x \left(e^{-\frac{H}{\alpha_x}} - e^{-\frac{H}{\tau}}\right)}{C(\tau^{-1} - \alpha_x^{-1})} \right] \qquad (9-37)$$

式中，P_{GT,NO_x} 为 NO_x 的 APGTP；τ 为气候响应的时间范围，$\tau = C \times \lambda$。

将式(9-32)代入式(9-36)，得 CO_2 的 APGTP 为

$$P_{GT,CO_2} = \frac{A_{CO_2}}{C}\left[\tau a_0\left(1-e^{-\frac{t}{\tau}}\right) + \sum_i \frac{a_i\left(e^{-\frac{t}{\alpha_i}} - e^{-\frac{t}{\tau}}\right)}{(\tau^{-1} - \alpha_i^{-1})}\right] \qquad (9-38)$$

式中，P_{GT,CO_2} 为 CO_2 的 APGTP。

分别计算出单位时间内飞机的 CO_2 和 NO_x 排放量，随后根据式(9-34)、式(9-35)、式(9-37)和式(9-38)即可计算出单位时间内飞机在对应高度上造成的总增温潜势和总温变潜势。总增温潜势 ΔRF 计算公式如下：

$$\Delta RF = P_{GW,NO_x} \cdot S_{NO_x} + P_{GW,CO_2} \cdot S_{CO_2} \qquad (9-39)$$

式中，ΔRF 为总增温潜势。

总温变潜势 ΔT 计算公式如下：

$$\Delta T = P_{GT,NO_x} \cdot S_{NO_x} + P_{GT,CO_2} \cdot S_{CO_2} \qquad (9-40)$$

式中，ΔT 为总温变潜势。

根据飞机在不同飞行速度、飞行质量、飞行高度、外界温度偏差等条件下的性能参数，建立单发燃油流量和燃油消耗量计算模型；之后基于污染物排放量计算模型即可计算出给定时间内 NO_x 和 CO_2 的排放量；然后基于温室效应表征模型即可分别计算出某一时间范围内 NO_x 和 CO_2 的 APGWP 和 APGTP，进而计算出总增温潜势和总温变潜势。

目前尚无法将温室效应的表征参数进一步转换为可供衡量成本的形式，为了在污染物排放量的基础上进一步考虑污染物造成的温室效应，采用多目标加权组合的形式，同时考虑飞行时间、油耗和温室效应影响 3 项因素。组合优化目标的计算公式设定方法如下。

当温室效应表征参数为总增温潜势时：

$$f_{obj} = k_1 \frac{t}{t_{\min}} + k_2 \frac{F}{F_{\min}} + k_3 \frac{\Delta RF}{\Delta RF_{\min}} \quad (0 \leqslant k_i \leqslant 1, i=1,2,3) \qquad (9-41)$$

当温室效应表征参数为总温变潜势时：

$$f_{obj} = k_1 \frac{t}{t_{\min}} + k_2 \frac{F}{F_{\min}} + k_3 \frac{\Delta T}{\Delta T_{\min}} \quad (0 \leqslant k_i \leqslant 1, i=1,2,3) \qquad (9-42)$$

式中，k_1、k_2、k_3 为权重系数，且 $k_1 + k_2 + k_3 = 1$；$t_{\min}$、$F_{\min}$、$\Delta RF_{\min}$、$\Delta T_{\min}$ 分别为所有飞行组合条件下飞行时间最小值、油耗最小值、总增温潜势最小值和总温变潜势最小值；t、F、ΔRF、ΔT 分别为当前飞行条件下的飞行时间、油耗、总增温潜势和总温变潜势。

9.2.5 考虑排放影响的巡航性能优化分析

根据 9.2.3 小节的飞行成本计算模型，无 ISA 温度偏差，巡航质量 210 000 kg，飞行距离 100 km，飞行成本指数 30，燃油价格 6 000 元/吨，$PI_{CO_2} = 0.094$，$PI_{NO_x} = 8.23$，采用遗传算法优化，得到综合飞行成本最小对应的 (h_p, Ma) 组合为 $(10\ 600, 0.8)$，排放成本最小对应的组合为 $(10\ 600, 0.78)$，具体计算结果如表 9-3 所列。

表 9-3 基于综合飞行成本的巡航结果参数对比

目标参数	综合成本/元	飞行成本/元	排放成本/元	油耗/kg	时间/s
综合成本最低	6 583.73	4 634.21	1 949.52	612.3	423.46
排放成本最低	6 589.36	4 575.49	2 013.87	611.93	398.55
偏差比/%	−0.09	1.28	−3.20	0.06	6.25

与不考虑排放影响的情况相比,考虑排放成本后,最佳高度保持不变,而最佳马赫数减小。优化目标值受成本指数、巡航质量、温度偏差和污染物价格等参数的影响。

(1) 成本指数对优化结果的影响

保持初始巡航条件不变,计算不同成本指数下的巡航参数,具体结果如表 9-4 所列。

表 9-4 不同成本指数下基于综合飞行成本的巡航优化结果对比

CI	0	10	20	30	40	50
h_p/m	10 600	10 600	10 600	10 600	10 600	10 600
飞行马赫数	0.8	0.8	0.8	0.8	0.8	0.8
综合飞行成本/元	8 579	8 897	9 202	9 502	9 802	10 102

成本指数通过影响飞行成本值来改变综合飞行成本,经计算可知,当成本指数增加时,最佳参数组合保持不变。

(2) 巡航质量对优化结果的影响

保持初始巡航条件不变,计算不同巡航质量下的巡航参数,具体结果如表 9-5 所列。

表 9-5 不同巡航质量下基于不同优化目标的巡航优化结果对比

W/kg		190 000	200 000	210 000	220 000
排放成本最低	(h_p, Ma)	10 600 0.8	10 600 0.79	10 600 0.78	10 600 0.8
	排放成本/元	914	967	1 023	1 091
	综合飞行成本/元	5 388	5 615	5 850	6 029
综合成本最低	(h_p, Ma)	11 200 0.85	11 200 0.85	10 600 0.8	10 600 0.8
	排放成本/元	945	1 004	1 024	1 091
	综合飞行成本/元	5 351	5 557	5 791	6 029

由表 9-5 可以看到,随着巡航质量的增加,排放成本最低对应的最佳高度保持不变,最佳马赫数整体降低;综合飞行成本最低对应的最佳高度和马赫数均减小;另外,排放成本和综合飞行成本均随巡航质量的增加而增加。

(3) 温度偏差对优化结果的影响

保持初始巡航条件不变,计算不同温度偏差下的巡航参数,具体结果如表 9-6 所列。

表 9-6 不同温度偏差下基于不同优化目标的巡航优化结果对比

	ΔISA/℃	−10	0	10	20
排放成本最低	(h_p, Ma)	10 600 0.8	10 600 0.78	10 600 0.78	10 600 0.78
	排放成本/元	968	1 023	1 082	1 143
	综合飞行成本/元	5 744	5 850	5 902	5 961
综合成本最低	(h_p, Ma)	10 600 0.8	10 600 0.8	10 600 0.8	10 600 0.8
	排放成本/元	968	1 024	1 083	1 145
	综合飞行成本/元	5 744	5 791	5 845	5 906

由表 9-6 可以看到，随着温度偏差的增加，排放成本最低对应的最佳高度保持不变，最佳马赫数整体降低；综合飞行成本最低对应的最佳高度和马赫数保持不变。随着温度偏差的增加，排放成本和综合飞行成本均增加。当温度较低时，排放成本和综合飞行成本的最佳(h_p, Ma)组合相同。随着温度的增加，飞行成本增加，通过增加飞行速度能够降低飞行成本，从而降低综合飞行成本。

9.2.6 考虑温室效应的巡航性能优化分析

根据温室效应表征参数计算模型，无 ISA 温度偏差，巡航质量 210 000 kg，飞行距离 100 km，$k_1 = 0.3$，$k_2 = 0.4$，$k_3 = 0.3$，油耗最低和组合优化目标最低对应的(h_p, Ma)组合分别为(10 500, 0.8)、(10 500, 0.85)。表 9-7 为两种优化目标下的参数对比。

表 9-7 不同优化目标下的参数对比

目标参数	油耗/kg	时间/s	总温变潜势/$\times 10^{-12}$K
油耗最低	635.210	421.540	1.298
f_{obj}最小	639.200	396.740	1.275
偏差比/%	0.630	−5.880	−1.77

优化目标值受巡航质量、温度偏差和权重系数等参数的影响。

（1）巡航质量对优化结果的影响

飞机巡航质量直接影响油耗和时间，相同优化目标下不同飞行质量对应的最佳速度和最佳高度存在差异。计算不同巡航质量下的(h_p, Ma)组合，结果如图 9-6 所示。

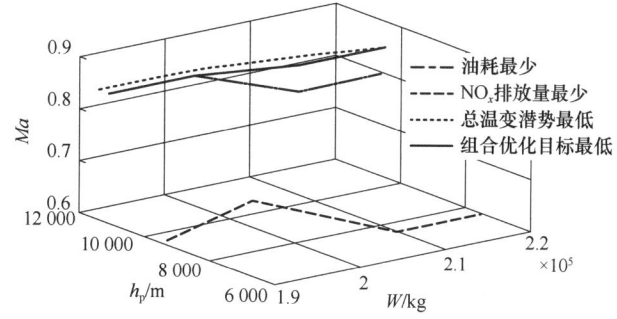

图 9-6 优化参数随巡航质量的变化情况

经计算知,随着巡航质量的增加,飞行时间最小对应的(h_p, Ma)组合始终保持$(6\,000, 0.85)$。由图9-6可以看出,整体上随着巡航质量的增加,最佳目标值对应的(h_p, Ma)组合均呈减小趋势。另外,对于不同优化目标对应的最佳高度,NO_x排放量最低＜油耗最低＜总温变潜势最低,同时NO_x排放量最低对应的马赫数也较小。当飞机质量增加时,飞机阻力增加,推力和燃油流量均随之增加,对应的最佳高度和飞行速度随之降低。

(2) 温度偏差对优化结果的影响

分析不同温度偏差下($-10 \sim 20\,℃$)优化参数的变化情况。优化参数随温度偏差的变化情况如图9-7所示。

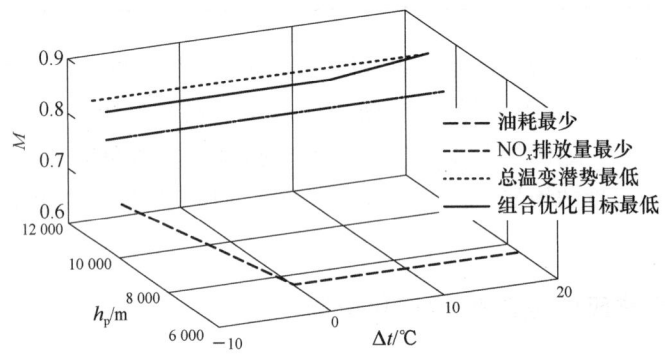

图9-7 优化参数随温度偏差的变化情况

由图9-7可以看出,温度偏差对NO_x排放量的影响较大,随着温度的增加,燃油流量增加幅度较大,相同高度和马赫数下的NO_x排放量增加,因此需要通过降低飞行高度和马赫数来降低NO_x排放量。

(3) 权重系数对优化结果的影响

飞行时间、油耗和总温变潜势在多目标参数优化中的权重会影响优化后的巡航参数值。分析不同权重下的优化参数值,不同权重系数下的优化结果如表9-8所列。

表9-8 不同权重系数下的优化结果

权重系数	(h_p, Ma)	时间/s	油耗/kg	总温变潜势/$(10^{-12}\,K)$
$k_1=1, k_2=0, k_3=0$	$6\,000, 0.85$	372.27	963.1	1.63
$k_1=0.1, k_2=0.6, k_3=0.3$	$10\,800\ 0.85$	398.55	638.79	1.28
$k_1=0.2, k_2=0.5, k_3=0.3$	$10\,500\ 0.85$	396.74	639.2	1.28
$k_1=0.1, k_2=0.5, k_3=0.4$	$11\,100\ 0.85$	398.71	640.58	1.27
$k_1=0, k_2=1, k_3=0$	$10\,500\ 0.8$	421.54	635.21	1.30

由表9-8可以看到,当飞行时间权重较大时,最佳巡航高度和最佳马赫数均较小;当总温变潜势权重较大时,最佳巡航高度较大。

9.3 电动垂直起降飞行器性能

电动垂直起降飞行器(Electric Vertical Take-Off and Landing，eVTOL)近年来发展势头迅猛，目前已经有 eVTOL 机型取得了型号合格证。eVTOL 是伴随城市空中运输(Urban Air Mobility，UAM)概念而兴起的，城市空中交通是为了解决城市交通拥堵和环境污染问题，使用高度自动化的小型飞行载具在城市和郊区运送乘客或货物。在城市空中交通网络中，由于可以分高度层运行，航空器往往可以选择更短直、灵活的路径规划方式，产生交通流拥堵的概率也会更低。因此，有研究者认为 eVTOL 能从系统层面减少交通拥堵。城市空中交通能够使用的所有飞行载具中，eVTOL 有着显而易见的优势。固定翼无法垂直起降，对运行场地要求高，其运行速度、运载能力更适合城际运输；直升机由于噪声、安全性等问题不太适合在人口稠密的城市空域运行。eVTOL 使用电力驱动，能够垂直起降，无需跑道。由于使用电力驱动，运行时几乎没有碳排放量，是十分绿色的运载工具。但受限于电池能量密度，eVTOL 无法像传统运载工具一样采用大直径的旋翼或螺旋桨；另一方面，受益于电力驱动，eVTOL 可以容易地实现分布式推进布局，可以减小旋翼直径，从而做到更低的噪声水平，分布式推进的布局也增加了整体的安全性。正是由于垂直起降、低碳环保、低噪声、高安全性、低运营成本等特点，eVTOL 成为最适合城市空中交通运输的运载工具。

eVTOL 的型号种类很多，布局也是各式各样，但根据推进力提供方式的差异可以大致分为以下 3 类。

(1) 多旋翼型(无专用的推进系统)

多旋翼型 eVTOL 的飞行原理类似于直升机，飞行升力与推力全都来源于旋翼，前飞的动力主要来源于全机姿态调整引起的旋翼拉力方向改变。这类 eVTOL 一般包含 3 个以上的旋翼，每个旋翼直径都不大，而直升机会有一个很大的主旋翼，旋翼的差异是多旋翼与直升机最大的区别。多旋翼飞行器悬停性能较好，但前飞阻力较大，飞行速度容易受限。由于整体结构较为简单，设计和制造较为容易，多旋翼型是目前最常见的 eVTOL 种类。

(2) 矢量推力型(推力方向可变)

矢量推力型使用同一套装置提供升力与推力，起降时提供垂直的升力，在空中通过倾转动力方向，将垂直升力转为前进的推力，因此也常被称为倾转旋翼机。倾转旋翼机能同时具备旋翼航空器与固定翼的优点，能垂直起降，也能有较优的巡航性能。但因为在不同飞行阶段采用不同的构型，且构型转变过程的气动与操控特性十分复杂，所以总体设计难度大，关键技术有待进一步提升。

(3) 升力＋巡航型(独立的推进系统)

升力＋巡航型的升力与推力提供装置是独立解耦的，通过旋翼提供升力，离地后，通过另一套推力装置提供巡航动力。由于巡航时采用固定翼的飞行方式，因此升力＋巡航型的巡航性能比旋翼型更好，但另一方面，其提供升力的旋翼在巡航时是没有作用的，只会产生额外的阻力，所以其巡航性能又没有矢量推力型好。总的来说，升力＋巡航型的设计难度、总体性能都是介于多旋翼型和矢量推进型之间的。

多旋翼、矢量推力、升力＋巡航型 eVTOL 如图 9-8 所示。

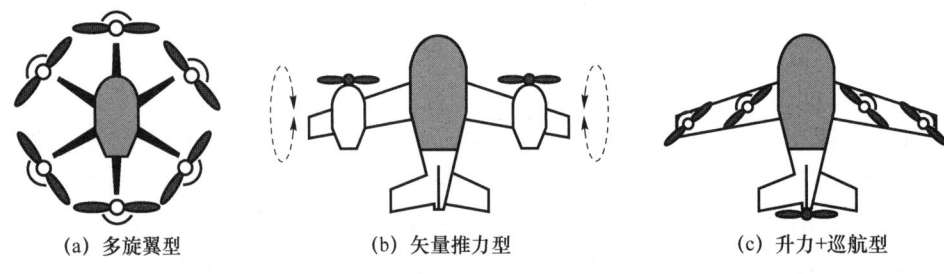

(a) 多旋翼型　　　　(b) 矢量推力型　　　　(c) 升力+巡航型

图 9-8　多旋翼、矢量推力、升力+巡航型 eVTOL

根据 VFS(美国垂直飞行协会)统计,截至 2023 年 11 月底,全球共有 924 型 eVTOL 概念产品(见图 9-9)。矢量推进型典型机型有 Joby-S4、Lilium Jet 等,该类型 eVTOL 概念机达 330 型;升力+巡航型(复合翼型)典型机型有 Boeing-PAV、Wisk-Cora 等,该类概念机达 151 型;多旋翼型典型机型有 Ehang-216、Vilocity 等,该概念机数量占比近一半。值得注意的是,2023 年 10 月 13 日,亿航智能自主研发的 Ehang216-S 无人驾驶载人航空器获得中国民航局颁发的 TC(Type Certificate,型号合格证),为全球首个 eVTO 航空器型号合格证。

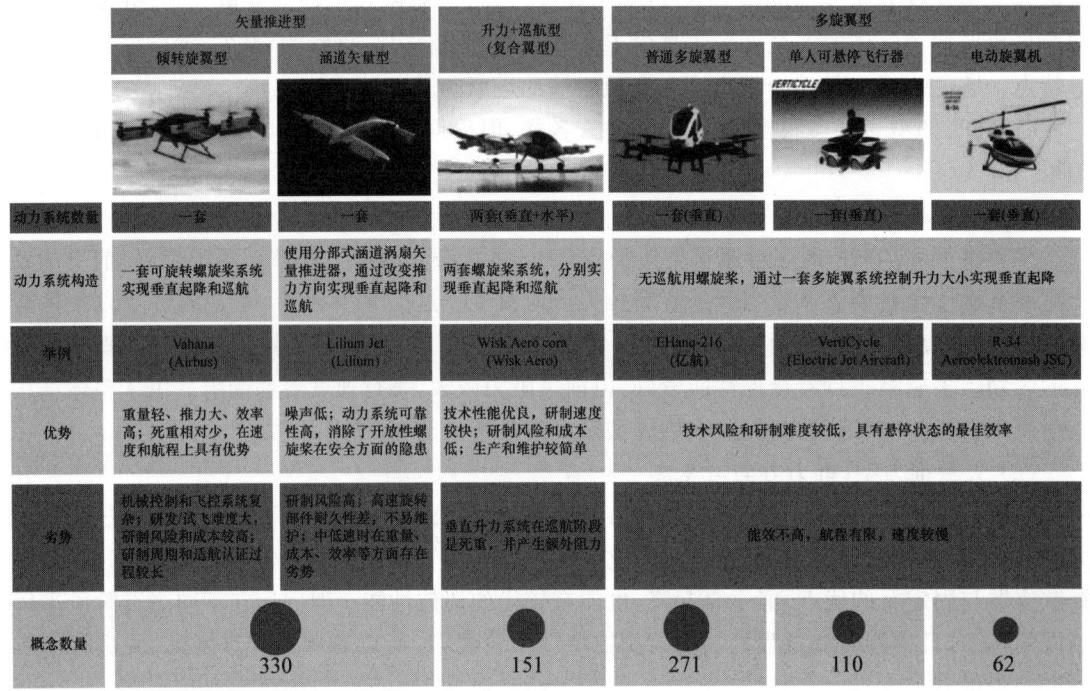

图 9-9　VFS 统计的 eVTOL 概念及占比(截至 2023 年 11 月)

矢量推力型与升力+巡航型 eVTOL 都涉及旋翼性能与固定翼性能的综合应用,是较为复杂的系统工程,这里不再展开讨论。本节主要针对多旋翼型这一最典型的 eVTOL 飞行器的飞行原理与性能进行介绍。

9.3.1 多旋翼飞行器基本飞行原理

多旋翼飞行器与直升机的空气动力学本质是相同的,都是旋翼动力学,但多旋翼飞行器的小直径旋翼还是有很多特殊之处。小直径旋翼由于桨叶小、质量轻,因此挥舞和摆振强度小,刚度桨叶也能满足强度要求,无须设计复杂的挥舞铰和摆振铰。另外,小直径的旋翼转动惯量小,旋翼转速调整容易,因此可以不必像直升机旋翼那样设计变距机构,可以直接采用定距桨叶,通过转速来控制旋翼拉力。而且多旋翼采用电机驱动,电机的扭矩输出比传统燃油发动机更快,转速控制响应更快,也有利于采用转速来控制旋翼拉力。由于上述这些原因,多旋翼飞行器的旋翼结构是所有旋翼中最简单的,无变距、挥舞、摆振机构,是定距刚性旋翼,见图 9-10。简易的结构提高了可靠性,降低了维护成本。

图 9-10 多旋翼飞行器的定距桨叶

从另一个角度来看,也正因为多旋翼飞行器使用了小直径旋翼,才限制了多旋翼的发展上限。小直径旋翼受材料强度限制,无法进一步提升旋翼直径,因此多旋翼飞行器要提高载量,只能增加旋翼数量,但旋翼数量的增加也会增加飞行器的整体复杂度。所以多旋翼受旋翼载荷和旋翼数量的限制,往往都是中小型的飞行器,整体载量不大。

多旋翼飞行器的操控性非常优秀。多旋翼布局往往采用对称布局,为了抵消旋翼本身产生的扭矩,多旋翼通过相邻旋翼旋转方向相反的设定,保持多旋翼整体的稳定。因此多旋翼的旋翼数量往往是偶数,这样能够保证旋翼扭矩正好能两两抵消,例如常见的四旋翼、六旋翼、八旋翼等。不同数量旋翼的飞行操控原理是相同的,下面以最经典的四旋翼为例进行介绍。

四旋翼从飞行原理上可分为"十"字形和"X"字形结构。"十"字形四旋翼的运动方向和某个支架是重合的,而"X"字形四旋翼的运动方向和支架成 45°角(见图 9-11)。四旋翼的四个旋翼对称分布在机体的四个方向安装在飞机的四个支架端之上,旋翼大小相同且在同一平面内。

四旋翼通过四个电机控制四个旋翼的转速从而产生四个独立的拉力,通过调配四个拉力的大小,可以轻松实现四旋翼的悬停、垂直升降、原地旋转、平飞等。

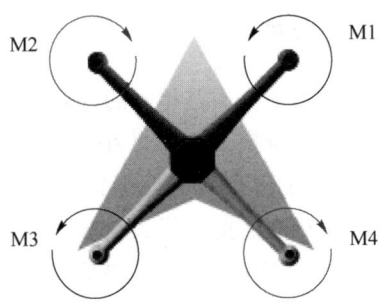

图 9-11 "X"字形四旋翼

悬停时，旋翼总升力等于重力，只须控制电机使每个旋翼产生重力四分之一的拉力即可，此时四个旋翼转速相同，扭矩相互抵消，四旋翼受力平衡，保持悬停。

垂直升降运动则是通过电机同步调节所有旋翼的转速。转速增加，四个旋翼拉力增大，升力大于重力，四旋翼上升，且各旋翼转速相同，机体总扭矩为零，可以保持稳定姿态上升。反之，降低转速即可实现垂直下降。

原地旋转的实现需要利用反扭矩。前面提到直升机利用尾桨平衡旋翼产生的巨大扭矩，如果没有尾桨力的话，直升机会朝旋翼旋转的反方向旋转。四旋翼也是如此，利用反扭矩，如果想实现逆时针旋转，则只须使旋翼的总扭矩为顺时针即可。通过增加顺时针旋翼的转速，减少逆时针旋翼的转速都能够使旋翼总扭矩为顺时针，机体逆时针旋转。但为了保持旋翼高度不变，就需要总升力稳定不变，因此顺时针旋翼转速增加的升力需要与逆时针旋翼转速减少的升力相一致。同理，也可以实现四旋翼的顺时针旋转。原地旋转的控制见图 9-12。

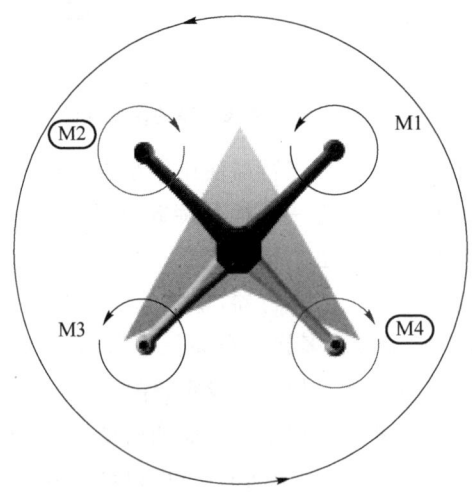

图 9-12 原地旋转的控制

平飞的操控是最复杂的，四旋翼没有挥舞运动，无法在机体不动的情况下改变旋翼拉力方向，也就是旋翼拉力永远垂直于机体平面，要改变旋翼拉力方向，只能改变机体姿态。平飞的控制见图 9-13。所以要实现平飞首先需要向移动的方向倾斜机体，使旋翼拉力也倾斜，产生水平分量，从而带动四旋翼水平移动。例如，四旋翼为了实现朝前运动，首先需要低头。通过增加后面两个旋翼的转速,降低前面两个旋翼的转速,即可使四旋翼在总升力不变的情况下产生低头力矩。在低头过程中,由于拉力不断向前倾斜,为了保持向上的升力等于重力,需要增加所有旋翼的转速,使旋翼总拉力增大。最后到达预定俯仰姿态后,需要将四个旋翼转速调至相同,去除俯仰力矩,维持当前的向前倾斜的机体姿态。四旋翼这种改变机体的平飞方法,会导致平飞时迎风面积很大,阻力会很大,且四旋翼姿态倾斜角度有限,水平拉力不会太大,这些都使得四旋翼的平飞速度不会太快。

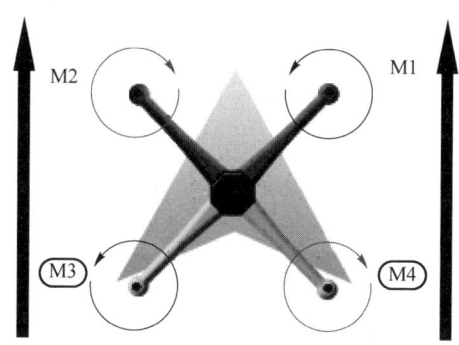

图 9-13 平飞的控制

9.3.2 多旋翼飞行器的飞行性能简介

多旋翼的性能研究方法与直升机类似,仍然使用功率法,比较特殊的是多旋翼飞行器一般使用电力驱动,因此在分析完多旋翼的所需功率之后,会重点讨论电动力系统的输出功率。

多旋翼的总拉力为各旋翼拉力之和,但受各旋翼之间的气动干扰,旋翼总拉力会有所损失,计算公式如下:

$$T = \sum_{i=1}^{N}(\varepsilon T_i) \qquad (9-43)$$

式中,N 为旋翼个数;ε 为旋翼气动干扰修正系数;T_i 为第 i 个旋翼无干扰时的拉力。

多旋翼的所需功率计算公式与直升机相同,包含型阻功率、诱导功率和废阻功率。

$$P_{req} = P_o + P_i + P_p \qquad (9-44)$$

各小项功率的计算公式与直升机也相同,但变化规律有所差别。这里重点讨论差异。首先,旋翼的型阻功率,直升机由于转速固定,因此在平飞过程中,型阻随速度变化趋势不明显,但多旋翼的转速是变化的,受转速增加的影响,型阻功率变化会更明显一些。关于诱导功率,多旋翼的直径小,桨盘载荷大,也就是单位旋翼桨盘面积承受的重量大,诱导功率也更大。从诱导速度的角度来分析,桨盘面积小,经过桨盘的空气质量小,需要更大的诱导速度才能产生相同的拉力,而诱导速度越大,诱导功率也越大,因此多旋翼的诱导功率载荷要比直升机的大得多。废阻功率除了直升机的各项废阻功率外,还包含各旋翼之间的气流干扰所消耗的功率。之前提到废阻功率与平飞速度三次方成正比,对于多旋翼,受平飞时机体的倾斜影响,平飞速度增大时机体迎风面积也在增加,所以废阻功率与平飞速度不止三次方的关系。

总的来说,多旋翼飞行器的所需功率变化曲线与直升机是类似的,但受高桨盘载荷与飞行特点的影响,多旋翼飞行器的能耗较高,飞行速度范围较小。

多旋翼飞行器的电动力系统是分布式的,每套电动力系统都包括电池、电子调速器、电机和旋翼。

电池由多个电池单元串联和并联组成,串联越多,电压越大,并联越多,电流越大。例如锂聚合物电池单元电芯的额定电压为 3.7 V,容量为 1 000 mA·h,通过将 12 个电芯每 6 个串联成 1 组,再将 2 组串联的电池并联,就能得到一个额定电压为 22.2 V,容量为 2 000 mA·h 的电池了,这个电池的总能量为电压×容量,等于 44.4 W·h。已知总能量,就可以计算出电池单位体积的能量和单位质量的能量,这两个能量分别称作能量密度和比能量。锂电池的比能量目前只能达到 200 W·h/kg,在所有能源中算是很低的。除了比能量外,还有一个重要的参数是充放电倍率,它反映输出功量的快慢。充放电倍率也称为 C-Rate,记作 C_r,是电流 I 与电池容量 Q 的比值。

$$C_r = \frac{I}{Q} \tag{9-42}$$

又因为电池容量除以电流等于充放电时间,所以充放电时间 t 与充放电倍率之间的关系为

$$t = \frac{1}{C_r} \tag{9-46}$$

以 2 000 mA·h 容量电池为例,1C 表示电流为 2 000 mA,充放电时间为 1 h;5C 表示电池为 10 000 mA,充放电时间为 1/5 h。C 值越大,电流越大,充放电时间越短。在给定充放电倍率情况下,可以确定电池的功率,例如前面例子中的电池 5C 放电率时的功率为 22.2 V×10 000 mA=222 W。与比能量类似,单位质量的功率称为比功率。比能量反映单位质量电池存储能量的多少,比功率反映电池输出能量的快慢。两者都是越大越好,但比功率大的时候,需要增加额外的部件来保持大电流,因此重量会增加,比能量会下降。比能量越大,续航时间越长,比功率越大,加速性能越好。图 9-14 为电池能量功率图。

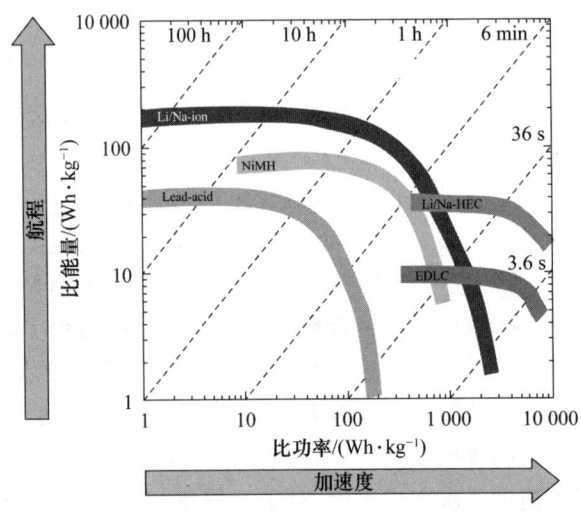

图 9-14 电池能量功率图

多旋翼的电机一般采用无刷电机,无刷电机没有电刷这个摩擦装置,减少了电火花的产

生。相比于有刷电机，无刷电机发热量小、寿命长、噪声低、运转舒畅、维护成本也更低。无刷电机最重要的一个参数是KV值，记作K_v，其是无刷电机独有的性能参数，是判断无刷电机性能特点的重要数据。KV值是电机转速Ω与电压U的比值，也可以理解成每1V电压对应的转速。

$$K_v = \frac{\Omega}{U} \tag{9-47}$$

根据KV值的定义能够知道无刷电机是通过控制电压来决定转速的：电压高，转速快；电压低，转速慢。

电池输出的电压是额定电压，为了能够改变电机上的电压，需要增加调压装置，对于无刷电机使用的调压装置是电子调速器，简称电调。电调通过改变电压的大小来调节电机的转速，通过改变电流的大小来调节电机的扭矩。无刷电机工作原理如图9-15。

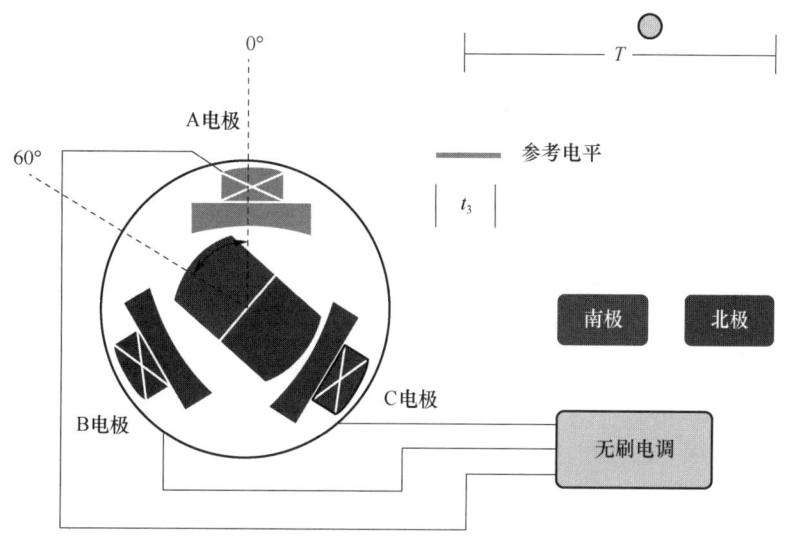

图9-15 无刷电机工作原理

了解了多旋翼的动力系统，可以发现多旋翼没有活动部件，只有无刷电机带动定距桨叶旋转，因此磨损很小，可靠性很高，而且动力系统结构简单，电池、电机、电调、桨叶都易拆装，如果出现损坏，很容易替换。这也是多旋翼能够快速普及的主要原因之一。

多旋翼航空器由于主要用在城市场景中，因此悬停升限、最大飞行速度等指标的重要性不如其他城际运行的eVTOL。对于多旋翼航空器最重要的两个指标是续航时间与航程。旋翼的拉力T决定旋翼转速Ω，旋翼转速由电机驱动，电机的转速由电调输出的电压U控制；旋翼的所需功率P_{req}决定电机的输出功率，电机的输出功率由电调输出的电流控制；由电调输出的电压和电流能确定电池放电的电流I，最后根据放电电流与电池容量Q确定充放电倍率C_r和续航时间t。受目前电池比能量的限制，大部分多旋翼eVTOL起降阶段的充放电倍率一般都在3C～5C之间，悬停和平飞时充放电倍率会小一些，但综合下来平均充放电倍率也在2C之上，这导致大部分多旋翼的续航时间都不到30 min。多旋翼的航程可由飞行速度与巡航时间确定。

$$R = V(t - t_{tol}) \tag{9-48}$$

式中，R为航程；t_{tol}为垂直起降所花的时间。

参 考 文 献

[1] 陈治怀,谷润平,刘俊杰.飞机性能工程[M].北京:兵器工业出版社,2006.

[2] 邢琳琳.飞行原理[M].2版.北京:北京航空航天大学出版社,2022.

[3] 向小军,沈泽江,孙慧.飞机性能[M].大连:大连海事大学出版社,2017.

[4] 魏志强.基于最小成本的高度能力计算方法[J].交通运输工程学报,2005(02):77-79,93.

[5] 王玉,谷润平.飞机最佳爬升速度计算与研究[J].中国民航飞行学院学报,2008(01):31-33.

[6] 魏志强,王超.航班飞行各阶段污染物排放量估算方法[J].交通运输工程学报,2010(6):48-52.

[7] 杨杰,薛建平,王发威,等.大型运输机巡航轨迹优化方案建模与分析[J].飞行力学,2012,30(04):314-317.

[8] 谷润平,陈慧.基于航路规划的飞机节油问题研究[J].中国民航大学学报,2014,32(02):33-35.

[9] 魏志强,温瑞英,褚双磊.连续下降运行中的飞行参数快速估算方法研究[J].飞行力学,2014,6(32):494-501.

[10] 温瑞英,魏志强,王红勇,等.民用飞机巡航性能计算研究[J].飞行力学,2015,33(04):289-292,296.

[11] 魏志强,张文秀,韩博.考虑飞机排放因素的飞机巡航性能参数优化方法[J].航空学报,2016,37(11):3485-3493.

[12] 周青,张锐,索晓杰,等.具有时间约束的无人机遗传算法轨迹规划[J].航空计算技术,2016,46(02):93-96,101.

[13] 谷润平,袁婕,魏志强.基于遗传算法的RTA进场飞行参数优化[J].飞行力学,2018,36(05):20-24.

[14] 魏志强,韩孝兰,袁婕.飞机巡航中的温室效应估算与控制策略[J].安全与环境学报,2018,18(06):285-290.

[15] 魏志强,韩孝兰.基于遗传算法的飞机经济爬升速度优化方法[J].飞行力学,2020,1(1):14-20.

[16] Valenzuela A, Rivas D. Optimization of Aircraft Cruise Procedures Using Discrete Trajectory Patterns[J]. Journal of aircraft, 2014, 51(51):1632-1640.

[17] Jensen L L, Hansman R J, Venuti J, et al. Commercial Airline Speed Optimization Strategies for Reduced Cruise Fuel Consumption[C]. Virginia: American Institud of Aeronautics and Astronautics, 2013.

[18] Turgut E T, Usanmaz O, Cavcar M, et al. Effects of Descent Flight-Path Angle on

Fuel Consumption of Commercial Aircraft[J]. Journal of Aircraft, 2019, 56(1): 313-323.

[19] Hok K N, Sridhar B, Grabbe S. Optimizing Aircraft Trajectories with Multiple Cruise Altitudes in The Presence of Winds[J]. Journal of Aerospace Information Systems, 2014, 11(1): 35-47.

[20] Pornet C, Kaiser S, Gologan C. Cost-based Flight Technique Optimization for Hybrid Energy Aircraft[J]. Aircraft Engineering & Aerospace Technology, 2014, 86(6): 591-598.

[21] Alejandro M-M, Paul M, Ruxandra M. Vertical and Horizontal Flight Reference Trajectory Optimization for A Commercial Aircraft[C]. AIAA Guidance, Navigation, and Control Conference, 2017.

[22] Alejandro M-M, Antoine H, Ruxandra M B. Lateral Reference Trajectory Algorithm Using Ant Colony Optimization[C]. 16th AIAA Aviation Technology, Integration, and Operations Conference, 2016.

[23] Patrón R S F, Berrou Y, Botez R M. Climb, Cruise and Descent 3D Trajectory Optimization Algorithm of a Flight Management System[C]. AIAA AVIATION Forum, 2014.

[24] Takeichi N, Ishihara J, Abumi Y. Validation Study On Descent Trajectory Optimization and Scheduling Improvement Using Actual Operation Data [C]. American Institute of Aeronautics and Astronautics. AIAA Modeling & Simulation Technologies Conference.

[25] Jin L, Cao Y, Sun D. Investigation of Potential Fuel Savings Due to Continuous-Descent Approach[J]. Journal of Aircraft, 2013, 50(3): 807-816.

[26] Park S G, Clarke J－P. Optimal Control Based Vertical Trajectory Determination for Continuous Descent Arrival Procedures [J]. Journal of aircraft, 2015, 52(5): 1469-1480.

[27] Ye B J, Wang Z H, Tian Y, and Wan L L. Aircraft-specific Trajectory Optimization of Continuous Descent Approach for Fuel Savings[C]. Proceedings of the 2017 IEEE/SICE International Symposium on System Integration, 2017.

[28] Jong D P M A, Gelder N D, Verhoeven r P M, et al. Time and Energy Management During Descent and Approach: Batch Simulation Study[J]. Journal of Aircraft, 2015, 52(1): 190-203.

[29] 吕开妮,南英. 基于自适应遗传算法的客机爬升段轨迹优化[J]. 计算机仿真,2017,34(1):66-69.

[30] 李文娟,贺尔铭,马存宝,等. 垂直剖面轨迹寻优算法的研究与仿真,计算机仿真[J]. 2013,030(010):133-137.

[31] 许跃凤,胡荣,张军峰,等. 基于BADA模型的飞机持续爬升运行减噪效果研究[J]. 交通运输系统工程与信息,2017,17(4).

[32] Sherry L. Improving the Accuracy of Airport Emissions Inventories Using Disparate Datasets[J]. IIE Transactions, 2015, 47(6): 577-585.

[33] Wasiuk D K, Lowenberg M H, Shallcross D E. An Aircraft Performance Model Implementation for the Estimation of Global and Regional Commercial Aviation Fuel Burn and Emissions [J]. Transportation Research Part D: Transport and Environment, 2015, 35: 142-159.

[34] Turgut E T, Usanmaz O, Rosen M A. Estimation of Vertical and Horizontal Distribution of Takeoff and Climb NOx Emission for Commercial Aircraft[J]. Energy Conversion and Management, 2013, 76: 121-127.

[35] Mitchell D, Ekstrand H, Prats X, et al. An Environmental Assessment of Air Traffic Speed Constraints in the Departure Phase of Flight: A Case Study at Gothenburg Landvetter Airport, Sweden[J]. Transportation Research Part D: Transport and Environment, 2012, 17(8): 610-618.

[36] Shine K P, Fuglestvedt J S, Hailemariam K, et al. Alternatives to the Global Warming Potential for Comparing Climate Impacts of Emissions of Greenhouse Gases [J]. Climatic Change, 2005, 68: 281-302.

[37] Shine K P, Berntsen T K, Fuglestvedt J S, et al. Scientific Issues in the Design of Metrics for Inclusion of Oxides of Nitrogen in Global Climate Agreements [J]. Proceedings of the National Academy of Sciences, 2005, 102(44): 15768-15773.

[38] Wild O, Prather M J, Akimoto H. Indirect Long－Term Global Radiative Cooling from NOX Emissions[J]. Geophysical Research Letters, 2001, 28(9): 1719-1722.

[39] Berntsen T K, Fuglestvedt J S, Joshi M M, et al. Response of Climate to Regional Emissions of Ozone Precursors: Sensitivities and Warming Potentials[J]. Tellus B: Chemical and Physical Meteorology, 2005, 57(4): 283-304.

[40] Sridhar B, Ng H K, Chen N Y. Integration of Linear Dynamic Emission and Climate Models with Air Traffic Simulations [C]. American Institute of Aeronautics and Astronautics. AIAA Guidance, Navigation, and Control Conference, 2012, 4756: 13-16.

[41] Park S G, Clarke J P. Vertical Trajectory Optimization to Minimize Environmental Impact in the Presence of Wind [J]. Mathematics, 2016, 53(3):725-737.

[42] Schumann U, Graf K, Mannstein H. Potential to Reduce the Climate Impact of Aviation by Flight Level Changes[C]//3rd AIAA Atmospheric Space Environments Conference, 2011.

[43] Koudis G S, Hu S J, Majumdar A, et al. Airport Emissions Reductions from Reduced Thrust Takeoff Operations[J]. Transportation Research Part D: Transport and Environment, 2017, 52: 15-28.

[44] Turgut E T. Usanmaz O, Rosen M A. Empirical Analysis of the Effect of Descent Flight Path Angle on Primary Gaseous Emissions of Commercial Aircraft[J]. Environmental Pollution, 2018, 236: 226-235.